ECOLOGICAL CIVILIZATION AND
RESOURCES RECYCLING

生态文明
与资源循环利用

王敏晰 —— 著

社会科学文献出版社
SOCIAL SCIENCES ACADEMIC PRESS (CHINA)

序

文明，社会进步状态的重要标志、人类进化程度的核心表征，是人类认识自然、顺应自然、建设家园、追求幸福的物质和精神成果的总和。人类文明，历经觉识、知识两次启蒙运动，跃迁农业、工业两种文明形态，正经历智识启蒙，渐步入生态文明。

农业文明是觉识启蒙，超越蒙昧，带来宗教文明；是一场哲学运动，发源于春秋战国时期的中国，由统治阶级开启，以吕不韦主持编撰的《吕氏春秋》为典籍，思考"国"与"家"的利益关系。农业社会主要讲求权制，社会治理依靠权力意志统摄；绝对秩序是第一位的，权力意志是贯穿社会治理体系的基本精神；生产劳动与大众生活目标的一致性较差，大多数人难以解决温饱问题。

工业文明是知识启蒙，超越宗教，带来法制文明；是一场法的运动，发轫于18世纪工业革命的欧洲，由社会精英推动，以孟德斯鸠著的《论法的精神》为经典，探索"公"与"私"的利益关系。工业社会先要务求法制，社会治理依据法的精神进行；最优效率是第一位的，法的精神对社会治理体系起到基础性保障作用；生产劳动与大众生活目标的一致性有所改善，大多数人没有选择生活方式的自由。

生态文明是智识启蒙，超越自我，带来伦理文明；是一次伦理构建，发祥于当今社会，由普通民众创造，每个人参与构建社会的道德伦理体系，协调"他"与"己"的利益关系。当今社会首要寻求德制，社会治理体系依据伦理精神构建；完美生活是第一位的，需要根据伦理精神构建人类社会治理体系；生产劳动与大众生活目标的一致性较高，多数人可以追求美好生活。

任何一个社会都离不开权制、法制和德制。权制，强调基于统治意志设计权治法则；法制，注重基于法的精神制定法治规则；德制，推崇基于伦理精神形成的德治原则。当今社会，站在治理文明的新起点，汲取中国传统生态智慧，借鉴人类文明有益成果，基于人与自然生命共同体理念，将权治、法治和德治一体化并融入人们追求的完美生活的价值目标中。

从人与自然关系的角度看，农业文明下的社会，人的主体地位逐渐凸显，人类利用自然的主动性、积极性不断提高；工业文明下的社会，人类过度攫取自然资源，破坏生态平衡，引发生态危机；生态文明下的社会，伦理精神普照之光的道德力量充分彰显，人类从生态道德和生态伦理的高度顺应自然，追求天、地、人、己和谐。

党的十八大把生态文明建设纳入中国特色社会主义事业"五位一体"总体布局，明确提出大力推进生态文明建设，标志着生态伦理成为社会治理活动赖以展开的重要依据，伦理精神将成为一种普遍精神，体现在社会治理制度中，并通过制度贯彻到一切社会治理活动之中，推动生产、生活、生态协调发展，初步形成绿色生产、低碳生活方式。

党的十九大对新时代生态文明建设进行新一轮战略部署，在习近平生态文明思想的指引下，继续加快生态文明机制体制改革，大力推进涉及绿色、低碳、循环发展的社会经济体系建设，将绿色发展和循环发展作为生态文明建设的基本要求。资源的高效循环利用作为生态文明建设的重要内容之一，是实现绿色发展的重要手段、保障生态安全的首要基础。

"十四五"时期，我国进入新的发展阶段，开启了全面建设社会主义现代化国家的新征程。2021年7月1日，国家发展改革委印发《"十四五"循环经济发展规划》，大力发展循环经济，推进资源高效循环利用，构建涵盖全社会的资源循环利用制度体系、产业体系和市场体系，对保障国家资源安全，推动实现碳达峰、碳中和的目标，促进生态文明建设具有重大意义。

本书面对生态文明勃兴的当今社会，在人类文明发展视域下探究人与自然和谐共生这一生态伦理命题，对生态文明思想和资源循环利用方法进行深刻解析，对典型金属资源循环利用及行业实践进行深入分析，对生态文明与资源循环利用的耦合关系进行深度剖析。发展是主题，生态为底蕴，绿色指方向，循环做途径，低碳达目标，以资源高效循环利用推动社会绿色低碳发展，谱写新时代生态文明建设的新篇章。总之，本书主题突出、内容丰富、文字平实，结构严谨、逻辑严整、论证严密，在学术研究方面具有较强的启发性，在行业应用方面具有较广的指导性，在政策制定方面具有较大的参考性，是一本集学理性、实践性于一体的知识读本和操作指南，可供相关专业领域高等院校科研人员、行业企业从业人员和政府机构公职人员阅读、参考。

2021 年 8 月

前　言

随着社会经济快速发展和工业化进程加快，中国已经成为全球资源消费的主要贡献者，矿产资源作为基础性、战略性关键资源，已经成为支撑中国社会经济发展的重要载体，特别是铁、铜、铝等大宗金属资源，直接影响中国社会经济的发展进程。笔者的前期研究显示，2018 年，中国铁、铜、铝等金属的表观消费量分别达到 8 亿吨、1320 万吨和 3200 万吨，均超过全球消费总量的 50%，其中，再生铁、铜、铝的消费量分别为 1 亿吨、360 万吨和 400 万吨，但占比仍低于全球平均水平。1949～2018 年，中国钢铁产品社会消费存量为 80 多亿吨，铜产品社会消费存量为 1.2 亿吨，铝产品社会消费存量为 2.8 亿吨，这些"城市矿产"为金属资源循环利用奠定了物质基础。大宗金属的再生利用将大幅减少矿产资源的开发量、能源的消耗量、废弃物的排放量，金属制品在寿命结束后可通过循环实现再生利用，既可以减少因废旧物品处理产生的环境问题，也可以增加资源供给量，减少对自然矿产资源的过度开采和优化能源消耗结构，实现对金属资源的高效利用。

本书围绕资源循环利用这一主题，本着"立足存量、节约流量、高效循环、绿色发展"这一主线，用生态文明思想引领具体科学问题研究，形成本书的研究结构和内容。本书共分为七章，包含三个部分，第一部分包含第一章至第三章，分别阐述生态文明思想、资源循环利用理论和资源循环利用分析方法；第二部分包含第四章至第六章，从资源、产品和行业层面分析典型金属资源循环利用、典型电子产品金属资源循环利用、典型行业金属资源循环利用的实践案例；第三部分包含第七章，对生态文明和资源循环利用的耦合关系进行系统分析，分析的过程和结果紧扣本书主题，揭示了生态文明与资源循环利用的内在联系，为加快循环经济发展、促进生态文明建设提供理论和政策参考。

本书通过对铁、铜、铝等典型金属资源及典型行业，如建筑行业和机械行业的金属资源的代表性产品的社会消费情况、蓄积、回收、再生潜力的研究，定量分析中国金属资源循环利用的效率和再生潜力，为中国充分利用金属资源的社会存量、制定相关再生资源产业政策和自然资源开发政策提供决策支撑。

2021 年 7 月于成都

目　录

第一章
生态文明

第一节　生态文明的理论基础

文明是人类社会进步的重要标志。人类社会的发展经历了原始文明、农业文明以及工业文明。人类文明发展的过程也是人类与环境逐步协调的过程。今天的社会正穿越高度工业化的文明阶段而进入后工业文明时代，在这一阶段，人类对自然规律的认识达到了很高的水平，创造物质财富的能力有了极大的提高。同时，一系列生态问题逐渐暴露出来，全球日益严重的生态能源危机使人类陷入前所未有的困境，严重威胁人类的生存和发展。人与自然的关系随着人类对发展的认识水平的提高而逐步增强，想让人类的经济社会可持续发展，就要构建人口、资源、环境相互协调的新型发展模式，由此催生了"生态文明"理论。生态文明是继前三种文明之后的一种高级新型文明形态。生态文明强调人的自律与自觉，强调人与自然和谐共生。

一　中国传统生态文明思想

中华传统文化深受儒家思想、道家思想、佛教影响，其中蕴含的丰富的生态文明思想影响国家以及社会方方面面，从政治、社会甚至法律角度都能找到体现传统文化中生态文明思想的内容。把生态文明建设融入政治建设、经济建设、文化建设以及社会建设中，就要追根溯源，批判性地借用并提炼中国传统生态文明思想，让生态文明建设有据可依，有理可循。

中国儒家的生态智慧是"天人合一"，肯定人与自然界的有机统一，肯定天地万物的内在价值，主张以仁爱之心对待自然，并通过家庭、社会将伦理原则扩展到自然，体现了人本价值取向和人文关怀，孔子的思想以"仁"为本，如《中庸》中写道："能尽人之性，则能尽物之性；能尽物之性，则可以赞天地之化育；可以赞天地之化育，则可以与天地参矣。"孟子进一步发扬了"仁爱"思想，《孟子·梁惠王上》记载："不违农时，谷不可胜食也；数罟不入洿池，鱼鳖不可胜食也；斧斤以时入山林，材木不可胜用也。"荀子主张"以时禁发"，即根据自然界时令开发、利用自然的可持续生态观。儒家主要倡导"畏天命，知天命，顺天命"，尊重自然规律，遵循自然规律并利用自然规律为人类代际谋福利，做到"取之有制""取之有时"，实现人与自然和谐相处。道家的生态智慧是顺应自然，以尊重自然规律为准则，以崇尚自然、效法天地为人生行为的皈依。道家认为大自然是一个充满生命力的整体，强调人与自然相统一的整体自然观。道家希望达到"天地与我并生，而万物与我为一"的境界。老子认为，"人法地，地法天，天法道，道法自然"，其中"道法自然"是道家的核心价值理念，天、地、人"本是同根生"，要求"以人合天"，将自然放在第一位，要"知常""知和""知止""知足"，不能肆意妄为地征服和主宰一切，而应该顺应自然规律，克制自身欲望，杜绝奢侈生活，实现适度发展，与自然和谐共处。"众生平等"是中国佛家生态思想的核心价值观。"众生平等"包括人与人之间、生物之间、非生物之间的三种平等思想，任何万物均有佛性，均有生存的价值，除了对人和其他动物不可以随意杀害外，对山川河流等也不能随意破坏，要善待之（朱智文、马大晋，2015）。为了能够很好地维持人与自然的相互依存关系，历朝历代都制定相关法律法令，例如，西周时期颁布的《伐崇令》规定："毋坏屋，毋填井，毋伐树木，毋动六畜，有不如令者死无赦。"古代社会发展出可循环的生产方式，比如，明清时期在珠江三角洲出现的种桑、养蚕、养鱼三者密切配合的"桑基鱼塘"农业生产形式，表明我国生态农业初现端倪。

总体来看，"天人合一"——人与自然的整体观、"天人同体"——人与自然的和谐观、"众生平等"——生态平等观、"知止不殆"——适度发展观、"知足不辱"——适度消费观等一系列传统观点体现了丰富的生态文明理念，有利于为生态文明建设提供哲学理论依据。

二　马克思和恩格斯的生态思想

马克思和恩格斯在批判吸收各种自然观的基础上，提出唯物主义自然观，看到自然界是永恒发展的，认识到人类实践活动与自然的改造，指出人与自然是客观统一的整体。马克思认为人与自然的辩证统一关系要求人类与自然必须遵循物质变换（新陈代谢）和能量平衡准则，人类的实践活动一旦不遵循自然界的物质变换准则，就会出现生态恶化现象。恩格斯明确指出："我们不要过分陶醉于我们人类对自然界的胜利。对于每一次这样的胜利，自然界都对我们进行报复。每一次胜利，起初确实取得了我们预期的结果，但是往后和再往后却发生完全不同的、出乎预料的影响，常常把最初的结果又消除了。"[《马克思恩格斯选集》（第三卷），2012：998]同时，他们从以下三个方面批判资本主义制度导致生态恶化的现象。①资本的逐利本性导致对资源的过度利用，资本家追求剩余价值资本化，因此，自然界只为资本主义服务并获取利润，这样才有价值，这种关系导致生态环境恶化。②资本主义生产方式造成人与自然之间的物质变换过程断裂，马克思和恩格斯最先发现资本主义农业生产无法完成对排放的废弃物的处理，物质变换过程断裂造成农业生态被破坏。之后，马克思、恩格斯揭示了资本主义生产方式造成农田污染、森林破坏以及矿产资源枯竭。③资本主义的异化劳动是人与自然关系异化的深层原因，人与自然本应该具有相互依赖的关系，但在资本主义生产方式下，资本家剥夺了工人的土地，并雇用工人为他们工作，这种强制性工作造成人与自然敌对（燕芳敏，2016）。

20世纪40～90年代，环境问题凸显，如1952年伦敦烟雾事件、1940～1960年美国洛杉矶光化学烟雾事件、1984年印度博帕尔毒气泄漏事件以及1986年切尔诺贝利核泄漏事件等。人们开始反思现代化、工业化带来的一系列重大问题，生态问题作为一个更普遍也更深刻的世界性问题迅速凸显，在传统的经济危机之后，生态危机成为人类新的忧患，并迅速成为东西方经济发展、政治合法性建构和意识形态建构的共同中心主题（张盾，2018）。20世纪初期和中期，对马克思主义理论的讨论主要围绕资本主义社会、政治、经济等方面的矛盾。一部分学者认为，马克思只强调生产关系与生产力的发展，并且认为生产以对资源环境的无限使用为代价，马克思主义不包含生态思想，而主张忽视生态价值的功利性的人类中心主义。另一部分学者认为，马克思主义有着深刻的生态思想，其中，马克思认为，"劳动首先是人和自然之间的过程，是人以自身的活动来中介、调整和控制人和自然之间的物质变换的过程"[《马克思恩格斯选集》（第二卷），2012：169]，其在现代意义上可以被称作生态学家。20世纪70年代初，德国法兰克福学派代表人物赫伯特·马尔库塞和加拿大学者莱斯、阿格尔最早确立了生态马克思主义这一流派，他们认为，"技术的资本主义使用"以及资本主义利用的生产和消费方式会对生态环境造成破坏，进而导致生态环境恶化。20世纪末21世纪初是生态马克思主义成果高产的时期，约翰·贝拉米·福斯特的《马克思的生态学：唯物主义与自然》认为，马克思内化了伊壁鸠鲁关于"自然和自由"的辩证法，也就是在承认自然独立存在的前提下，保持了人类"自由"的转向性。马克思认为通过采用废物的再利用、人口的分散化和均匀化、工业和农业的整合、土壤的恢复和改进等措施可以有效减少代谢过程断裂问题，而从根本上解决代谢过程断裂问题有待走向一种联合生产者的社会（王喜满，2007）。多方在对马克思主义是否具有生态思想的争论中，逐渐发展出"生态马克思主义"，"生态马克思主义"理论家把对生态文明的研究与对人的存在方式的研究紧紧结合在一起。他们认为，建设生态文明最根本的意义在于创建一种人的新的生活方式，或者说新的存在方式（陈学明，2008）。生态马克思主义首先对人类中心主义世界观和价值观基础上的资本主义利用技术进行控制的行为进行批判；其次对科学技术的资本主义非理性使用进行批判，在资本主义制度下，生产商品不是为了满足需求、实现商品的价值，而是为了消费，因此，资本主义实现科技创新与发展的目的不是确保生态平衡和保护环境，而是为资本积累服务（刘凤义等，2019）。因此，生态马克思主义要求处理好人与人之间的关系，建立合理的生产方式，从而改进人与自然的关系，这样，生态危机才能得到根本性解决。生态马克思主义极大地丰富了生态文明的内容，对当代中国建设生态文明具有重要意义。

生态马克思主义是现代生态学与马克思主义相结合的产物，是人类文明从工业文明向现代生态文明转型的一种理论形态，实现生态马克思主义与中国生态文明建设融合至关重要。刘思华在《社会主义初级阶段生态经济的根本特征与基本矛盾》一文中就提出："人不是消极适应自然，而是在适应中不断认识自然与能动利用自然，创造符合自己需要的物质文明、精神文明和生态文明，推动人类和社会不断向前发展。这是人类社会进步的内在要求和必然趋势。社会主义社会的发展同样必须顺应这一普遍的发展趋势。"之后又进一步说："我们把保护和改善生态环境，创造社会主义生态文明，作为社会主义现代化建设的一项战略任务，努力实现经济社会和自然生态的协调发展。"这是我国学术界最早明确提出的有关"建设社会主义生态文明"的观点（刘思华，2009）。生态马克思主义与建设生态文明伟大实践相互结合，要求我们通过了解本国国情，发挥经济技术、法律制度、政策工具的作用，促进生态环境治理，实现话语体系创新、社会主义政治革新等方面的飞跃（郇庆治，2019b）。中国的马克思主义学者生活在社会主义国家，能更好地构建社会主义生态文明的理论框架，揭示社会主义生态文明发展的基本规律，能够从社会主义发展转型的角度提出建设生态文明的方法，这些研究突破了西方生态马克思主义学者仅对生态危机根源的资本主义进行诠释的局限。20世纪90年代初期，中国学者探索绿色发展理念、理论与道路，创建马克思主义绿色发展学说；20世纪90年代中期，中国学者提出生态革命论、生态时代论、生态文明观等，最终构建了社会主义生态文明理论体系（刘思华，2014）。因此，马克思、恩格斯关于人与自然关系的思想以及生态马克思主义是我国社会主义生态文明理论体系构建和进行相关实践的重要引领与指导，这有利于将相关理论应用到我国社会主义生态文明建设中。只有这样，理论价值才能得到检验和彰显，思想才具有生命与活力。

三 可持续发展理论

资源危机和环境问题是可持续发展理论出现的两个直接影响因素。可持续发展理论是我国生态文明建设的核心内容，因此，可持续发展理论是生态文明提出的基础，无论是从人类文明发展的宏观视角来看，还是从生态文明的基本特征、实践要求角度来看，生态文明与可持续发展都密不可分。1962年，蕾切尔·卡逊在《寂静的春天》中详细阐述了 DDT 和其他杀虫剂的使用对环境的危害；1972年，在瑞典斯德哥尔摩举行的联合国人类环境研讨会正式讨论可持续发展的概念，这次会议被认为是人类思考环境与发展问题的里程碑；1980年，《世界自然保护大纲》明确提出"可持续发展"概念。1987年，世界环境与发展委员会在《我们共同的未来》报告中系统地对"可持续发展"的概念做出解释："可持续发展"是指当代人为了满足生存发展需要，在向自然获取生产、生活资料时，不至于影响后代人正常发展的利益。可持续发展将人们从单纯考虑环境保护引导到把环境保护与人类发展切实结合起来，实现了人类有关环境与发展思想的重要飞跃。1992年6月3～14日，在巴西里约热内卢召开的联合国环境与发展大会通过了《21世纪议程》，这是一份"世界范围内可持续发展行动计划"，它是全球范围内各国政府、联合国、非政府组织针对人类活动对环境产生影响的各个方面规划的综合行动蓝图。2015年9月，联合国可持续发展峰会通过的《2030年可持续发展议程》进一步推动可持续发展进程。可持续发展作为一个由发达国家提出的概念，得到了全世界的认可，很多发达国家和发展中国家不断尝试构建适合自身的可持续发展模式。一个国家的可持续发展主要取决于以下几个方面：能否使绝对贫困、收入分配不公平程度、就业水平、教育、健康及其他社会和文化服务的性质和质量有所改善；能否使个人和团体在国内外受到更大的尊重；能否扩大人们的选择范围。从中可以看出，可持续发展不仅要求各国减少对资源的消耗，加大对生态环境的保护力度，还要求各国实现经济可持续、社会可持续和生态可持续。可持续发展对推动经济绿色发展提出新要求，为实现社会自由公平提供有力支持，目的就是改善人民的物质和精神生活，为改进人类生活质量创造条件。联合国可持续发展委员会同其他机构研究并提出可持续发展指标体系，从经济、社会、环境、制度四个方面衡量可持续发展水平，具有不同地理条件和处于不同发展阶段的国家对可持续发展的认识存在差距。可持续发展理念对我国的影响较大，中央政府和地方政府强调坚持以人为本，采取相关措施全面推进人口、资源、社会、经济和生态协调发展，为实现人与自然和谐共生的目标而努力（郎铁柱，2015）。

第二节 我国生态文明建设的发展路径

人类对生态文明的选择，是当代人类在探索环境保护和可持续发展战略过程中逐渐明确下来的。1978 年，伊林·费切尔在英文期刊《宇宙》上发表的文章中最早提出"生态文明"概念，指出工业文明的种种弊端以及发展方向的错误，阐述了走向生态文明的必要性（卢风、曹小竹，2020）。1984 年，苏联环境学家利皮茨基提出"生态文化"这一概念。张檀于 1985 年将"生态文化"译为"生态文明"，这是我国首次出现"生态文明"这一术语。1995 年，美国学者罗伊·莫里森在《生态民主》一书中，提出"生态文明"概念。1986 年，刘思华在全国第二次生态经济科学研讨会上提出物质文明、精神文明和生态文明协调发展（张成利，2019）。1987 年，叶谦吉先生首次给"生态文明"下定义。1988 年，刘思华提出"生态文明"以及"建设社会主义生态文明"，这是学术界第一次明确提出相关概念。毛泽东的"勤俭建国、厉行节约"思想、邓小平的环境保护基本国策、江泽民的"实施可持续发展战略思想"和胡锦涛的建设"资源节约型、环境友好型"社会的思想，既是习近平生态文明思想的重要理论来源，也成为习近平生态文明思想的有机组成部分（郇庆治，2020）。

一 以毛泽东同志为核心的领导集体对生态文明的探索

毛泽东、邓小平以及江泽民等虽然没有明确论述生态文明的报告或著作，但是他们对人口、资源以及环境的认识不断深化。胡锦涛明确提出"生态文明"这一重要概念。这些认识成为我国探索生态文明建设路径的基石，是我国加快生态文明建设、实现"美丽中国"目标的重要条件。

毛泽东的生态思想强调人与自然辩证统一，毛泽东指出："人类同时是自然界和社会的奴隶，又是它们的主人。这是因为人类对客观物质世界、人类社会、人类本身（即人的身体）都是永远认识不完全的。"[《毛泽东文集》（第八卷），1999：326] 他主张，第一，勤俭节约，既要节约生产，也要节俭消费，还要反对浪费，为了避免生产与建设在材料等方面的浪费，中共中央在各行各业开展增产节约运动，消除各种浪费现象。第二，治理江河，防洪抗旱，在淮河、黄河以及海河等河流，采取修筑大坝以及水库、建蓄洪区等措施实现抗洪治理目标。第三，植树造林，绿化国家，并针对植树造林、实现绿化目标制定相应标准，细致到各省区市以及各县，美化生产生活环境。第四，兴修水利，保持水土，将水利建设视为社会主义建设事业的重要组成部分。第五，控制人口，毛泽东强调，"要提倡节育，要有计划地生育"（中共中央文献研究室，2013），并且提出"生产与消费，建设与破坏，都是对立的统一，是互相转化的"[《毛泽东文集》（第七卷），1999：373]。毛泽东就《关于1975年国民经济计划的报告》进行批示时提出"人口非控制不行"。1971年，《关于做好计划生育工作的报告》要求加强对计划生育工作的领导，同时大连湾污染事件、北京官厅水库污染事件、松花江水系甲基汞污染事件等促使1973年8月召开第一次全国环境保护工作会议，对环保工作进行统一部署，1974年，国务院环境保护领导小组成立。对于生态文明的重点，毛泽东认为，应是解决好人口增长与资源环境的平衡问题，因此，"有计划地控制人口增长"成为国策（方浩范，2013）。第六，重视资源综合利用，毛泽东对能源、资源的节约和再生利用进行了诸多可行性探索。在"大跃进"和人民公社运动后，大量工业活动导致出现"工业三废"，造成资源浪费、环境污染和生态恶化。毛泽东意识到不能盲目搞工业化，强调重视对工业原料和工业废料的优化利用，积极改造污染企业，控制新建污染企业，大力改造排烟尘设施和排污设施，推动"工业三废"综合处理技术发展。

二 以邓小平同志为核心的领导集体对生态文明的探索

以邓小平同志为核心的领导集体的成就之一在于将环境保护确立为基本国策。同毛泽东一样，邓小平有关生态环境和可持续发展理念的论述并不多（郇庆治，2019a），但是邓小平提出的植树造林、推动法制建设以及重视科技发展等举措从根本上缓解了长期以来制约我国社会主义社会发展的人口、资源、环境等矛盾。第一，继续推进植树造林，绿化祖国，对于土地沙化、风化等自然灾害频发的情况，改善生态环境意义重大。1978 年，在邓小平同志的直接关怀下，国务院做出建设"三北防护林"工程的重大战略决策，该工程后来被誉为"绿色长城"，根治了我国三北地区的风沙危害和水土流失问题；1979 年，第五届全国人民代表大会常务委员会第六次会议通过关于植树节的决议，决定 3 月 12 日为我国的植树节；1981 年颁布《关于开展全民义务植树运动的决议》；邓小平在 1983 年 3 月 12 日在北京十三陵水库参加义务植树时的讲话中指出："植树造林，绿化祖国，是建设社会主义，造福子孙后代的伟大事业，要坚持二十年，坚持一百年，坚持一千年，要一代一代永远干下去。"（中共中央文献研究室，2004）邓小平对植树造林的重视，极大地促进了我国绿化事业的发展。第二，主张依靠制度和法律保护自然资源和生态环境，1979 年，第五届全国人民代表大会常务委员会第十一次会议通过的《中华人民共和国环境保护法（试行）》，为我国环境保护事业进入法制化轨道奠定了基础，使我国进入用法制保护生态环境的新时期。1988 年，国家环保局成立，《中华人民共和国水污染防治法》《中华人民共和国大气污染防治法》《中华人民共和国海洋环境保护法》《中华人民共和国森林法》《中华人民共和国草原法》等初步构成我国环境保护法规体系，促使环境管理走上规范化和制度化道路（杨大燕，2018）。第三，主张依靠科学技术改善生态环境，邓小平指出："解决农村能源、保护生态环境等等，都要靠科学。"（邓小平，1987：12）邓小平同志强调，科技对推动现代农业、现代工业、现代国防建设和发展发挥巨大作用。第二代领导集体主张在农业可持续发展过程中，通过技术创新和经营方式创新提高生态要素的配置比率和使用效率，提高劳动生产率和土地产出率，减少农业废弃污染物排放；走技术创新道路，控制能源消耗总量，优化资源存量，实现清洁生产；将加快发展低能耗、低污染的服务业作为产业结构升级的重点（李阳，2017）。一段时间内，虽然中国通过出台一些法律和政策控制污染，但是由于环境遭到过于严重的破坏，中国又急于发展，相关法律和政策的实施效果并不理想，生态环境恢复程度远远落后于经济发展速度和环境污染程度。1989 年前后，我国每年排放工业废水和生活污水约 370 亿吨，其中，80% 未经任何处理便被排放出来。第二代领导集体对人、自然以及社会经济发展之间的关系有了更进一步的认识：逐渐认识到我国环境保护程度同发达国家的差距。

三 以江泽民同志为核心的领导集体对生态文明的探索

以江泽民为核心的领导集体将可持续发展理念上升为国家战略，主要贡献有以下四点。第一，明确提出"可持续发展"战略，1995 年 9 月召开的党的十四届五中全会把"可持续发展"战略写入《中共中央关于制定国民经济和社会发展"九五"计划和 2010 年远景目标的建议》，这意味着在人与自然的关系和人与人的关系不断优化的前提下，实现经济效益、社会效益、生态效益有机协调，要把人口节制、资源节约、环境保护与经济建设放在相同高度，始终坚持可持续发展战略。第二，将生态环境建设上升到生产力高度，提出"保护环境的实质是保护生产力"，这是在其他国家的生产力受到生态环境制约的教训基础上得出的深刻结论。江泽民在 1989 年的国家科学技术奖励大会上提到"全球面临的资源、环境、生态、人口等重大问题的解决，都离不开科学技术的进步"，这充分说明中国共产党对利用科学技术推动生态文明建设高度重视，通过发展科学技术、坚持科教兴国重大战略增强国家的科技实力及向现实生产力转化的能力，为产业生态化、资源高效利用、环境污染预防和治理提供科学技术保障，从而开辟出一条工业化与信息化相互促进的道路，推动实现经济发展和环境保护双赢（张雪，2015）。第三，提升和增强人口素质和生态意识，"十五"计划建议，把加强人口和资源管理、重视生态建设和环境保护列为必须着重研究和解决的重大战略性问题，坚持严格控制人口数量，坚持以教育为本，为生态文明建设提供源源不断的动力。在 1996 年国务院新闻办公室发布的《中国的环境保护》白皮书中明确指出，"搞好环境宣传教育、增强全民族环境意识"，这是中国政府的一项政策举措，党中央将其作为一项长期任务来抓。江泽民指出："环境意识和环境质量如何，是衡量一个国家和民族的文明程度的一个重要标志。"为了增强干部和群众的环保意识，国家大力普及环保知识，除了对各个部门进行环境教育外，积极培养青少年的生态意识，形成良好的环境道德风尚（何国萍，2016）。第四，开展国际环境保护交流与合作，江泽民认为，人类面对的环境问题需要全球各国合作解决，发达国家已完成工业化进程，应为解决全球环境问题承担更多责任，对于发展中国家，应在推进自身经济发展的过程中努力加强环境保护，并在全球行动中发挥力所能及的作用，同时，他主张"引进来"和"走出去"相结合，合理开发和利用本国资源，不过度依赖外国资源，加强资源领域的对外交流，防止珍稀资源流失。虽然我国反复强调"可持续发展"的重要性与必要性，但是实施效果与预期存在较大差距：我国长期依赖粗放型传统发展方式，在发展方式转变过程中遇到的阻力较大。虽然这一时期的领导集体对人口、资源、环境以及发展的关系的认识进一步深化，但建立完善的法律体制与实施机制需要时间。

四 以胡锦涛同志为核心的领导集体对生态文明的探索

21世纪初，改革开放持续推进，我国城市化速度加快，同时伴随着生物多样性锐减，各类环境污染问题频发，生态、资源、环境问题在21世纪初成为中国的突出问题，在脆弱的"生态国情"的背景下，迫切需要党和政府提出新的理念以指导经济社会发展。胡锦涛充分考虑国际国内发展局势，提出两个重要的战略思想，分别是科学发展观和生态文明。2003年"非典"暴发促使党中央对科学发展更加重视，《在全国防治非典工作会议上的讲话》首次提到"可持续发展的发展观"，同年，胡锦涛同志在江西考察时首次提出科学发展观。2007年，"科学发展观"正式写入党章，成为党的重大战略思想。可持续发展理论是发达国家通过剥削工人、掠夺他国资源，在国际上占据绝对优势之后提出来的，在"落后就要挨打"的思想的影响下，相关可持续发展方案在中国难以顺利实施，而"科学发展观"的第一要义是发展，核心是以人为本，一切为了人民，一切依靠人民，一切发展成果由人民共享。科学发展观的基本要求是全面协调可持续，根本方法是统筹兼顾，实现城乡统筹、区域统筹、经济社会统筹、人与自然统筹、国内外统筹等五大统筹，"科学发展观"继承了可持续发展的内涵，既符合中国国情，又具有可操作性，既要求推动经济社会发展，又重视生态环境保护和修复，满足人民对美好生活的需要（张雪，2015）。

1999年，温家宝总理在全国绿化委员会第十八次会议上的讲话中的"世纪之交国土绿化的主要任务"部分提到"二十一世纪将是一个生态文明的世纪"（中共中央文献研究室、国家林业局，2001）。党在确定中心任务和奋斗目标的过程中，认识到资源浪费、环境污染等问题是影响我国经济社会可持续发展的重要因素，在这段时间内，我国出现多起食品安全问题，空气质量和水源质量偏低，威胁我国人民的生命安全和社会和谐稳定（崔细雨，2019）。2003年6月25日，《中共中央国务院关于加快林业发展的决定》提到"建设山川秀美的生态文明社会"，"生态文明"这一术语第一次进入官方文件。2007年，胡锦涛在党的十七大报告中指出，"建设生态文明，基本形成节约能源资源和保护生态环境的产业结构、增长方式、消费模式"，强调要使"生态文明观念在全社会牢固树立"。我国把建设生态文明作为一项战略任务确定下来，首次将"生态文明"写入党代会报告，"建设生态文明"和"生态文明观念"的提出，使全社会掀起了倡导生态理念、树立生态意识、繁荣生态文化的高潮，这标志着中国共产党科学发展理念的再一次升华。党的十八大报告更是首次将"生态文明"建设单独列为一部分，明确提出，"建设生态文明，是关系人民福祉、关乎民族未来的长远大计。面对资源约束趋紧、环境污染严重、生态系统退化的严峻形势，必须树立尊重自然、顺应自然、保护自然的生态文明理念，把生态文明建设放在突出地位，融入经济建设、政治建设、文化建设、社会建设各方面和全过程，努力建设美丽中国，实现中华民族永续发展"，充分显示了中国政府"努力走向社会主义生态文明新时代"的信念和决心。

五 以习近平同志为核心的领导集体对生态文明的探索

中国 40 多年的改革开放带来了工业现代化，同时也带来了严重的生态环境问题，这已经影响到社会经济的可持续发展和人们的生存环境。《全国生态保护与建设规划（2013 - 2020 年）》指出，全国水土流失面积为 295 万平方公里，沙化土地面积为 173 万平方公里，人均森林面积仅为世界平均水平的 23%，我国生态文明建设的主要矛盾已经转化为人民日益增长的优美生态环境需要和不平衡不充分的发展之间的矛盾。习近平高度重视生态文明建设的各项实践活动，把生态文明置于突出的战略地位并将其纳入国家建设的总体布局：从顶层设计部署到基层生态环境保护教育，从推进进行严密的法治管理到建立健全相应的制度体系，从政府提供支持措施到市场发挥牵引力功能。这体现出以习近平同志为核心的领导集体对人类社会发展规律、社会主义建设规律、执政规律的认识达到了一个新的高度。习近平同志对不同地区的考察和对相关情况的深入思考，使其将生态文明理论与实践紧密联系，如习近平在知青阶段（生态观念萌芽）感受到陕西延安恶劣的环境；在正定县到福州市工作期间（生态文明理论起步）推动福州市进行绿化和环境保护，对环境保护以及污染治理进行系统规划设计；在福建、浙江和上海工作期间（生态文明思想发展）在我国最早提出"城市生态建设""建设生态省"理论并深入开展相关实践，把生态建设与文明发展统一起来并进行哲理分析，提出"生态兴则文明兴，生态衰则文明衰"的论断，更在当时对"生态文化建设"进行理论界定（阮朝辉，2015）。正是这些不断的实践为其在党的十八大后提出一系列关于生态文明建设的新思想、新观点、新论断奠定了基础，最终形成了习近平生态文明思想，极大地丰富了中国特色社会主义理论体系，是我国人民全面建成小康社会、提高国家治理能力的行动指南，对共建人类命运共同体具有重大意义。

习近平同志在理论和实践层面的贡献有以下三点。第一，明确生态文明的战略意义及目标愿景。可以从三个方面看待生态文明的战略意义，首先，从政治高度看，习近平同志指出："生态环境是关系党的使命宗旨的重大政治问题，也是关系民生的重大社会问题。"良好的生态环境是人和社会经济发展的基础，随着人民的生活质量不断提高，人民对优美的生活环境的需求不断凸显。《2012年中国人权事业的进展》中提及生态文明建设，提高防范化解生态环境领域内的重大安全风险的能力，确保生态风险给经济社会带来的损失处于可控状态，不仅有利于国家安全体系的构建和国家长治久安，还有利于推进国家治理体系和治理能力现代化，生态文明建设的成效与中国共产党的执政能力的关系紧密。其次，从实现中华民族的伟大复兴的高度看，习近平指出，"生态文明建设是关系中华民族永续发展的根本大计"，"生态文明建设事关中华民族永续发展和'两个一百年'奋斗目标的实现"。如果只为了眼前的经济利益算小账，产生单一治理的片面倾向，就无法兼顾生态保护与经济社会发展。生态文明建设强调要树立大局观、长远观、整体观，对中华民族和子孙后代负责。最后，从建设人类命运共同体的高度看，习近平在党的十九大报告中明确指出："各国人民同心协力，构建人类命运共同体，建设持久和平、普遍安全、沟通繁荣、开放包容、清洁美丽的世界。"生态保护无边界，自工业革命以来，环境污染问题频频出现，面对全球日益严重的环境问题，我国除了要加强对山水林田湖草的统筹保护外，还要统筹好海陆生态系统保护，建设美丽中国，为世界生态文明建设做出贡献，避免采用资本主义社会大量消耗资源的发展模式，恢复生态系统原有的平衡，使人与自然和谐相处（许先春，2019）。党的十九大报告描绘了生态文明建设的总体愿景，并将其与历史任务有机结合起来。2020～2050年的生态文明建设可细分为三个阶段：2020～2025年为初期阶段，这一阶段把落实绿色发展理念、实现绿色转型作为重要任务，在全社会形成低碳、节约、绿色、环保的生活方式，为建设绿色低碳、循环发展的经济体系奠定坚实的基础；2026～2035年为中期阶段，这一阶段的中国生态文明建设符合现代化国家的相关标准，在全球生态文明建设方面具有引领性，使经济发展与资源消耗、环境污染逐步实现绝对脱钩，污染控制从以人为控制为主转为以自然净化为主；2036～2050年为远期阶段，在这一阶段，中国将实现工业文明向生态文明的全面转型，生态文明占据主导地位，生态环境和社会韧性可抵御较高程度的自然风险，真正实现人与自然和谐共生（庄贵阳、丁斐，2020）。

第二，生产力与生态文明建设平衡发展。习近平同志提出的"两山论"让大家意识到人与自然矛盾激化，保护生态环境刻不容缓，即"我们既要绿水青山，也要金山银山，宁要绿水青山，不要金山银山，而且绿水青山就是金山银山"，"绿水青山"被认为是自然力，"金山银山"被看作社会发展的推动力，想要"金山银山"就应依靠"绿水青山"，建设好"绿水青山"就是在创造"金山银山"，应摆脱资本主义利用高消耗、高排放、高消费方式促进经济发展带来的负面影响，实现经济社会可持续发展就要保护好我们赖以生存的环境，协调生产力发展与生态文明建设的关系。习近平指出，"保护生态环境就是保护生产力，改善生态环境就是发展生产力"，改善生态环境不仅需要政府的支持，包括在宏观层面调控市场经济与资源环境的关系，还需要市场的配合，追求绿色GDP，利用社会主义制度的优势开展现代化建设，使经济发展与生态环境保护兼容共生，为人民带来福祉（沈广明、钟明华，2019）。

第三，完善生态文明建设法律制度体系。《中共中央关于全面深化改革若干重大问题的决定》指出："建设生态文明，必须建立系统完整的生态文明制度体系，实行最严格的源头保护制度、损害赔偿制度、责任追究制度，完善环境治理和生态修复制度，用制度保护生态环境。"十二届全国人大常委会第八次会议通过的修订的《环境保护法》第一次明确提出"经济社会发展与环境保护相协调"的理念，主张建立完善的自然资源资产产权制度等一系列制度。严格有力的制度保障有利于生态文明建设，针对源头，实施主体功能区制度、建立空间规划体系、落实用途管制政策、建立国家公园体制、健全自然资源产权制度及国家自然资源资产管理体制、完善自然资源监管体制和生态保护红线制度及生态安全制度等；针对过程，建立资源环境承载能力监测预警机制、完善经济社会发展考核评价体系、完善污染物排放许可制、进行企事业单位污染物排放总量控制、构建资源有偿使用制度、实行生态补偿制度等；针对后果，可建立生态环境损害责任终身追究制、进行损害赔偿、健全各类举报管理制度等（胡长生、胡宇喆，2018）。其中，落实用途管制政策的目的是提高国土利用率，健全自然资源产权制度的目的是避免资源枯竭并减轻政府保护资源的压力（张雪，2015）。

第三节　生态文明建设的基本途径

党的十七大首次提出建设生态文明，从国家战略层面、文明发展视角开启了探索中国特色生态文明建设道路和实现中国特色可持续发展的新篇章。党的十八大把生态文明建设放在突出位置，将其融入经济建设、政治建设、文化建设、社会建设各方面和全过程，构成政治、经济、文化、社会、生态"五位一体"总体布局，把生态文明建设提到一个新的高度。2017 年 10 月，党的十九大报告提出，建立健全绿色低碳循环发展的经济体系。实现可持续发展有三种基本途径，分别是绿色发展、循环发展和低碳发展，它们本质上符合可持续发展的要求，是生态文明建设的重要组成部分。

一　绿色发展

绿色发展是一种新的发展理念，应建立绿色生产体系，倡导绿色生活方式，全面推动我国经济实现绿色转型，实现社会、政治、文化良性发展，建设生态文明。绿色发展的基本要义，就是解决人与自然和谐共生的问题（雷萌萌，2019）。绿色发展理论是可持续发展理论的实现手段和延伸，绿色发展理念在中国广泛落实。国际上重视绿色经济、绿色增长等，这要归功于联合国开发计划署驻华代表处与瑞典斯德哥尔摩国际环境研究院合作编写的《中国人类发展报告2002》，该报告指出，"绿色发展，必选之路"（中国国际经济交流中心课题组，2013）。我国是一个人口和经济体量都比较庞大的国家，正处于高速发展时期，难以在短时间内调整政策，进行绿色改革，"十二五"规划才首次明确"绿色发展"的主题，在"十三五"规划中，"绿色发展"成为"五大发展"理念之一。目前，由于研究视角和侧重点不同，虽然我国学者没有对绿色发展进行统一定义，但是对绿色发展本质的认识相似。因此，本书在参考前人观点的基础上，认为绿色发展是指在生态环境容量和资源承载能力的制约下，通过社会制度创新和科学技术创新，坚持保护和恢复自然生态环境，提高资源和能源利用率，推进城乡、区域协调发展，构建资源节约型、环境友好型社会，通过利用经济—社会—生态的可持续发展模式和理念，实现人与自然和谐相处（黄志斌等，2015）。

中国绿色发展战略包括绿色规划、绿色金融和绿色财政。其中，绿色规划是绿色发展的战略指引，绿色金融和绿色财政是绿色发展的政策工具（胡鞍钢等，2016）。通过绿色规划，引导各级地方政府放弃GDP本位主义，把绿色发展融入地方发展实践中。早期，有些学者认为，绿色发展包括五个方面：合理布局国土环境保护与经济发展，制定国土综合整治规划及西部地区开发规划；制定资源保护与资源节约规划；制定绿色产业建设与经济发展规划；制定生态保护与生态建设规划；制定环境污染综合治理规划（王金南等，2006）。党的十九大报告为生态文明建设与绿色发展指明了方向，规划了路线，主要包括三个方面。首先，必须加大环境治理力度，例如，进行重点流域水污染治理，制定重点海域污染防治规划、全国地下水防治规划、重点污染行业防治规划和全国城市垃圾无害化处理设施建设规划等。其次，加快构建涉及环境管控的长效机制，通过环境管控使绿色发展发挥导向性作用，有效引导企业转型升级，促进技术创新，鼓励绿色生产，壮大节能环保产业、清洁生产产业、清洁能源产业，使绿色产业成为替代产业。全面深化绿色发展制度创新，一是完善绿色产业的制度设计，利用进口贸易结构升级与环境规制促进绿色技术创新，健全、推行绿色设计政策机制，建立再生资源分级质控和标识制度，推广资源再生产品和原料，规范对清洁生产的审核、评估，促进绿色技术、绿色生产推广、应用；二是完善绿色消费的制度设计，健全绿色消费法规，例如，对消费税进行立法，制定相关法律法规督促消费者履行环保责任，例如，制定押金返还政策；三是完善绿色金融的制度设计，我国绿色金融体系主要包括碳金融、绿色信贷和绿色保险，因为缺乏专业、具体的可操作细则，大部分金融机构缺乏减排积极性，所以国家应细化对金融机构的监督标准，推动金融机构进行绿色转型（王薇，2018）。最后，改革生态环境监管体制，完善生态环境管理制度，建立健全自然资源和生态环境监管机构，加快建立和完善国土空间开发保护制度，划定并严守生态保护红线，明确国土空间开发和利用的边界（石敏俊，2017）。绿色金融是绿色发展的间接政策工具，是指通过金融手段改变资本流向，促进绿色经济部门提高资源利用效率，减少经济活动的生态成本，控制投资项目的环境风险。绿色财政是绿色发展的直接政策工具，是指通过利用财政的杠杆作用促进绿色发展，例如，可以通过征收排污费控制污染程度较高的企业的废物排放量，降低循环经济项目税负，增加对重大环境治理项目的资金投入。

绿色发展最直接的理论来源就是绿色经济。1989 年，英国环境经济学家皮尔斯等在《绿色经济蓝图》中首次提出绿色经济的概念，绿色经济是以消除经济发展过程中日益强化的资源环境约束为基本出发点，以资源投入最小化、污染排放最小化与经济发展收益最大化为基本操作点，通过利用不同实现途径与措施，尽快培育经济发展与资源消耗和污染物排放脱钩的经济发展模式。发展绿色经济能够带来环境收益、经济收益，实现社会收益最大化。

绿色经济与低碳经济、循环经济有着内在的联系与明显的区别。低碳经济是能源流方面的绿色经济，要求大量使用清洁能源，提高传统能源的使用效率，控制并减少经济系统产生的碳排放；循环经济是物质流方面的绿色经济，要求减少对自然资源的开采和废弃物排放，加强对物品的重复利用，在经济系统的输出端将废弃物重新转化为资源（诸大建，2012）。

二 循环发展

循环经济基于鲍丁在20世纪60年代提出来的"宇宙飞船经济理论"，强调经济系统通过物质与能量的减量化、再使用与再循环，达到物质与资源在社会生产各个环节都得到有效利用与配置的状态（许广月，2017）。自20世纪末中国引入"循环经济"这一概念以来，党中央、国务院对推进循环经济发展高度重视。2002年10月16日，江泽民在全球环境基金第二届成员国大会讲话中指出："只有走以最有效利用资源和保护环境为基础的循环经济之路，可持续发展才能得到实现。"发展循环经济决策的提出，意味着我国开始用发展解决环境问题（王海芹、高世楫，2016）。在第十八届中央委员会第五次全体会议上，习近平指出："用循环经济和生态经济的理论来指导工业发展，实现工业化和资源、环境、生态的协调发展。"循环经济是实现可持续发展的一种有效手段，既涉及经济系统中的生产与消费问题，又关系到生态系统中的资源利用与环境污染问题，特别是对于循环利用资源，应遵循3R原则（减量化、再使用与再循环原则），3R原则有利于减少资源投入总量、提高资源回收效率、提高对排放物和废弃物的再用比率，不仅能够减少对自然资源的消耗，还能因再用排放物和废弃物而节约环境容量。基本目标就是解决经济发展过程中的资源稀缺问题（孟赤兵等，2012）。循环经济模式是一种反馈式或闭环流动的经济模式，涉及的是"资源—产品—再生资源"，不同于传统工业经济"资源—产品—排放物与废弃物"的单循环路线，企业在循环经济发展过程中扮演重要角色，企业从可持续生产角度出发，对内部机构、生产环节和社会整体三个层面的循环进行整合，不同行业根据自身特点研发循环技术，创新管理方法。要在社会再生产的各个环节将资源循环看作整体性的经济运作方式：在生产环节表现为进行清洁生产；在消费环节表现为生产者承担严格的产品责任，履行回收义务；在分配和交换环节表现为对废弃物的回收与利用。资源循环利用是循环经济的核心。资源循环利用涉及对自然资源的合理开发：在生产加工过程中，通过利用适当的先进技术将原材料加工成对环境友好的产品并且实现回收；在流通和消费过程中，实现对最终产品的理性消费；最后回到生产加工过程。以上环节会反复循环（陈德敏，2004）。

自 2004 年中央经济工作会议首次明确提出将发展循环经济作为经济发展的长期战略任务后，推动循环经济发展的政策文件、法律陆续出台，例如，2005 年《国务院关于加快发展循环经济的若干意见》发布，2008 年《中华人民共和国循环经济促进法》通过，2013 年《循环经济发展战略及近期行动计划》印发，主要涉及资源综合利用示范工程、产业园区循环化改造示范工程、再生资源回收体系示范工程、农业循环经济示范工程等（翟巍，2017）。随着国家对循环经济的逐步探索，资源循环利用的重心不再仅限于污染较重的行业产生的矿业固体废物，还包括可回收的电子电器类产品、轮胎、玻璃、铅蓄电池等。发展循环经济是我国的一项重大战略决策，是落实党的十八大推进生态文明建设的重大举措，是加快转变经济发展方式、建设资源节约型、环境友好型社会，实现可持续发展的必然选择（阳盼盼等，2015）。

三 低碳发展

全球气候变化是 21 世纪人类面临的挑战之一，二氧化碳的大量排放是全球变暖、冰川融化的主要原因。到 2019 年底，全球燃烧化石燃料产生的二氧化碳高达 368 亿吨，高于 2018 年的 365.7 亿吨。丹麦气象研究所专家鲁思·莫特兰说，2019 年 7 月，格陵兰冰川融化量高达 1970 亿吨。国际组织多次召开会议呼吁各国减少二氧化碳排放量，1990 年 11 月，联合国政府间气候变化专门委员会（Intergovernmental Panel on Climate Change，IPCC）指出，必须限制温室气体的排放。1992 年，《联合国气候变化框架公约》通过，这是世界上第一个全面控制二氧化碳、甲烷和一氧化二氮等温室气体排放，以应对全球气候变暖给人类经济和社会带来不利影响的公约。中国是世界第二大经济体，同时又是全球温室气体排放第一大国，低碳发展的提出与落实是构建资源节约型和环境友好型社会的良好机遇。《京都议定书》通过后，中国面临较大的减排压力，但中国积极行动，取得一系列成果（陈华，2012）。我国能源消耗量占全世界的25%，低碳经济发展模式成为实现可持续发展和进行生态文明建设的重要途径。2007年6月，国务院印发的《中国应对气候变化国家方案》首次指出要努力减缓温室气体的排放；2015年，《中共中央　国务院关于加快推进生态文明建设的意见》提出，"单位国内生产总值二氧化碳排放强度比2005年下降40%－45%"，低碳发展应发挥更加重要的作用。中国倡导和推动低碳发展的实质就是推动中国的高碳经济向低碳经济转型，实现能源、建筑、交通、物流等行业全面发展。国家陆续出台的促进低碳经济发展的指导文件主要针对传统工业部门，涉及两条实现低碳发展的路径：一是发展低碳技术，二是构建低碳金融市场。前者有利于减少碳排放量和降低减排的经济成本，后者有利于充分利用金融工具规制环境问题，引导进行低碳投资，解决低碳发展面临的资金缺口问题。低碳技术是指利用先进的设备工艺，采取清洁能源技术、节能技术、降低碳排放技术和碳捕获或储存技术等，实现碳的较少排放（吴英姿，2015）。国家发改委编制的《国家重点节能低碳技术推广目录（2016年本，节能部分)》涉及煤炭、电力、钢铁、有色、石油石化、化工、建材、机械、轻工、纺织、建筑、交通、通信13个行业，共包括296项重点节能技术。在我国，低碳金融的重点是推行征收碳税和建立碳排放交易市场。

碳税是以化石燃料中碳含量或其燃烧产生的二氧化碳量为计算税基征收的一种从量税，征收目的是减少二氧化碳的排放。通常情况下，碳税的征收对象是燃料的一次消耗部门。碳税的实施可能在短时间内对国家经济造成一定的负面冲击，比如造成GDP下降和进出口额下降等。但是从推动企业清洁技术发展、提高可再生能源使用效率、减少和降低碳排放总量和强度等方面来看，征收碳税有利于国家长期发展（何萍等，2018）。此外，碳税对高耗能的重工业的影响较大，对交通业、农业的影响较小，以山西为例，作为煤炭大省，碳税的征收将使以燃料产出为主的企业丧失一定的劳动力，电力需求增加，导致产业内部结构发生变化（张皓月等，2019）。因此，政府应积极引导开采类企业加快能源结构转型，根据行业特性完善碳税征收办法，减少碳税对经济造成的冲击。

碳排放交易市场由供需双方构成，供方是碳市场的配额拥有者，需方是碳市场的配额不足者，供需双方的地位可以基于产生的温室气体量而互换。2011年10月，《国家发展改革委办公厅关于开展碳排放权交易试点工作的通知》发布，而后陆续出台一系列政策法规指导建立碳排放交易市场，并确定上海、北京、广东、深圳、天津、湖北、重庆开展碳排放权交易试点，2016年新增福建进行碳市场配额现货交易试点。在降低碳强度和减少碳排放量的效果上，试点地区均明显优于非试点地区，空气质量明显改善。但是这些地区的交易价格和交易量的差距较大，国家应根据不同地区的经济发展水平进行碳排放交易市场的顶层设计和各类配套制度的建设（李丰，2020）。

第二章
资源循环利用

第一节 资源与再生资源

一 资源的定义及特点

社会的发展离不开对资源的利用，但是关于资源，至今没有严格和明确的定义，联合国环境规划署（UNEP）对资源下过一个定义，在一定时间、地点条件下能够产生经济价值来提高人类目前以及未来的福利水平的自然因素和其他要素的总称。从广义上来看，资源可以泛指一切资源，是人类生产和生活必需的一切要素，包括自然资源和社会资源等，这一理解被资源经济学和生态经济学领域广泛运用（尹霖、张平淡，2007）。从狭义上来看，资源仅指人类生产和生活所需要的各种自然资源，以及人们在使用自然资源的过程中对产生的剩余资源和废弃资源进行再加工，以使其能被重新利用的物质资源，自然资源是指存在于自然界中能被人类利用，或在一定技术、经济和社会条件下能被作为生产、生活的物质、能量的来源，或是在现有生产力水平和研究条件下，为了满足人类的生产和生活需要而被利用的自然物质和能量（中国自然资源研究会，1985）。资源在不同情况下的分类方式不同，按照存在形式可以分为土地资源、水资源、气候资源、矿产资源、生物资源、环境资源，按照可更新的特征可以分为可再生资源和不可再生资源（枯竭性资源），按照社会属性可以分为专有资源和共享资源。

本书主要讨论物质资源，物质资源具有自然属性和社会属性。自然属性是在大自然的漫长的运动过程中产生的，具有自身的发展规律。不同物质资源的元素结构不同，所处的地域环境和运动规律也不同，具有不同的性质、特点和功能。物质资源相互渗透、相互依存，按照各自的运动规律进行物质和能源的交换、循环和转化，从而发挥不同的功能。社会属性是在人类发展过程中形成的，也有自身的发展规律。人类在经济发展、从事物质再生产的过程中，依靠科学技术逐步加深对资源本质的认识，探索资源的性质、特点、功能及其所依存的地域环境，然后进行开发、利用，调整产业结构，并不断探索新领域、新品种和新功能，掌握资源的规模、广度、深度和强度，更多更好地将其转化成满足社会需要的产品。

（一）物质资源的自然属性

1. 物质资源在结构上具有多元性

资源具有不同的物质形态，尽管它们以不同形态存在于生物圈、岩石圈、水圈和大气圈，但就本质来讲，它们都是由碳、氢、氮、氧、硫、磷等元素或其他金属、非金属元素相互作用形成的。人类社会进行物质和能量交换，实质上就是合理有效地利用资源的使用价值，物质资源在结构上的多元性决定了使用价值的多功能性。

2. 物质资源在物理性质上具有共同性

虽然不同物质资源是由不同的元素以不同的组合形式构成的，但就物理性质而言，它们具有某些等同的基本属性，如具有引力，这表明物质资源具有吸引力；具有永恒惯性，这表明物质资源可以保持静止状态或运动状态；具有气体、液体、固体三种形态，它们在一定条件下可以转化。

3. 物质资源在赋存形式上具有共生性和伴生性

矿物资源集中体现物质资源的这一自然属性。矿物资源的共生性是指在同一成矿阶段出现不同种类矿物资源的现象，矿物资源的伴生性是指成因不同或处于不同成矿阶段的矿物资源仅在空间上共存的现象。矿物资源是在长期的地质作用下形成的，由于地质作用，在自然界中，单一成分的矿物是极少的。绝大多数矿物是两种或者多种元素共生、伴生的地质综合体。

4. 物质资源具有整体性

物质资源的各个组成部分在生态系统中既相互联系，又相互制约，共同构成一个有机整体。山、水、林、田、湖、草组成生命共同体，从物质资源的整体性角度来看，应重视生态系统保护。

5. 物质资源具有地域性

物质资源总是相对集中于某些区域，它们的数量、质量、稀缺程度及特性存在地区差异，如动植物资源有地域性，水资源有流域性，因此，对物质资源的开发、利用和保护必须因地制宜，应根据区域特征采取有针对性的措施，可以在全部国土空间实施用途管制政策，解决物质资源分布不平衡的问题。

6. 物质资源具有功能多样性

物质资源具有功能多样性，包括生产功能、生态调节功能、载体功能和信息功能等，各种功能相互依存、相互制约，因此，物质资源管理工作强调监督管理，以对物质资源的开发、利用与保护更加充分。

（二）物质资源的社会属性

1. 物质资源界定的相对性

就社会属性而言，物质资源是人类社会发展过程中的产物。自然界中的物质可以成为资源，成为劳动对象和劳动资料，进入社会物质生产过程，从而转化为社会产品，这个过程受到一定时间、空间及科学技术、经济条件和社会生产力发展水平的影响。对于特定物质能否作为资源进行开发、利用，要看在基础上是否可行，在经济上是否合理。某些物质资源在过去不能被开发、利用，但随着科学技术不断进步，生产技术不断改进，其最终被开发、利用，并转化成重要的社会产品，如长期埋藏在地下的铀矿，今天已被开发成发展核工业的燃料。从总体战略角度看，地球上的一切物质因素都是可以被开发、利用的资源或有待开发、利用的潜在资源。从具体资源的开发、利用角度看，在一定时间范围内，在一定技术条件下，某些资源被有效开发、利用还有一个相对较长的过程，从这个意义上讲，资源是一个相对概念。可以预见，在高新技术飞速发展和生产力水平逐步提高的背景下，一些新的、更加重要的资源将被开发、利用，以满足经济高速发展的需要。

2. 物质资源供需的矛盾性

资源的有限性决定了通过开发、利用方式提供社会生产和生活所需物质资源具有有限性。一方面，人口迅速增长，社会经济高速发展，社会生产力和人民生活水平不断提高，促使人类社会对物质资源的需求量日益增加，这使某些资源减少甚至枯竭；另一方面，对资源的不合理开发、利用，导致宝贵资源未被充分开发、利用，变为废弃物，造成资源浪费，物质资源供需的矛盾性十分突出，集中表现为资源危机。这种矛盾性促使人们重视高新技术研发，广辟新资源，发掘资源的新功能，注重节约资源，保护和合理利用资源，从而促进经济进一步发展。

3. 物质资源的市场交换品属性

在人们开发、利用和改造自然的过程中，资源是一种可以在市场经济条件下进行有偿配置、转让的物质产品，亦即一种可以用特定方式进行交换的商品，因此，资源具有一般商品所具有的使用价值和价值属性。

物质资源具有使用价值属性。资源是一种有用的物质产品，可以用于提供人类社会发展所需的物质资源。这体现出物质资源的使用价值，即资源具有物质功能和能量功能。这是物质资源的本质反应，物质资源在被人们开发、利用之前具有潜在使用价值；当人们对其进行开发、利用时，其就具有现实使用价值。由于不同物质资源具有不同的特征，它们的功能也不同，人们可以根据生产和生活中的不同需要，合理开发、利用物质资源，充分发挥物质资源的功能。使用价值成为有偿配置、转让、交换物质资源的基础。

物质资源具有价值属性。物质资源对人类生产与生活具有一定效用，这是物质资源具有价值的体现。人们在开发、利用物质资源的过程中，呈现物质资源的潜在价值和现实价值。物质资源的价格是价值的货币表现，受物质供求关系的影响，正确认识物质资源的价值属性，无论从实践角度来看还是从理论角度来看，都具有重大意义。

二　再生资源

物质资源是经济社会发展的基础，从人类劳动程度看，可以将资源分为自然资源、人类生产的物质资源、再生资源三类。自然资源的范围广泛，种类繁多；人类生产的物质资源指的是人类通过劳动生产的物质资源，包括能源、原材料及制成品等，人类生产的物质资源来自自然资源，是人类利用自然资源制成的阶段产品，是人类生活和生产所必需的；再生资源是指在社会生产和生活过程中产生的，已经失去原有部分或全部使用价值，经过回收、加工处理，能够重新获得使用价值的各种废弃物，包括废旧金属、报废电子产品、报废机电设备及其零部件、废造纸原料（如废纸、废棉等）、废轻化工原料（如废橡胶、废塑料、农药包装物、动物杂骨、毛发等）、废玻璃等（《再生资源回收管理办法》，2007）。对再生资源的利用是解决我国资源短缺问题和应对环境污染的有效手段，可以改变人们的生活方式。

再生资源产业包括再生资源的回收、加工、利用等相关产业（江小珍，2019）。再生资源回收涉及收集和运输散布在生活空间和商业流通领域的各种废弃物，包括简单的拆卸、清洁、分类，适当的分割、破碎、包装、压块等环节。此外，仍然具有基本使用功能的二手产品也是可以进行回收的。再生资源加工主要是通过分拣、冶炼等方法加工废弃物，例如，把铁、铜、铝、塑料等废料转换成有用的资源。再生资源利用主要是把再生资源作为原材料进行加工，生产具有新用途的物品，如利用废旧机械和纺织产品制造新的产品。

20 世纪 60 年代，美国研究资源短缺和合理利用理论的著名学者鲍丁提出"宇宙飞船经济理论"，把地球看成一个巨大的宇宙飞船，除了能量需要太阳提供外，人类的一切物质需要可以通过进行循环得以满足，事实上，地球上的生命生生不息的奥秘在于，地球具有自给自足的生态系统，物质在太阳能的"推动"下，日复一日、年复一年地进行周期循环，不需要补给什么东西，也没有产生多余的废物，它们各有用途，生命在物质循环中得以体现。"宇宙飞船经济理论"把这一生态学观念用于探索人类社会的经济发展模式，要求人类按照生态学原理构建一个自给自足的、不产生污染的生产体系，这是一种封闭式经济体系，具有完善的物质循环和更新功能。相关观点有：用储备型经济替代传统的增长型经济，用休养生息经济替代传统的消耗型经济，用福利量经济替代传统的生产量经济，用循环式经济替代传统的单程式经济。同时，"资源—商品—废品—商品"的运作模式是物质资源再生产过程中的良性循环模式，体现了资源循环利用的合理性和必要性。

第二节　资源循环概述

一　循环经济

（一）循环经济的概念及原则

经济学家在研究 21 世纪世界经济发展情况时，提出许多新的经济模型，循环经济（Circular Economy）是其中的一种。循环经济是物质的闭环流动型经济的简称（诸大建，2000）。循环经济按照生态系统物质循环和能量流动规律重构经济系统，使经济系统和谐地进入生态系统的物质循环过程，建立起一种新的经济形态（余德辉、王金南，2001）。曲格平先生把传统经济与循环经济进行比较，指出传统经济是由"资源—产品—污染排放所构成的物质单向流动的经济"。在这种经济中，人们以越来越高的强度把地球上的物质和能源开采出来，在生产、加工和消费过程中把废弃物大量排放到环境中。循环经济是一个"资源—产品—再生资源"的物质反复循环利用的经济，整个经济系统以及生产和消费过程基本上不产生或者只产生很少的废弃物，从根本上化解长期存在的环境与发展之间的尖锐冲突（郭薇，2001）。

"循环经济"是由美国经济学家波尔丁首先提出来的。他认为，在人、自然资源和科学技术共存的系统内，通过分析资源投入、企业生产、产品消费和废弃物处理全过程，可以把传统的依赖资源消耗线性增长的经济转变为依靠生态型的资源循环发展的经济。

"3R"原则是循环经济的行为准则，即减量化（Reduce）原则、再使用（Reuse）原则和再循环（Recycle）原则。

减量化原则：要求用尽可能少的原料和能源达成既定的生产目标和消费

目的。这就能从源头上减少资源和能源消耗，大大改善环境状况，例如，我们使产品小型化和轻型化；使包装简单实用，而不是豪华浪费；使生产和消费过程中的废弃物排放量减少。

再使用原则：要求生产的产品和包装物能够被反复使用。生产者在产品设计和生产过程中，应摒弃依靠一次性使用方式追求利润的思维，尽可能使产品经久耐用和反复使用。

再循环原则：要求产品在发挥使用功能后能重新变成可以利用的资源，同时也要求生产过程中所产生的边角料、中间物料和其他一些物料能返回到生产过程中或被重新利用。

（二）资源循环是循环经济的核心

资源循环被认为是循环经济的核心，循环经济的重点是"循环"，强调在利用资源过程中的循环，目的是既确保环境友好，也做到经济良性循环与发展。"循环"的直接含义不是经济循环，而是经济赖以存在的物质基础——资源在国民经济再生产体系中的各个环节不断循环（包括消费与使用）（刘维平，2017）。资源循环利用涉及自然资源的合理开发；原材料在生产、加工过程中通过利用适当的技术被加工成环境友好的产品并且可以实现现场回用（不断回用）；在流通和消费过程理性消费最终产品；最后实现资源回用。以上环节会被反复循环。

（三）循环经济的发展

经济合作与发展组织（Organization for Economic Co-operation and Development，OECD）的数据显示，1990～2011年，我国资源强度从每单位GDP消耗4.3千克资源降到每单位GDP消耗2.5千克资源（Mathews，Tan，2016）。根据国家统计局的数据，截至2013年，中国的资源消耗与经济增长已经实现了相对脱钩，废物的再生利用比例增长了8.2个百分点；循环经济指数从2005年的100点增长到2013年的137.6点，说明全国范围内循环经济的综合表现有所改善（中华人民共和国国家统计局，2015）。从地区层面看，全国各地的循环经济绩效存在明显差异，其中，东部地区领先于西部地区，这与区域经济发展水平存在一定相关性；自2015年起，浙江、山东和广东三省的循环经济绩效明显提高；截至 2014 年，云南和浙江两省的循环经济绩效已达到全国领先水平（刘畅，2016）。

虽然循环经济在我国已取得一些进展，但是这些进展仍处于初级阶段，在推行循环经济方面，我国面临一些问题：一是有些地方政府尚未真正落实科学发展观，对推行循环经济的认识不足；二是相关法律法规不健全，尚未建立发展循环经济的长效机制；三是环保科技和环保产业的发展水平不高，缺乏科技支撑，人们的环保意识不强，消费方式不合理等。

要想循环经济进一步释放价值和潜能，就必须尽快形成覆盖全社会的资源循环利用体系。大幅提升我国的可持续发展能力，最终实现建立无废社会的目标。实现这一目标，首先，需要科技支撑，循环经济发展离不开关键技术的突破，企业实现转型升级应依靠科技创新，尽快从重视规模增长转向重视高质量发展，持续探索循环经济发展模式。其次，需要市场支撑，不断完善并有效实施循环经济机制，建立规范的市场体系，让企业产生内生动力，对发展循环经济的效果可期待、可预测，积极主动推行循环经济。最后，需要理念支撑，在我国大力推广和宣传绿色消费理念，通过树立绿色消费理念，借助市场导向加快发展循环经济。

二 资源循环型社会

资源循环是将社会上已经使用过的物品加工、处理之后重新服务于人类。为了实现资源循环利用这一目标，我们首先要建立资源循环型社会，让社会发展所需的资源可以通过循环提供，减少对不可再生资源的开采（邱定蕃、徐传华，2006），缓解由资源枯竭带来的环境问题。这是实现可持续发展的必然途径，也是人类和自然和谐相处的必要措施。图 2-1 展示了资源循环过程，从大自然开采的自然资源可以满足人类生产、生活的需要，生产、生活产生的废弃物经过无害化处理后，能够被回收再利用的部分会被加工成产品提供给人类使用，剩下的不能回收的部分则被排放到大自然，这就是资源循环过程。

建立资源循环型社会，有三点是非常重要的。

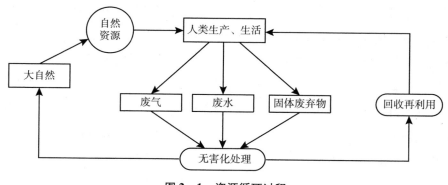

图 2－1　资源循环过程

资料来源：笔者自制。

（1）人类必须充分认识到，通过开发、利用资源生产的产品不是简单的废料，而是可利用的潜在资源，人类需要逐步开发、利用这些资源，以实现向地球"索取"资源的最小化。

（2）在人类生产和生活过程中，3R 原则是非常重要的：尽量减少使用自然资源，尽量实现资源的再利用，尽量实现资源循环利用。

（3）实现资源循环利用不仅涉及图 2－1 所展示的"废气、废水、固体废弃物"的无害化处理、回收再利用，还与人类生产、生活密切相关，例如，器件制造商可以采用容易再生的材料，而不是难以再生的材料；当需要采用高强度金属材料时，应尽量在晶粒细化方面做工作，而不对复杂的配方下功夫，这符合保护生态环境对材料的要求。只有全社会都将资源循环放在非常重要的位置，资源循环型社会才能建立。

第三节　资源循环利用概述

一　资源循环利用的概念

资源循环利用是经济社会发展到一定阶段的产物，随着科学技术进步、人类对资源环境的认识不断深入，生产与劳动手段逐渐丰富以及生产力发展，人们用合理的手段进行废弃物的循环利用，把开发、利用废弃物变为现实（郭学益、田庆华，2008）。资源循环利用可以理解为在生产、流通、消费过程中产生的不再具有使用价值并以各种形式赋存的废弃物料，通过回收、加工获得使用价值而被再利用。国内外学者对资源循环利用的认识并不相同，日本的《推进循环型社会形成基本法》指出，资源循环利用包括再利用、再生利用以及热回收，其中，再利用指循环资源（废弃物中的有用物品等）被作为产品直接使用（包括进行处理后使用），以及把循环资源的全部或一部分作为零部件或其他产品的一部分使用；再生利用是指将循环资源的全部或一部分作为原材料使用；热回收是指通过燃烧全部或一部分循环资源获取能量。《中华人民共和国循环经济促进法》虽然没有关于资源循环利用的直接叙述，但设置"再利用和资源化"一章对相关内容进行法律界定，指出"再利用，是指将废物直接作为产品或者经修复、翻新、再制造后继续作为产品使用，或者将废物的全部或者部分作为其他产品的部件予以使用……资源化，是指将废物直接作为原料进行利用或者对废物进行再生利用"。

综上所述，资源循环利用是指对开采、加工、流通和消费等环节产生的各类有用废弃物进行再利用（再使用和再制造）、再生利用的过程。其中，再使用是指将废弃物的全部或一部分作为产品直接使用（包括经过简单处理后使用），这类产品通常被称为二手物品或旧货；再制造是指对相关产品进行专业化修复或升级改造，并使其质量不低于原有产品；再生利用是指将废弃物的全部或一部分作为原材料使用。资源循环利用具体包括对资源开采、加工过程中产生的尾矿再利用，对生产过程中产生的废料、废水（液）、废气等进行回收和再利用，对汽车零部件、工程机械、农业机械、冶金机械、石油机械、信息产品及相关设备等进行再制造，对社会生产和消费过程中产生的各种废料进行回收和再利用。

二　资源循环利用的特征

资源循环利用的特征如下。

1. 客观性

客观性也可称为内在规律性，是指资源循环利用是人类社会经济发展过程中必然出现的一种社会生产和再生产方式，是不以人的意志为转移的有关社会经济发展的客观现象，是人类社会发展到一定程度之后，面对有限的资源与环境承载力所做出的必然选择。

2. 科技性

资源循环利用的出现和发展是以先进的科学技术为依托的，只有通过不断的技术进步，才能实现更大范围和更高效率的资源循环利用。同时，应不断扩大可供人类使用的资源范围，从源和流两个方面解决人类面临的资源短缺和生态环境保护问题。

3. 系统性

资源循环利用是一个涉及社会再生产的系统性、整体性经济运作方式，不同社会的再生产环节有不同的表现形式，不能因此将各个环节割裂开来，只有重视社会再生产的系统性，才能真正实现资源高效循环。

4. 统一性

统一性包括两个层面的含义，第一层含义是指通过资源循环利用，既可以解决人类目前面临的资源、环境危机，又能实现人类社会经济可持续发展，因此，资源循环利用与人类社会经济发展和生态环境保护是统一的；第二层含义是指无论是在社会再生产的宏观层面，还是在产业和企业发展的中微观层面，物质生产与产品流通都可以通过资源循环利用实现。

5. 能动性

资源循环利用是人类对面临的资源、环境危机进行理性反思的产物，是人类对客观世界认识进一步深化的体现。资源循环利用理论与实践都针对节约资源、减废治污、治理和保护环境，进而从整体上推进经济可持续发展与社会全面进步。在资源循环利用过程中，采取环境保护与治理措施，可以实现保护生态环境与资源的目的，最后达到人与自然和谐相处。资源循环利用可以有效保护环境，减少资源消耗，实现经济效益和社会效益最大化，使经济系统与生态系统的物质循环过程相协调。

三 资源循环利用的发展

（一）资源循环利用的发展概况

在"十一五"规划出台之前，我国的资源循环利用以废物的回收、利用为主。基于当时我国的原材料开采不能满足生产和生活的需要，对可再利用的废物进行回收非常重要，如对矿产资源进行综合利用、对工业废料进行综合利用、对废旧资源进行综合利用。

从"十一五"时期到"十二五"中期，我国的资源循环利用以促进循环经济的发展为导向。我国出台了一系列与发展循环经济相关的文件，开展循环经济试点，通过法律法规推动生产、流通等环节进行循环发展，实现从废物回收利用向"减量化、再利用、资源化"转变。

从"十二五"中期至今，我国的资源循环利用以生态文明建设为导向，在生态文明建设大背景下，资源循环利用不仅可以促进相关产业发展，而且有利于整个社会发展。资源循环利用在体现创新、协调、绿色、开放、共享五大发展理念的同时，可以解决资源短缺和绿色生产、生活问题（程会强，2016）。

（二）资源循环利用行业的政策和发展情况

根据"十一五"规划，2006～2010年，要充分利用废旧资源，生产者不仅需要应对生产过程中的环境问题，还应关注再生资源的全生命周期，也要加强对各类废旧资源的回收和利用。我国各级政府根据实际情况制定相关政策，例如，北京市提出加大对绿色产品的推广力度，转变传统的消费方式，发挥政府的导向作用，实施政府绿色采购制度，同时，废旧资源回收行业逐步提高废旧资源的转化效率，提升加工水平，将废旧资源回收再利用培养成新兴产业；上海市提出推进清洁生产和资源综合利用，全面进行垃圾分类，提高资源化利用水平；四川省提出，将工业固体废物的综合利用率提高到75%，废钢铁、废有色金属、废轮胎等废旧资源的回收利用率达到70%。"十一五"规划明确提出，"加强资源综合利用，完善再生资源回收利用体系，全面推行清洁生产，形成低投入、低消耗、低排放和高效率的节约型增长方式。积极开发和推广资源节约、替代和循环利用技术，加快企业节能降耗的技术改造"。根据国家发改委的相关统计，在"十一五"期间，再生资源利用规模不断扩大，工业固体废物的回收利用量在 2005 年为 7.7 亿吨，到 2010 年为 15.2 亿吨，增加了 7.5 亿吨，其中有 69% 的固体废物被综合利用，各种被回收利用的废旧资源达到 9 亿吨。

"十二五"时期，我国继续深化改革开放，同时加快经济发展方式转变。政府非常看重资源循环利用行业的发展，根据"十二五"规划，我国的废旧资源回收系统更加完善，"再生资源回收示范点"成为重要工程，如表 2 - 1、表 2 - 2 所示，2011 ~ 2018 年，我国再生资源回收总量和总价值都大幅增加。

表 2 - 1　2011 ~ 2018 年我国再生资源回收总量

单位：万吨

	2011 年	2012 年	2013 年	2014 年	2015 年	2016 年	2017 年	2018 年
回收总量	16461.8	16035	23307.5	24470.6	24729.5	25642.7	28205.7	31990.7

资料来源：《中国再生资源回收行业发展报告》（2012 年、2015 年、2017 年、2018 年、2019 年）。

表 2 - 2　2011 ~ 2018 年我国再生资源回收总价值

单位：亿元

	2011 年	2012 年	2013 年	2014 年	2015 年	2016 年	2017 年	2018 年
回收总价值	5763.9	5413.4	6421.4	6446.9	5145.5	5902.8	7550.7	8704.6

资料来源：《中国再生资源回收行业发展报告》（2012 年、2015 年、2017 年、2018 年、2019 年）。

从图 2 - 2 可以看出，废钢铁、废纸和废塑料依旧是再生资源企业回收的主体，在 2013 年之后，废有色金属的回收量开始增加，报废汽车的回收量在 2016 年之后大幅减少。

《2012 年再生资源行业分析报告》（2013）显示，我国在 2011 年的再生资源回收总量达 16461.8 万吨，回收总价值为 5763.9 亿元，废钢铁是 2011 年回收利用量最大的废旧材料。受宏观经济影响，2012 年的回收总量下降为 16035 万吨，回收总价值下降为 5413.4 亿元，较 2011 年下降 6.1% 。同

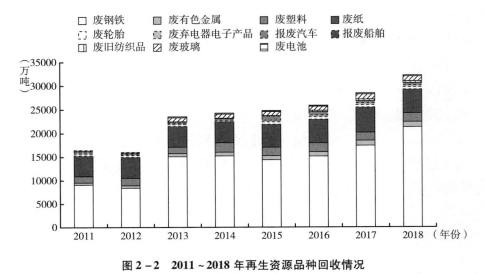

图 2 - 2　2011 ~ 2018 年再生资源品种回收情况

资料来源：《中国再生资源回收行业发展报告》（2012 年、2015 年、2017 年、2018 年、2019 年）。

时，受电器以旧换新政策结束的影响，废旧电器的回收量下降 48.5%。废塑料的回收量在 2012 年增长了 18.5%。2012 年，我国再生资源企业中民营企业占 80%，从业人数占 75%。根据《再生资源回收体系建设中长期规划（2015 - 2020 年）》，在 2014 年之前，我国已经有超过 10 万家公司进入资源循环利用行业，参与再生资源回收利用的相关工作人员超过 1800 万人。2013 年，我国回收利用废旧材料超过 1.6 亿吨，回收总价值超过 4700 亿元，其中，废钢铁、废有色金属、废弃电器电子产品的回收率大于 70%。初步测算，同使用原材料相比，使用废旧材料生产可以节约 1.7 亿吨标准煤，减少 113 亿吨废水，二氧化碳和二氧化硫的排放量分别减少 4 亿吨和 375 万吨。在此之后，再生资源回收总量每年持续增加。到 2015 年时，回收总量达到 2.47295 亿吨。受市场价格影响，回收总价值相对 2014 年有所下降，为 5145.5 亿元，报废汽车的回收量有所增长。由于废钢铁价格下降 30% 左右，废钢铁的回收利用量下降了 5.7%，废有色金属的回收量占再生金属供应量的 65% 以上。2015 年，资源循环利用行业开始尝试利用 PPP 模式提高公共服务质量。国企、相关上市公司开始进军资源循环利用行业，竞争变得越来越激烈。

"十二五"以来，我国资源循环利用行业的规模不断扩大，大量企业迅速发展，一些省区市开始建立相关产业园区。回收利用废旧资源的水平不断提高，产业发展模式不断丰富，对再生资源的回收、加工已成为我国解决资源短缺问题的重要途径。"十二五"期间，整个资源循环利用行业的产值突破 6000 亿元。

《中国再生资源回收行业发展报告 2017》（2017）显示，2016 年是推进供给侧结构性改革的深化之年。作为循环经济的重要组成部分，资源循环利用行业贯彻落实绿色发展理念，从源头上减少能源消耗，提高再生资源的回收利用率。截至 2016 年底，再生资源回收总量达到 2.56427 亿吨，同比增长 3.7%。多种废旧资源的回收利用量有不同程度的增加，同时由于商品价格上涨，回收总价值为 5902.8 亿元，同比增长 14.7%。2016 年，政府颁布多个关于商品包装的政策，例如，颁布《工业和信息化部 商务部关于加快我国包装产业转型发展的指导意见》，推动商品包装废弃物回收。2017 年是实行"十三五"规划的关键一年。政府非常看重整个资源循环利用行业的发展，一些有利于行业发展的政策颁布。整个资源循环利用行业的规模不断扩大。2017 年，我国再生资源回收总量为 2.82057 亿吨，同比增长 10%。其中，废电池的回收量增长 46.7%，废玻璃的回收量增长 24.4%，废旧纺织品的回收量增长 29.6%。然而，废塑料和报废汽车的回收量开始减少，分别减少 10% 和 7.7%。由于回收的主要再生资源品种的价格上涨，回收总价值较 2016 年上涨 27.9%，为 7550.7 亿元（《商务部发布〈中国再生资源回收行业发展报告（2018）〉》，2018）。由于公众的环保意识增强和环保部门的监督力度加大，很多环保"不过关"的企业被强制关闭。2017 年，资源循环利用企业降到 9 万多家，相关从业人员降为 1200 多万人。2018 年，再生资源回收总量为 3.19907 亿吨，同比增长 13.4%，其中，废钢铁回收量的涨幅最明显，增长了 22.3%，废纸的回收量减少了 6.1%。再生资源回收总价值为 8704.6 亿元，同比增长 15.3%（《中国再生资源回收行业发展报告（2019）》，2019）。政府发布《再生资源绿色回收规范》等加强对再生资源行业的引导，推动进行无污染回收。与此同时，通过在相关城市开展垃圾分类工作，从源头上解决再生资源的回收问题。

为了更快推动资源循环利用，《三部委关于加快推进再生资源产业发展的指导意见》（2016）印发，指出"加快推动再生资源产业绿色化、循环化、协同化、高值化、专业化、集群化发展，推动再生资源产业发展成为绿色环保产业的重要支柱和新的经济增长点，形成适应我国国情的再生资源产业发展模式"，"在废有色金属、废塑料、废弃电器电子产品资源化利用等重点领域，依靠技术创新驱动，实现规模化发展。促进再生资源回收体系、国家'城市矿产'示范基地、资源循环利用基地产业链有效衔接，建立产业良性发展环境，探索符合产业发展规律的商业模式，培育再生资源龙头企业"，"到 2020 年，基本建成管理制度健全、技术装备先进、产业贡献突出、抵御风险能力强、健康有序发展的再生资源产业体系，再生资源回收利用量达到 3.5 亿吨"，完善法规制度，强化技术支撑，创新管理模式，加强基础能力建设，加强舆论宣传。

（三）资源循环利用的意义

资源循环利用多方位、多层次、多环节对资源进行深入发掘和充分、合理利用，达到合理开发、利用自然资源，维护生态平衡的目的。资源循环利用具有保护资源、开拓资源来源、增加资源价值的多种意义。从社会物质再生产全过程看，资源循环利用力求把可利用的资源全面、充分、合理地转化成多种产品。资源循环利用具有扩大再生产、增加资源综合利用价值的意义。国家提出建设资源节约型社会，就是要以尽可能少的投入创造更多的物质财富，大力开展资源循环利用，全面、充分、合理地开发、利用资源，是建立资源节约型社会的一条有效途径。

资源循环利用行业实施清洁生产政策，提高资源利用率。清洁生产是一种使资源利用合理化、经济效益最大化、对人类和环境危害最小化的生产方式，这种生产方式能够通过资源的综合利用、短缺资源的代用、二次资源的利用以及采取各种节能、降耗措施，合理利用自然资源，减少资源消耗；同时，还可以减少废料的生成，使消费过程与环境相容，减少工业活动对人类和环境关系的影响。清洁生产主要包括清洁的生产过程和清洁的产品两个方面，即不仅要实现生产过程无污染或少污染，而且生产出来的产品在使用和报废处理过程中不对环境造成损害，以闭路循环的形式在生产过程中实现对资源的充分和合理利用。

资源循环利用涉及全社会的每个成员，与公众环保意识的觉醒、新型消费观念的形成等相关。全社会都重视和参与资源循环利用，是解决我国资源与环境问题的根本保证。某一消费主体抛弃的废物很可能对另一消费主体具有使用价值，进行循环利用既可以减少资源索取量，也减少了污染问题。消费者通过重复使用资源可以提高物质利用率；通过进行分类回收，促进废物循环利用，提高废物的再资源化率，比如买东西时自带购物袋，外出时自备水杯和牙刷，保存食物时多用密封盒少用保鲜纸，随身带手帕以减少对纸巾的使用，尽可能维修坏了的物品，把废物卖给回收站或分类放置。总之，要一物多用，不要用过即扔；要物尽其用，不要抛弃尚能发挥作用的物质；要化废为宝，使废物成为可再生资源。单位资源创造的财富越多，人类对自然资源的索取量就越少，对环境保护的贡献就越大。

第三章
资源循环利用分析方法

物质资源流动与生态环境之间存在密切关系，物质流分析是对物质流动过程中物质的投入和产出进行量化分析，建立物质投入和产出清单，对生态可持续性进行全面评估，是可持续发展指标的一个重要组成部分，为实现资源高效循环利用提供依据。物质流分析的一个重要理论基础是资源利用的全生命周期概念。物质流分析和生命周期评价是资源循环利用领域的两个重要的理论基础。

第一节　生命周期评价方法

生命周期评价（Life Cycle Assessment，LCA）方法是一种评价产品或者过程在一个生命周期中所造成的影响的方法。这种方法被国际研究机构、企业和政府普遍接受，它们进行了大量研究、应用和推广，其是对产品或者生产过程的环境特性进行评价的重要方法，是企业进行环境管理的有效工具。生命周期评价主要用于对同类产品或者过程进行评价、对产品或者过程进行环境协调性评价、评价产品或者过程的改进效果、作为产品使用/再生利用的指南、为达到标准或目标值而进行检查。生命周期评价的主要用途如图 3-1 所示。

一　生命周期评价的起源

在 20 世纪 70 年代初，环境污染和资源浪费问题开始凸显，很多国家采取了一些干预措施，制定了相关的政策和环境法规，企业在这一背景下不得不采用相关污染治理技术。随着工业化进程加快，防治污染的机会越来越少，进行污染防治的代价越来越高。想从根本上解决污染问题，就要在产品生命初期考虑生产对环境的影响。为了在产品生命初期获得充分的有关环境的信息，从 20 世纪 60 年代开始，学者对"物质（能量）流平衡方法"进行研究，并且逐步对各类产品进行生命周期分析与评价。

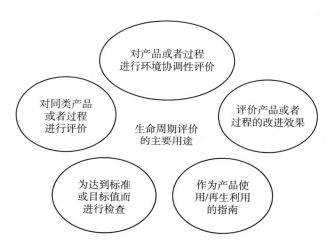

图 3 - 1　生命周期评价的主要用途

资料来源：笔者自制。

　　20 世纪 60 年代出现了生命周期评价的雏形，即资源与环境状况分析，以美国中西部资源研究所（Midwest Research Institute，MRI）为可口可乐公司做的一项研究为标志。这项研究对可口可乐公司的饮料包装瓶进行研究和评价，旨在确定对周围环境造成的污染最小的饮料包装瓶。研究人员量化了每一种饮料包装瓶的原材料以及饮料包装瓶在生产过程中对环境承载力的影响。这涉及玻璃、钢铁、铝、塑料和纸等多种材料以及相关支撑部门。研究人员分析了约 40 种材料。这项研究得出的结论使可口可乐公司"舍弃"长期使用的玻璃瓶包装而选择塑料瓶包装。美国国家环保局（EPA）在 1974 年发表了一份公开报告。这份报告涉及一系列与生命周期评价相关的内容。另外，美国的一些研究机构和专家学者开展了对其他产品包装的相关生命周期评价。欧洲一些国家的咨询公司和研究机构也进行了类似的评价。此时，利用生命周期评价进行的研究主要在工业企业内开展，研究得出的结论仅作为企业进行内部管理时的决策支持工具。

20世纪70年代出现的能源危机使人们意识到，人类赖以生存和发展的基础资源是有限的，特别是那些不可再生资源。从人类社会现在的发展方式及发展速度来看，许多重要的资源在不久的将来可能会消耗殆尽。因此，节约资源、高效利用资源、实现资源的循环再生成为人们进行环境保护的重要方式。大量环境保护组织的成立和各类媒体进行的宣传使人们意识到保护资源的重要性，也使人们的环保意识增强，生活生产方式发生变化。美国和欧洲的一些研究机构按照分析资源与环境的方法对资源消耗、废物排放的影响进行研究。瑞士联邦研究机构在1984年进行了一项与包装材料有关的研究，相关学者第一次在研究中使用健康标准评估系统，这引起国际学术界的广泛关注。瑞士联邦研究机构以这次研究为基础，建立了完善的数据库，其中包含许多重要工业部门的生产数据和能源数据。1991年，瑞士联邦研究机构开发出商业化计算机软件，这是生命周期评价方法形成的重要基础。苏黎世大学冷冻工程研究所在利用瑞士联邦研究机构和荷兰莱顿大学建立的数据库的基础上，站在生态平衡和环境评价角度，对生命周期评价进行了较为系统的研究，这对生命周期评价方法的形成起着决定性作用。

20世纪80年代，资源消耗、环境污染问题日益凸显，引起人们的广泛关注，酸雨、臭氧层空洞、全球变暖等严峻的环境问题使环境保护成为人类发展的重要组成部分。相关企业对生产过程中的资源使用情况和环境保护政策进行分析，增强竞争力。在这一背景下，许多大型企业选择在进行管理和产品设计时采用新的方法和模式。这些方法和模式虽然与现代生命周期评价方法还有一定差异，但在产品开发、制造、销售、使用、回收及废弃环节都始终贯彻保护资源和环境的理念，相关研究方法逐渐成为生命周期评价方法的雏形。

二　生命周期评价的提出

国际环境毒理学和化学学会（SETAC）在1990年主持召开了关于生命周期的国际学术会议，并在此次会议上第一次提出生命周期评价的概念，确定使用 Life Cycle Assessment 这个专业术语。在此之后，国际上对生命周期评价研究的方式逐渐统一，并且确定了生命周期评价的定义和规范。在接下来的几年中，国际环境毒理学和化学学会召开多次以生命周期评价为主题的学术研讨会。会议陆续对生命周期评价的理论基础和具体内容进行讨论研究，成立了生命周期评价顾问小组，对生命周期评价的方法和应用情况进行了广泛深入的研究。国际环境毒理学和化学学会在 1993 年 8 月发布了生命周期评价的第一个指导性文件《生命周期评价指南：操作规范》，这个文件是由 13 个国家 50 多位专家讨论得出的，对生命周期评价方法的定义、理论框架、具体的实施细则、建议进行了规定，描述了生命周期评价的应用前景，并且对生命周期评价的相关研究进行了总结。

三　生命周期评价的标准化

在生命周期评价理论逐渐完善后，国际标准化组织（ISO）的相关人员进行了大量研究，使生命周期评价标准化，将生命周期评价作为 ISO14000 环境管理体系的重要组成部分。1993 年 6 月，国际标准化组织成立了环境管理标准化技术委员会（TC207），这个委员会负责进行环境管理体系的标准化工作。很多国家加入了这个委员会，其中，加拿大是主席秘书国，委员会有 80 多个成员，TC207 包括多个分委员会（SC）和工作组（WG），它们负责不同标准的起草工作。ISO/TC207 的组织和分工如表 3 - 1 所示。

表 3 - 1　ISO/TC207 的组织和分工

分委员会及分工		预留标准号	工作组或分委员会及分工	
分委员会	分工		工作组或分委员会	分工
SC1（英国）	环境管理体系	ISO14001 ~ ISO14009	WG1（英国）	规范
			WG2（加拿大）	原理和指南
SC2（荷兰）	环境审计	ISO14010 ~ ISO14019	WG1（挪威）	总则
			WG2（美国）	审计程序
			WG3（英国）	资格准则
			WG4（加拿大）	环境现场评价

续表

分委员会及分工		预留标准号	工作组或分委员会及分工	
分委员会	分工		工作组或分委员会	分工
SC3（澳大利亚）	环境标志	ISO14020～ISO14029	WG1（瑞典、法国）	总则
			WG2（加拿大）	标志
			WG3（美国）	所有标志、基本原理
SC4（美国）	环境行为评价	ISO14030～ISO14039	WG1（美国）	原理和指南
			WG2（挪威）	编目分析（一般）
SC5（法国）	环境协调性评估	ISO14040～ISO14049	WG1（美国）	原理和指南
			WG2（德国）	编目分析（一般）
			WG3（日本）	编目分析（特殊）
			WG4（瑞典）	环境影响评估
			WG5（法国）	解释说明
SC5（挪威）	术语和定义	ISO14050～ISO14059	SC6	ISO14000系列标准中的术语和定义
		ISO14060	特别WG（德国）	产品标准中的环境因素

资料来源：《国际标准化组织环境管理标准化技术委员会（ISO/TC207）简介》（1997：1～5）。

从表 3－1 可以看出，国际标准化组织环境管理标准化技术委员会主要分为六个分委员会，其中，专门起草、制定生命周期评价标准的是第五分委员会（SC5），同时，ISO14000 环境管理体系为 TC207 所负责的标准预留了 10 个左右的标准号。1997～2000 年，TC207 陆续制定并发布多个国际标准，包括 "ISO14040 环境管理——生命周期评价：原则与框架" "ISO14041 环境管理——生命周期评价：目的与范围的确定，清单分析" "ISO14042 环境管理——生命周期评价：生命周期影响评价" "ISO14043 环境管理——生命周期评价：生命周期结果解释" "ISO14048 环境管理——生命周期评价：数据文件化格式" "ISO14049 环境管理——生命周期评价：目标与范围的确定和清单分析的应用举例"。参照已有国际标准，我国制定并发布了基于生命周期评价的有关环境管理的一系列国家标准，主要有《环境管理 生命周期评价 原则与框架》（GB/T 24040—1999）、《环境管理 生命周期评价 目的与范围的确定和清单分析》（GB/T 24041—2000）、《环境管理 生命周

期评价　生命周期影响评价》（GB/T 24042—2002）、《环境管理　生命周期评价　生命周期解析》（GB/T 24043—2002）等。ISO14000 环境管理体系将生命周期评价方法纳入 ISO14000 系列标准中，并将其视为一种重要的环境管理工具，表明生命周期评价方法具有适用的广泛性和管理的重要性。

四　生命周期评价的定义

生命周期评价是一种"从摇篮到坟墓"的分析（From Cradle to Grave Analysis），也称为生态平衡（Eco-balance）、生态层面分析（Eco-profiles Analysis）、生态工业学（Industrial Ecology）和生态设计（Eco-design）等，欧洲和日本的学者更喜欢使用"生态平衡"这个术语指代"生命周期评价"，他们更强调生态和平衡两者之间的关系。

目前，世界上对生命周期评价的定义还存在一些争论，生命周期评价还没有一个公认的、准确的定义，但是对生命周期评价的核心有统一的观点，认为生命周期评价的核心是"对产品或服务整个生命周期，包括设计、开发、制造、销售、使用、废弃及回收等阶段进行环境影响的综合评价"。

国际标准化组织在 ISO14040 系列标准中对生命周期评价的定义是：对一个产品系统的生命周期中（能量和物质的）输入、输出及潜在的环境影响的汇编和评价。其中，"产品系统"是指通过物质和能量联系起来的，具有一种或多种特定功能的操作单元的集合，既指一般制造业的产品系统，也指服务业提供的服务系统。"生命周期"是指产品系统中前后衔接的一系列阶段，包括从产品原料的获取到产品的最终处置阶段。

国际环境毒理学和化学学会对生命周期评价的定义是：生命周期评价是一种对产品、生产工艺及相关活动的环境负荷进行评价的客观过程，是通过对物质和能量的利用及由此产生的排放进行识别和量化的过程。生命周期评价的目的在于评估物质和能量的利用、废弃物的排放情况对环境的影响，进一步寻求消除对环境不利影响的机会，并利用这种机会。评价贯穿产品、生产工艺和相关活动的整个生命周期，包括原材料的获取、生产、加工、运输、分配、销售、使用、再使用、维护、循环回收、废弃及最终处置等。

美国国家环保局对生命周期评价的定义是：生命周期评价是对从地球中获得原材料到所有物质返回地球的任何一种产品或相关活动产生的排放及对环境的影响进行的评估。

联合国环境规划署对生命周期评价的定义是：生命周期评价是评价一个产品系统从原材料的提取和加工到产品生产、包装、营销、使用、再使用和维护，直至再循环和最终进行废物处置的各个环节的环境影响的工具。

在众多机构对生命周期评价进行的定义中，国际标准化组织和国际环境毒理学和化学学会的定义较具代表性和权威性。可以看出，生命周期评价就是对产品全生命周期，即原料的获取、加工、生产、包装、运输、消费、回收和最终处理等阶段进行的环境影响评价。生命周期评价对产品生命周期内的能量和物质消耗进行辨识和量化，评价这些消耗对环境产生的影响，发现能量和物质消耗对环境产生不利影响的机会，并减少这样的机会。生命周期评价注重产品系统、资源环境系统和人类健康之间的关系及与之相关的影响。

五　生命周期评价的特征

根据众多机构对生命周期评价做出的定义，生命周期评价的特征如下。

（1）生命周期评价的是产品的生命周期全过程（如图3-2所示）。

（2）生命周期评价辨识和量化了产品生命周期全过程的能量和物质消耗量，量化了最终排放的废弃物的量，并用它们评价环境影响情况。

（3）生命周期评价是定量评价，评价产品生命周期全过程中各个环节对环境造成的影响，注重生态系统、人类健康和资源消耗对环境的影响。

（4）生命周期评价寻求减少或消除能量和物质消耗对环境产生不利影响的机会。

（5）生命周期评价是客观的评价。

（6）生命周期评价的对象可以是具体的物质产品，也可以是生产过程，还可以是服务内容。

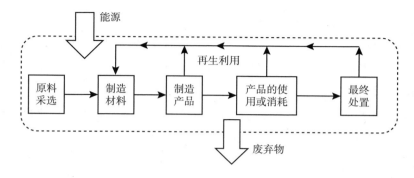

图 3 - 2　生命周期全过程示意

资料来源：笔者自制。

六　生命周期评价的基本框架

ISO14040 系列标准对生命周期评价的基本框架进行了规定，指出生命周期评价包含四个相互联系的部分，即目的与范围的确定（Goal and Scope Definition）、生命周期清单分析（Life Cycle Inventory Analysis）、生命周期影响评价（Life Cycle Impact Analysis）以及生命周期结果解释（Life Cycle Interpretation）。生命周期评价的基本框架如图 3 - 3 所示。

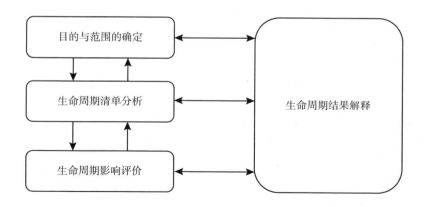

图 3 - 3　生命周期评价的基本框架

资料来源：笔者自制。

（一）目的与范围的确定

目的与范围的确定决定进行生命周期评价要达到的目的、生命周期评价的研究对象和研究形式。这个部分是生命周期评价的基础，决定整个评价的范围和程度。

生命周期评价的目的是根据评价的对象确定的，要清楚开展生命周期评价的意图、理由和方式。生命周期评价的对象主要分为三类。第一，设计产品时的生命周期评价。对这一类对象进行评价的目的主要是解决产品与环境系统之间存在的问题，明确产品应有的品质和与环境系统之间的联系。第二，初步产品的生命周期评价。对这一类对象进行评价的目的通常是半定量或定量地评价产品对环境系统造成的影响，针对组织内部管理、产品设计以及开发提出意见，为环保部门提供政策支持。第三，完全产品的生命周期评价。对这一类对象进行评价需要大量的数据予以支持，目的是进行标准体系的认证和相关政策法规的制定。

生命周期评价的范围是根据评价的目的确定的，主要用于明确生命周期评价的系统边界、系统条件、影响因素和功能单位等。没有统一的评价模板，需要针对不同的评价对象做出调整，评价的工作量较大，需要的时间较长。

生命周期评价是一个复杂的过程性活动，相关变化可以对最初设定的广度和深度进行修正，以实现研究目标。

（二）生命周期清单分析

生命周期清单分析是指对评价过程中的数据进行分析。每个完整的系统都涉及物质和能量守恒定律，应对产品周期全过程进行物质流和能量流量化和汇编，针对每个单元建立统一的输入和输出清单（见图 3 - 4），涉及物质、能量以及污染物。这个部分是生命周期评价中最关键的一部分，是定量评价的起点，以具体的、明确的数值表征产品系统对环境系统的影响程度。

生命周期清单分析主要包含以下几个步骤。

1. 定义系统和系统边界

生命周期评价是为实现特定目标而进行的，物质流和能量流涉及的单元和操作过程组成完整的系统。系统有明确的边界，能够与外部环境区分开来。系统中的输入都来自外部环境，输出都指向外部环境。定义系统就要确定系统的功能、输入、内部流动和输出等阶段，并且要考虑系统的空间性和时间性，这些有关系统的因素都会对生命周期评价的结果产生一定的影响。

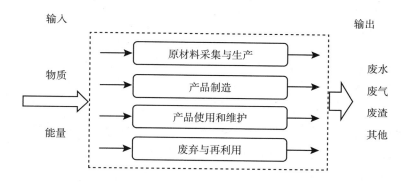

图 3-4　生命周期清单分析中的输入和输出清单

资料来源：笔者自制。

2. 系统内部流程

准确对产品系统进行生命周期评价，就要掌握系统内部的联系，在这个步骤中，通常根据评价的目标和能力情况将产品系统分为多个相互联系的子系统和单元。物质和能量输入这些子系统和单元，在子系统和单元之间流动，并最终输出。生命周期评价要对这个过程进行深入研究，发现并减少产品系统对生态环境造成不利影响的机会，同时，还要考虑子系统和单元之间的产品流动和污染物输出情况。

3. 数据的收集和处理

在明确产品系统的内部流程之后，就要进行数据的收集，这涉及流入产品系统的各类物质和能量、系统内部的流动和消耗情况，以及系统输出到外部环境中的物质和能量。数据的来源应当真实可靠，可以在具有权威性的年鉴、数据库中获取所需的数据，并选择恰当的技术和计算方法进行处理。数据来源和数据类型如表 3-2 所示。

表 3 - 2　数据来源和数据类型

数据来源	数据类型
企业数据、报告	计算数据
实验数据	模拟数据
政府政策文件、报告等	取样数据
论文、著作、专利	取样数据
行业数据	取样数据
产品生产过程及说明书	空间上的数据
生命周期相关清单	时间上的数据

注：数据包括直接数据和间接数据。
资料来源：笔者自制。

生命周期清单分析中使用的数据应当是消除典型干扰之后的具有代表性的平均数据，并且这些数据是按照生命周期评价的要求进行标准化后的数据。对数据进行整理后就可以计算与分析产品系统的物质和能量流动情况及产生的影响。生命周期清单分析是一个反复的过程，要根据获取的相关数据和新的要求进行调整、修改，以降低数据的局限性，符合评价要求。

（三）生命周期影响评价

生命周期影响评价是指对环境影响进行的评价，这一部分是生命周期评价中最重要的部分，还没有通用的科学评价方法。生命周期影响评价通常在生命周期清单分析的基础上，将系统中物质和能量的输入、内部流动和输出进行半定量或定量化。生命周期影响评价可以描述评价对象与环境系统之间的关系的整体情况。生命周期影响评价主要对环境安全、资源消耗、人类健康和生态平衡情况进行分析与评价。美国国家环保局在相关文件中表明，影响涉及位置、实践、介质、暴露路径、移动性、毒性、环境可持续性、排放浓度等参数的函数。要根据具体的评价对象确定生命周期评价的目的和范围，针对不同环境选择合适的参数进行评价。这个部分对生命周期清单分析辨识出来的环境影响进行定性和定量的描述和评价。

国际标准化组织、国际环境毒理学和化学学会、美国国家环保局都将生命周期影响评价理解为由三个步骤构成的模型，分别是分类、特征化和评价

（如图 3-5 所示）。在生命周期影响评价的过程中，存在两个假设：一是假设评价中的影响效应都是线性推导而来的，但实际情况中存在非线性的发展模式；二是假设产生的影响都不受阈值的限制，认为从产品系统中输出的所有物质和能量都会产生影响，但事实上，阈值会决定影响的发生情况以及影响大小，并且存在部分排放物对环境不会造成负面影响的可能。

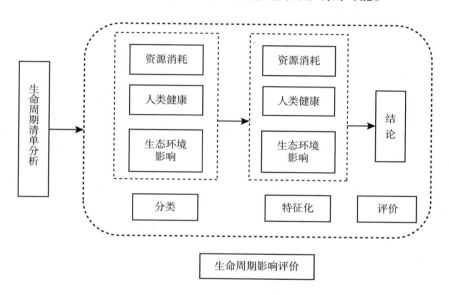

图 3-5　生命周期影响评价

资料来源：笔者自制。

1. 分类

分类就是将评价清单中的条目与环境损害的种类进行联系和分类组合，这是符合自然规律并且进行定性的过程，涉及三个方面，即资源消耗、人类健康和生态环境影响，例如，臭氧层空洞、酸雨、全球变暖、荒漠化、水体富营养化等。其中任何一个方面都可能产生直接影响和间接影响，这可能与一种或多种环境损害相关。

2. 特征化

特征化是将每个影响类别中的不同物质和能量规范为统一的影响单元。按照建立的清单数据类型，进行科学的对比分析和定量化研究。不同影响造成的环境损害程度可能不同。目前，国际上通常使用的特征化模型有以下几类。

（1）当量模型

当量模型使用当量系数评价生命周期清单分析所提供的数据，例如，一氧化碳、二氧化碳等气体对全球变暖造成的影响，研究中一般使用当量计算的方式进行量化和比较，将当量值与清单中的相关数据相乘，就能得到不同种类的条目对环境造成的影响。针对与全球变暖相关的问题，通常把二氧化碳的当量作为衡量其他影响条目的标准，统一使用二氧化碳当量表明不同种类的条目对全球变暖的影响。

（2）负荷模型

负荷模型是根据物理量评价清单分析所提供的数据。物理量越大，产生的影响就越大，例如，在一个产品的制造过程中，某一环节产生的二氧化碳为 1 千克，另一同质环节产生的二氧化碳为 2 千克，则认为前一环节比后一环节对环境产生的影响小。

（3）固有化学特性模型

固有化学特性模型是根据释放物的化学特性评价清单分析所提供的数据，这些化学特性包括可燃性、毒性等。应用这个模型的前提是相关特性指标能够把清单中的数据规范统一，以便能够度量环境影响。评价时可以对不同种类的条目对环境产生的正面和负面影响进行衡量，最终实现进行生命周期影响评价的目标。

3. 评价

评价从总体上描述产品系统对环境系统的影响，明确清单中不同种类的条目对环境系统的正面和负面影响，可以对不同种类的条目包含的不同的指标的影响程度进行横向比较，目的是获得一套加权评价因子，使生命周期评价更具客观性。

虽然有关生命周期影响评价的理论和方法有了一定的发展，但还不完善，仍处于探索阶段。国际环境毒理学和化学学会、美国国家环保局、加拿大标准协会（CSA）均提出了生命周期评价理论指南，但是目前没有一种理论指南被公众认可，这主要是由于存在以下几个问题。其一，在将评价清单向环境影响和模型转化时，规范化和标准化程度不同。其二，清单评价中的影响因子对环境系统造成的影响不仅与污染物排放量和排放方式有关，还受到排放地点和环境条件的限制，也存在线性和非线性发展的可能性。其三，评价清单中不同种类的条目的影响因子对环境系统造成的影响并不是简单的叠加，有可能产生相互对抗或者相互协同的效果。其四，评价清单中的数据的确定没有统一的标准。

评价的目的是根据生命周期清单分析所提供的数据及各类排放数据对环境造成的影响进行评估。

在研究中，通常先将数据汇总起来，然后进行评价，涉及资源消耗、水污染、大气污染、固体废弃物、土壤污染以及环境熵值等。在这里，我们借鉴环境影响分析的相关评价方法对生命周期影响评价指标进行界定。

（1）资源消耗指标

产品的生产必然从环境系统中获取原材料，所以，从产品的角度看，生产的产品越多，消耗的资源就越多。

①单项指标

参考荷兰环境科学中心的研究方法，资源消耗的单项指标的计算公式为：

$$Q_i = \frac{U_i P_i}{R_i} \tag{3-1}$$

其中，Q_i 是单项指标值，单位为千克资源/吨产品；P 指资源的产量，单位为亿吨/年；R 指我国资源已探明储量，单位为亿吨；i 指资源种类。

资源的产量和我国资源已探明储量可以从国家统计部门的数据中获得，最终计算得出的值越大，表明生产这种产品需要的资源越多。

②综合指标

产品的生产涉及水资源、能源等的消耗，资源消耗的综合指标的计算公式为：

$$F_R = \sum_{i}^{n} T_i \times Q_i \qquad (3-2)$$

其中，T_i指i种资源的权重；n指资源种类，$n \geqslant 2$。

i种资源的权重可以表示我国各类资源的开发和储存状况、我国对各类资源的保护政策，权重是在对各类资源进行全面的分析研究之后得出的。

（2）水污染、大气污染指标

产品生命周期全过程中会对水和大气造成一定程度的污染，在生命周期评价中，可以把我国有关水污染和大气污染的标准作为评价依据。

①单项指标

计算公式为：

$$Q_i = \frac{O_i}{B_i} \qquad (3-3)$$

其中，Q_i是单项指标值，单位为立方米水或大气/单位产品；O_i指污染物值，单位为千克污染物/单位产品；B_i指国家标准值，单位为毫克污染物/立方米水或大气。

②综合指标

水污染的计算公式为：

$$F_w = \sum_{i}^{n} T_i \times Q_i \qquad (3-4)$$

其中，F_w指水污染指标，单位为立方米水/单位产品；T_i指i种污染物的权重。

大气污染的计算公式为：

$$F_A = \sum_{i}^{n} T_i \times Q_i \qquad (3-5)$$

其中，F_A指大气污染指标，单位为立方米大气/单位产品；T_i指i种污染物的权重。

（3）固体废弃物指标

①单项指标

计算公式为：

$$Q_i = \frac{U_i}{V_i} \qquad (3-6)$$

其中，Q_i 指产品的固体废弃物产率；U_i 指固体废弃物产生量，单位为千克废弃物/单位产品；V_i 指产品重量，单位为千克。

②综合指标

计算公式为：

$$F_{SW} = \sum_i^n T_i \times Q_i \qquad (3-7)$$

其中，T_i 指 i 种固体废弃物的权重。

在计算过程中，虽然固体废弃物通常使用重量进行分析，但是，对于有些废弃物来说，可以参考相关资料，使用相关因子将重量转换为体积进行分析。目前没有严格的指标规范固体废弃物的产生和处理，上述公式仅仅是对产品生命周期内产生的固体废弃物的重量的计算，还没有对不同种类的固体废弃物可能对环境造成的影响加以考虑，也没有考虑相关材料的循环再生情况。

（4）土壤污染指标

①单项指标

计算公式为：

$$Q_i = \frac{N_i}{M_i} \qquad (3-8)$$

其中，Q_i 是单项指标值；N_i、M_i 分别指污染物实际测量值、评价标准。

②综合指标

计算公式为：

$$F_S = \sum_i^n T_i \times Q_i \qquad (3-9)$$

其中，T_i 指 i 种污染物的权重。

（5）环境商值

环境商值综合考虑废弃物的排放量以及废弃物对环境造成的影响，可以评价各类生产方法对环境系统造成的相似或不同影响，环境商值越小，表明废弃物对环境产生的影响越小。计算公式为：

$$EQ = E \times Q \tag{3-10}$$

其中，E 指生产的产品；Q 指废弃物对环境造成的影响。

（四）生命周期结果解释

生命周期结果解释是根据前三个部分得出结论，提出建议。这是一个系统的过程，对前期的相关信息进行识别、检查和评价，以满足生命周期评价的目的和范围要求。进行生命周期评价促使获得更高的经济效益、社会效益和环境效益。通过研究分析生命周期中物质和能量的输入、内部流动和输出情况，制订减少资源浪费和降低污染程度的计划，减少产品生产对资源和环境造成的负面影响。同时，生命周期评价要考虑资金、劳动力和社会条件，在综合研究经济效益和环境效益之后，提出相关改进措施。

按照 ISO14043 中的内容，生命周期结果解释主要由三个要素构成（如图 3-6 所示），即重要结果的验证，完整性检查、敏感度检查、一致性检查、其他检查，结论、建议和报告。

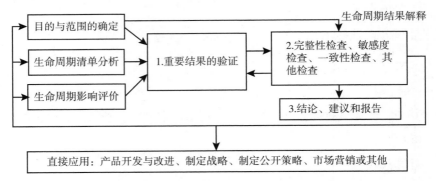

图 3-6　生命周期结果解释——三个要素与其他部分的关系

资料来源：笔者自制。

生命周期评价是环境管理的重要组成部分，可以被用到其他领域，特别是服务业。生命周期评价可以使产品标准更加严格，如产品从设计阶段就进入生命周期评价的考虑范围。生命周期评价方法是一种可靠的、可信的方法。

七　生命周期评价的基本原则

在进行生命周期评价时，通常应当遵循以下基本原则。

（1）生命周期评价应当充分地考虑产品系统从原材料获取直至最终处置过程中的环境因素。

（2）生命周期评价的时间跨度和深度在很大程度上取决于所确定的目的和范围。

（3）生命周期评价的范围、假定、利用的数据、方法和结果都应具有透明度。

（4）进行生命周期评价时，应讨论、记载数据来源，并与相关机构进行适当的交流。

（5）生命周期评价应符合保密和保护知识产权的要求。

（6）生命周期评价应保障方法的开放性，重视新的科学发现与科技发展情况。

（7）对于要对外公布结果的生命周期评价，应充分考虑一些具体要求。

（8）进行生命周期评价时，由于被分析的系统的生命全周期可能存在折中因素，处理起来相对复杂，因此，将生命周期评价的结果简化为单一的综合得分，不具备科学依据。

（9）生命周期评价不存在统一的模式，应保持灵活性。

八　生命周期评价的意义

生命周期评价在可持续发展的背景下对产品提出新的要求，它的意义主要有以下几点。

1. 对生命周期评价的研究，有利于提高环境保护的质量和效率，提高人类生活品质

环境专家曾经估算过，按照全球现在的发展速度和人口增长速度，如果

想维持目前的地球状况，50年后的环境负荷水平要降至目前的1/10。这种大幅度的负荷水平降低，仅仅靠解决末端处理问题是不可能实现的，并且末端处理本身就需要消耗大量的资源和能源。生命周期评价可以真正实现从源头预防污染，构建新的生产和消费系统。通过进行生命周期评价可以实现产品设计的生态化，进而可以将环境负荷降低约30%，从而大大提高环境保护的质量和效率。

2. 通过对生命周期评价的研究，可以加强与现有其他环境管理手段的配合，以便更好地服务于环保事业

目前，除生命周期评价外，还有风险评价、环境影响评价、环境审计等，生命周期评价与它们互为补充，可以达到最优效果，例如，风险评价是生命周期评价的一个重要补充，借助风险评价技术，生命周期评价能够评价污染物排放情况，进而分析有毒有害污染物对人体健康、生物群体甚至整个生态系统的潜在影响。另外，这使生命周期评价的对象从非生命的环境扩大到人类和生物群体。

3. 对生命周期评价的研究，有利于工业企业构建生产、环保和经济效益三赢的局面

生命周期评价可以使工业企业获得四个方面的益处。

（1）产品的生态辨识。不同产品在不同生命周期对环境的影响是不同的。生命周期评价不仅可以识别产品的环境影响，而且可以评估产品的能耗、物耗情况，进而既可以降低产品的生产成本，又可以帮助设计人员尽可能采用环境友好型材料。

（2）产品的环境影响分析与比较。生命周期评价以对环境影响最小化为目标，分析与比较产品的环境影响。

（3）新产品设计与开发。生命周期评价可直接用于新产品的开发与设计之中。

（4）再循环工艺。生命周期评价得出的结论表明，产品用后的处理阶段面临的问题十分突出，解决相关问题应重视资源的回收利用，考虑与产品相关的再循环工艺。

4. 通过对生命周期评价的研究，可以使政府和环境管理部门借助生命周期评价进行环境立法，制定环境标准，确定产品生态标志

近年来，通过进行生命周期评价，一些国家开始关注产品的环境影响，进而制定相关法律政策，并构建环境标准，确定产品生态标志。通过制订一系列生态计划，促进生态产品设计、制造技术创新，为区别普通产品与生态产品提供具体指标；优化能源、运输和废弃物管理方案；向公众提供产品和原材料的有关环境信息；促进建立国际环境管理体系。

九　生命周期评价的局限性

生命周期评价已经成为进行环境管理时必不可少的工具，但生命周期评价在进行环境表现评价、环境风险评价以及环境审核时，在理论和实践中都存在一定局限性，主要有以下几点。

1. 生命周期评价具有一定的主观性

在进行生命周期评价时，对系统边界的确定、对数据的收集以及做出的选择和假设都具有一定的主观性。

2. 数据的完整性和准确性有限

进行生命周期评价需要获得大量的数据，而数据的可靠性和准确度受到数据来源的限制。研究人员需要根据经验和相关研究案例做出分析，进行计算。这可能造成结果存在一定偏差，影响生命周期评价。

3. 研究内容不全面

生命周期评价较多考虑资源的消耗、废弃物的产生和管理以及生态文明建设方面的影响，对财政性指标的考虑较少。另外，在对不同地区的产品进行生命周期评价时需要考虑具体情况。

4. 研究结果具有不确定性

由于产品的更新换代速度较快，进行生命周期评价时，与产品相关的数据、参考的研究案例、计算时赋予的权重都具有不确定性，这样，研究结果也会具有不确定性，无法为消费者提供完全可靠的结果。

5. 花费的时间较长，费用较高

国外进行的生命周期评价一般需要半年到一年半的时间，费用在 2000 美元左右。对更新换代速度较快的产品来说，进行生命周期评价具有一定的困难。一般情况下，由生命周期评价得到的结论只能作为影响最终决策的一个因素。对不同产品进行生命周期评价时需要综合考虑具体假设和相关条件，并进行比较分析。

第二节　物质流分析方法

一　物质流的概念

物质流分析方法是通过建立指标体系，对物质的输入和输出进行量化分析，并通过计算吞吐量测度经济活动对环境的影响，以及分析与评价经济发展情况、资源利用效率的一种方法。具体来说，就是通过分析开采、生产、制造、使用、循环和最终丢弃过程中的物质流动情况，为衡量工业经济的物质基础、环境影响和构建可持续发展指标提供有效的参考依据。物质流分析是在一个国家或地区范围内对特定的物质进行工业代谢研究的有效手段，向我们展示了某种物质在相关国家或地区的流动模式，可以用来评估产品生命周期中的各个环节对环境的影响。由于工业代谢是原料和能源在转变为最终产品和排放废物的过程中的一系列物质变化的总称，因此物质流分析的任务是弄清楚与这些物质变化有关的情况，以及它们之间的相互关系，目的是找到节省自然资源、改善环境的途径，以推动工业系统朝着可持续发展的方向转变。

物质流分析因具有强烈的政策导向和对政策具有指导意义而受到国际社会广泛关注。通过物质流分析，可以控制有毒有害物质的流向，分析相关物质的使用总量和使用强度，为制定环境政策提供新的方法和视角，为决策者提供相关参考。

二 物质流的发展

物质流分析方法是对经济活动中的工业代谢情况进行分析的方法之一。基本思想在 100 多年前已被提出。概念在 20 世纪不同年代基于不同领域的相关研究出现。在经济学领域，20 世纪 30 年代，Leontief 提出"输入—输出平衡表"。1969 年，第一个基于经济学观点的物质流分析概念被提出。在资源和环境领域，第一个涉及物质流的研究出现在 20 世纪 70 年代。物质流最初被用于分析城市新陈代谢情况和流域或区域污染物迁移路径。物质平衡、工业代谢等在 20 世纪七八十年代被提出并不断发展，这为物质流分析方法在经济系统中的应用奠定了基础。在这个时期，日本、德国和奥地利等率先把物质流分析方法应用到对经济系统中的自然资源和物质流动状况的研究中，拉开了在经济系统中应用物质流分析方法的序幕。

20 世纪 90 年代初期，德国伍珀塔尔气候、环境和能源研究所提出了物质流账户体系（Material Flow Accounts，MFA），并将其视为国家统计体系的一部分，作为定量分析经济系统中物质使用情况的基本工具，还提出了生态包袱的概念，其也被称为隐藏流。1995 年，德国联邦统计局出版的 *Integrated Environment and Economic Accounting-Material and Energy Flow Accounts* 一书首次对一个国家的经济系统进行全面的物质流分析。1997 年，世界资源研究所对美国、日本、德国、荷兰和奥地利等五个国家的经济系统中的物质流动状况进行了全面的分析。相关研究报告给出了这五个国家的经济系统的物质输入和输出情况，并提出衡量物质输入和输出情况的相关指标。2001 年，欧盟统计局出版了第一部有关经济系统物质流分析研究方法的手册，对深入研究经济系统的物质流具有重要作用。

有色金属生产方面也应用物质流分析方法进行相关分析。发达国家针对这个领域中的物质流分析进行了大量研究，并取得了一些成果。Michael 和 Jackson（2000）在钢铁方面进行了物质流分析的研究。Kapur（2003）、Melo（1999）、Spatari 等（2003）、Gordon（2002）在铜、铅、锌、铝和银方面进行了物质流分析的研究。此外，还有一些综述性文章和专著对物质流分析方法进行研究。Sorme 和 Lagerkvist（2002）根据物质流评估金属在社会中的输入量、输出量、储量和消耗量。Rene 等（2000）对物质流动过程中的损耗机理以及所处的环境等进行研究。Bertram（2002）从物质流动对人类生存和生态环境产生的影响角度进行研究。这些研究主要针对物质的普遍流动，不适用于特定区域。

从对物质流分析的已有研究中可以看出，西方发达国家已经做了大量工作，取得了一定成果，形成了较为完善的物质流分析方法和评价体系，积累了一定的经验。为未来进行物质流分析方法的相关研究奠定了基础。目前，欧盟统计局已经正式发布了在物质流账户中进行物质流分析的标准方法。美国、英国、荷兰、德国、奥地利和意大利等已经建立国家物质流账户。日本已经采用物质流分析方法，对国内的资源消耗情况和经济发展之间的关系进行了相关研究，并发布了研究报告。2001 年，欧盟环境署第一次将物质流分析方法应用到对虚拟经济系统的研究中，即利用物质流分析方法对欧盟15 个国家的物质输入情况进行分析。

对物质流分析方法的研究，在我国虽然起步较晚，但是发展迅速，已有一定研究成果，并且我国已开始建立国家物质流账户。在国家层面，陈效逑、乔立佳（2000）对我国的物质流分析进行了研究；徐明、张天柱（2004）以物质流分析方法为基础，对 1990～2000 年中国的化石燃料消耗情况进行分析；刘滨等（2006）利用物质流分析方法建立了中国的环境经济指标体系；刘敬智（2004）根据德国伍珀塔尔气候、环境和能源研究所提出的物质流账户，对 1990～2002 年中国经济系统中的物质投入情况进行了减量化分析，并且与其他国家的相关情况进行比较；岳强、陆钟武（2005）使用 STAF 模型对我国 2002 年铜资源的利用效率和循环情况进行物质流分析。在地区层面，徐一剑等（2004）按照欧盟确立的物质流框架，对 1978～2002 年贵阳市的物质资源投入情况以及 2002 年的物质流全景进行研究分析；李刚（2004）使用物质流分析方法，对江苏省环境经济系统的物质输入量和输出量进行初步估算；张纪录（2009）分析了 2001～2007 年湖北省经济系统的物质流动状况，并在此基础上对资源生产率和环境负荷进行研究。黄和平、毕军（2006）运用物质流分析方法，对江苏省常州市武进区2002~2004年生态经济系统中物质的输入与输出情况进行分析。

三　物质流分析的模型

人类社会生产、生活利用的资源和材料不可避免地在经济社会活动与环境之间进行物质交换（如图3-7所示）。简单来说，物质流分析主要衡量的是经济社会活动的物质投入、物质输出和物质利用率。基础是对物质的投入和流出情况进行量化分析，建立物质投入和流出账户，以便进行以物质流为基础的优化管理。物质流分析主要分为三个阶段：①定义要研究的体系以及具体组成部分；②确定并量化物质的存量与流通量；③根据研究目的阐述量化结果，比如，根据潜在的可能性或环境影响降低某一资源的消耗量。

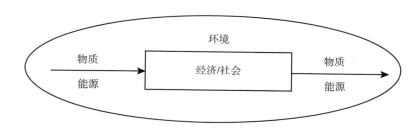

图3-7　经济社会活动与环境之间的关系

资料来源：笔者自制。

物质流分析方法分为两种：一种被称为元素流分析（Substance Flow Analysis，SFA），主要研究某种特定的物质流，如涉及铁、铜、锌、锰等的对国民经济有着重要意义的物质流，涉及砷、铅、汞、镉等的对环境有较大危害的物质流和涉及钢铁、化工、林业等产业部门的物质流；另一种被称为物质流分析（Material Flow Analysis，MFA），主要研究国家经济系统的物质流入与流出情况。前者主要在20世纪90年代应用，随着人类的可持续发展意识的不断增强，以及经济全球化步伐加快，基于国家经济系统的物质流分析方法在20世纪90年代中期开始成为主流。

与传统研究方法相比，物质流分析方法具有如下特点。

（1）以热力学第一定律即物质守恒定律为原理进行平衡核算。计算公式可表示为"输入 = 输出 + 积累 - 释放"。

（2）把研究对象的物理性状指标作为定量分析指标（主要是质量）。这类似于在现金资本流分析中以货币为测度单位。

（3）利用物质流分析框架，构建人类经济活动与自然系统之间的物质关联，追踪物质在系统内部与系统之间的迁移和转化路径，识别和评价物质流向、规模和强度等的合理性及其影响，进而提出新的解决方案。

物质流分析的模型有两个：一个是物质总量分析模型；另一个是物质使用强度分析模型。物质总量分析模型分析了一定的经济规模所需的总物质投入、总物质消耗、总循环量；物质使用强度分析模型主要关注一定生产或消费规模下物质的使用强度、物质的消耗强度和物质的循环强度，这种强度可以用单位 GDP 来衡量，也可以用人均产值来衡量。物质流分析研究的原料从进入经济社会活动开始，就与环境中的其他物质相互作用（小部分留在社会中以备之后使用，大部分被消耗），最后进入废物处理阶段，之后可以通过回收相关物料产生新的产品。物质流分析框架如图 3 - 8 所示。

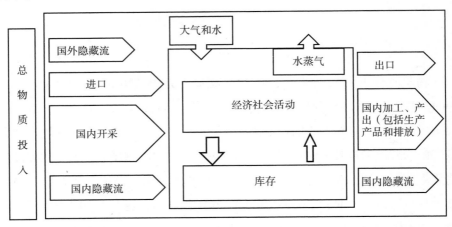

图 3 - 8　物质流分析框架

资料来源：笔者自制。

实际上，物质流分析包含不同的层次，既有某种元素层次的物质流分析，也有行业层次的物质流分析，最高层次的物质流分析是整个经济活动层次的物质流分析。

四　物质流分析的理论基础与框架

物质流分析追踪物质从开采到进入人类经济系统中，最后回到自然环境的流动情况，监测货币价值很低但对环境影响较大的物质流。

（一）物质流分析的理论基础

物质流分析的是经济—环境系统，在这个背景下，社会经济系统与自然环境系统由物质流与能量流连接。为了描述这两个系统的关系，人们提出了工业代谢和社会代谢两个概念。社会经济系统被看作自然环境系统中的一个具有代谢功能的有机体，对自然环境的影响可以用其他代谢能力来衡量，如该有机体从自然环境中摄取的以及排放到自然环境中的物质量。

对于社会经济系统来说，自然环境系统所提供的物质输入该系统，经过加工、使用、废弃、回收等过程，一部分成为净存储，另一部分返回到自然环境系统中。

与经济—环境系统相关的概念如下。

（1）代谢主体。代谢主体构建物质流分析账户，否则无法准确区分输入与净存储。代谢主体是指社会经济系统中"吞""吐"物质的可独立观测的基本单位，也就是输入物质的消费者，如人、其他动物和机器等。需要指出的是，农作物（包括粮食作物和经济作物）一般不作为代谢主体，否则物质输入的边界将延伸到矿物层，如氮、钾的输入，这样就使所需数据无法统计。同理，森林可以作为输入物质，但不能作为代谢主体。在物质流分析账户中，对渔业而言，只有人工养殖的产品可以作为代谢主体，野生捕获的产品可以作为输入物质，但不能作为代谢主体，代谢主体在物质流分析中均以存量的形式出现。

（2）隐藏流和间接流。隐藏流是指人类从事经济活动所动用的没有进入社会经济系统的、与生产和消费过程相关的物质量。这些物质量没有进入代谢过程，却是必须的输入，如为了开采铁矿石，必须挖开坑道或剥离表面土层和覆盖的岩石，因为这些物质被代谢主体消费。欧盟在物质流分析账户中，把物质开采所需的隐藏流称为无效伴生物质，把与进口和出口相关的物质称为间接流，它包括使用的间接流和非使用的间接流，其中，在进口来源国为开采资源而发生的剥离量被称为非使用的间接流。

由于物质流分析所关注的是社会经济系统在自然环境系统中的物质代谢情况，因此，进行物质流分析时需要针对系统边界明确以下两点：①对于本国社会系统与自然环境系统之间的边界，应关注直接从自然环境中开采的原料通过这一边界进入社会经济系统，并进行加工转换；②对于本国与其他国家的行政边界，应关注成品、半成品以及原料通过这一边界由本国出口到其他国家或由其他国家进口到本国。

在物质流分析中，只考虑通过系统边界输入社会经济系统或输出社会经济系统的物质流，不考虑社会经济系统内的物质流，如家庭饲养的牲畜被视为社会经济系统内的物质流，而不予以考虑；农业生产中使用的化肥被视为社会经济系统输出到自然环境中的物质流，而应予以考虑。

（二）物质流分析的框架

在物质流分析的框架中，输入社会经济系统中的最主要的物质是从本国自然环境中开采出来的原料，包括化石燃料、矿物质、生物质，这些原料若不进入社会经济系统，就没有经济价值。输入社会经济系统的物质还包括从其他国家和地区进口的成品、半成品和原料，以及与这些物质相关的间接流。输入社会经济系统的物质，一方面，成为系统内部的净存储，如基础设施和耐用产品等；另一方面，经过单位统计时段（一般以年为单位）的消费成为跨越系统边界返回到自然环境中的废弃物和排放物。此外，还有一部分物质跨越系统边界出口到其他国家和地区。在输出到自然环境系统中的废物中，有一部分被称为消耗流，即在生产、使用过程中不可避免产生的废弃物，如化肥、农药等在农业生产中的使用后的废弃物，其他产品在使用后的废弃物。

五　物质流分析的主要步骤

无论是宏观、中观层面还是微观层面的物质流分析，都包括如下步骤。

1. 确定研究范围

确定研究范围指确定研究的时间和空间范围，其中，时间范围比较容易确定，就是研究对象的时间跨度；空间范围的确定，即研究对象的系统边界确定，可以按照研究目的和需要，选定一个国家、一个地区、一个行业或一个企业等。

2. 确定代谢主体和物质流种类

根据研究对象的特点，可以有选择性地确定符合需要的代谢主体。物质流种类可按照欧盟统计局对有关物质输入、输出的分类细目确定。

3. 构建物质流账户并进行物质流核算

根据研究范围和物质分类构建各环节的物质流账户，并对其进行核算。这涉及物质输入、输出和存量环节，构建物质流账户后，每一个环节包括不同物质流账户指标。

4. 分析与评价结果

对物质流的定量核算结果进行分析与评价，可以实现预先设定的研究目的，如分析资源利用效率、确定特定目标等。

六　物质流管理

物质流管理是指以特定目标为主，对物质、物质流和能源利用进行管理的模式，其中，目标包含生态目标、经济目标和社会目标。欧盟的环境行动目标计划体现了物质流管理的核心思想，即通过提高资源的利用效率，使生产和消费具有可持续性，实现资源消耗、废弃物排放和经济增长之间的分离和脱钩，以确保能源的使用和消耗不超过环境的承载能力。部分发达国家已经非常重视物质流分析方法，并以物质流分析方法为基础，开展了多项研究。物质流管理具有以下特点。

（1）物质流管理的核心是优化物质再生产的消费过程中的流动方式，

通过进行清洁生产，使用新的技术，构建高效的物质流网络，提高物质使用效率，降低生产成本。

（2）物质流管理在注重环境效益和社会效益时，也十分重视经济效益，实现经济、社会和环境等协调发展。

（3）物质流管理通过增加附加值增强竞争力。

（4）物质流管理可以减少能源的消耗和对其他资源的使用，重视产品质量，通过减少废弃物排放，减少经济活动对自然环境的负面影响。

在没有进行物质流管理之前，对一个区域进行分析时，无法掌握区域内物质的潜力，此时，该区域内物质的附加值很低。在进行物质流管理之后，区域内物质的潜力被挖掘出来，区域内物质的附加值开始增加，吸引到更多的资金和更先进的技术，这可以减轻区域内的环境负荷，提高资源利用效率。目前，我国推行的生态工业园区就通过进行物质流管理，增加区域内物质的附加值。未来，物质流管理可以被更加广泛地应用到相关领域，进而对区域内的物质和能量的流动进行调节和优化。

德国在物质流管理方面具有一定经验，研究表明，物质流管理可以节约65%左右的能源。欧洲国家工业化发展的经验告诉我们，循环经济的核心是对物质的流动进行调控。对物质的流动进行调控，首先要对区域内的物质流进行分析，之后建立一个物质流信息管理网络。这个网络不仅可以帮助管理者分析物质的流动情况，获取相关信息，提高资源利用效率，降低交易成本，还可以通过进行物质流管理，实现资源消耗、环境破坏和经济增长之间的脱钩。

七　物质流分析的指标体系

发展循环经济时的一个重要方面是对循环经济的发展程度进行评价，这需要构建一个科学的评价指标体系。物质流分析方法是能够分析经济活动的效率、资源和环境的压力的一种科学方法。基于物质流分析方法建立的评价指标体系包括评价经济活动效率和循环经济发展情况的重要指标。输入物质分类指标如表3-3所示，输出物质分类指标如表3-4所示。

表 3 - 3 输入物质分类指标

物质分类			可选指标
区域内物质输入	非生物质	化石燃料	煤、石油、天然气、其他
		金属矿物	铁矿石、有色金属矿石
		工业矿物	黏土、砂石等
		建筑材料	砂砾、石灰石、砖石、石材等
	生物质	农产品	水果、蔬菜、其他作物等
		农业副产品	具有价值的农作物残余
		林业产品	木材、除木材以外的其他原材料
		牧业产品	永久性草场的牧草等
		渔业产品	海洋鱼类、淡水鱼类等
		其他产品	蜂蜜等
进口物质		原材料	化石燃料、矿物质、生物质等
		半成品	以化石燃料、矿物质、生物质等为基础的半成品
		成品	以化石燃料、矿物质、生物质等为基础的成品
		其他产品	其他生物质产品、非生物质产品
平衡项			燃烧含碳、氢、硫元素的物质等需要的氧气,呼吸需要的氧气,生产过程中需要的氧气
区域内隐藏流			开采化石燃料、工业原料时产生的隐藏流
			部分未被使用的生物质
进口隐藏流			进口化石燃料、矿物质时的直接隐藏流和间接隐藏流

表 3 - 4 输出物质分类指标

物质分类		可选指标
区域内物质输出	气体污染物	CO_2、SO_2、NO_2、VOC、CO、N_2O、NH_3等
	固体污染物	城市生活垃圾、工业和商业固体废弃物、污染治理中产生的固体污染物
	液体污染物	含氮、磷的液体污染物,其他液体污染物
	耗散性物质	农业中化肥的耗散、产品因磨损和侵蚀等的耗散
出口物质	原材料	化石燃料、矿物质、生物质等
	半成品	以化石燃料、矿物质、生物质等为基础的半成品
	成品	以化石燃料、矿物质、生物质等为基础的成品
平衡项		燃烧过程中产生的水、生产过程中产生的水、代谢过程中产生的水
		代谢过程中产生的CO_2
区域内隐藏流		开采化石燃料、工业原料时产生的隐藏流
		部分未被使用的生物质
出口隐藏流		出口化石燃料、矿物质时的直接隐藏流和间接隐藏流

为了方便表达，研究中通常采用英文缩写，本章涉及的物质流概念的中英文对照如下。

未用的区域内开采的原料：Unused Domestic Extraction（UDE）。

区域内开采的原料：Domestic Extraction（DE）。

区域内处理后的输出流：Domestic Processed Output（DPO）。

进口物质流：Import。

进口间接流：Indirect Flows Associated to Imports（IFI）。

出口物质流：Export。

出口间接流：Indirect Flows Associated to Exports（IFE）。

物质流指标体系通常将这些物质流概念分为六大类，分别是：输入指标、消耗指标、输出指标、效率指标、平衡指标和综合指标。

1. 输入指标

直接物质输入（Direct Material Input，DMI）用于衡量经济活动中的直接物质投入情况，表征直接输入经济系统并由经济系统进一步转化的物质量，即从自然界开采的具有经济价值并且用于生产和消费活动的所有物质。直接物质输入不包括可再生利用的资源，因为资源再生利用发生在经济系统内部。公式为：

$$DMI = DE + Import$$

物质总投入（Total Material Input，TMI）除包括直接物质输入外，还包括伴随经济活动从自然界中开采出来却未真正使用的物质（未用的区域内开采的原料）。公式为：

$$TMI = DMI + UDE$$

物质总需求（Total Material Requirement，TMR）表征一个经济系统运行需要的总物质量，包括直接物质输入及伴随这些物质产生的隐藏流的量。公式为：

$$TMR = DMI + 隐藏流$$

2. 消耗指标

区域内物质消耗量（Domestic Material Consumption，DMC）度量了社会经济活动使用物质的总量，不包括隐藏流。在数值上与直接物质输入和出口量的差值相等。公式为：

$$DMC = DMI - 出口$$

总物质消耗（Total Material Consumption，TMC）衡量了区域内经济活动的物质总需求，是物质总需求与出口量和出口间接流的差值。公式为：

$$TMC = TMR - 出口 - IFE$$

3. 输出指标

区域内处理后的输出流（Direct Processed Output，DPO）是指区域内经济活动总的物质量，是进入经济系统中的直接物质投入，其中一部分物质成为经济系统中的存量，另一部分则在经济系统内部的生产和消费活动中被使用以及最终被处置。这部分不包括出口的物质。

直接物质输出（Direct Material Output，DMO）是区域内处理后的输出流与出口量之和。公式为：

$$DMO = DPO + 出口$$

区域内总输出（Total Domestic Output，TDO）是区域内处理后的输出流与未用的区域内开采的原料之和，反映了经济活动中物质流与环境压力的关系。公式为：

$$TDO = DPO + UDE$$

物质总输出（Total Material Output，TMO）是区域内总输出与出口量之和。公式为：

$$TMO = TDO + 出口$$

4. 效率指标

为了衡量经济系统中物质投入和消耗的效率，需要利用人均或者单位

GDP。资源生产率（Resources Productivity，RP）是一个十分重要的效率指标。公式为：

$$RP = GDP/DMI$$

5. 平衡指标

外贸实物量平衡（Physical Trade Balance，PTB）是进口物质量与出口物质量的差值，衡量了贸易盈余或赤字情况，表示贸易顺差或逆差。公式为：

$$PTB = 进口 - 出口$$

库存净增加（Net Additions to Stock，NAS）衡量的是与经济发展有关的物质增长情况，通常以年为单位进行核算，是新的库存净增加与折旧的资产存量的差值。在一年内仍然留存在经济系统中的物质都将被计算到库存净增加中，使用超过一年的消费品应当被计入新的库存净增加中，同时还要考虑循环利用的部分物质。因此：

$$NAS = 新的库存净增加 - 折旧的资产存量$$

6. 综合指标

综合指标通常是对整个经济系统和资源的消耗情况进行评价的指标。近年来，随着经济快速增长，资源消耗和环境破坏的程度开始提高。发展循环经济可以协调经济增长与资源消耗、环境破坏之间的关系。分离指数可以用于衡量经济增长、资源消耗和环境破坏之间的关系。

在世界各国大力发展循环经济的背景下，物质流分析和物质流管理可以作为评价循环经济的重要工具。物质流分析的评价指标成为构建循环经济评价指标体系的基础。

八　物质流分析的局限性

经济—环境系统是一个复杂的非线性系统，很难用模型预测该系统内行为的变化。物质流分析方法另辟蹊径，从质量角度对系统内物质的流动状况进行分析，弥补了使用货币作为单位进行分析的一些缺陷。虽然物质流分析在核算框架、物质分类、参数计算、核算方法和理论体系等方面取得了一些重要成果和重大突破，但由于物质流动具有复杂性，物质流分析涉及的内容非常繁杂，因此仍然存在许多问题需要进一步研究。物质流分析从提出到被世界各国的研究者接受和应用，不过十余年的时间，还存在一些问题和不足，对此需要有清醒的认识。物质流分析的局限性体现在以下几个方面。

1. 分析框架

确定框架是进行物质流分析的前提，采用不同的框架会产生不同的结果。对分析框架的研究主要集中在国家层面，但国家层面尚未形成一个能够得到国际普遍认可的、可以与国民经济核算体系对标的物质流核算体系。目前，较具代表性的分析框架为"欧盟核算框架"和"WRI 核算框架"。虽然它们都遵循物质守恒定律，但在实际计算中，空气、水、隐藏流、循环利用和关注重点等方面存在诸多差异。另外，在区域、行业和元素流分析方面，也没有形成比较权威和通用的分析框架或指导原则。

2. 指标选取

与单一的 GDP 指标相比，物质流分析涉及一个指标体系。这个体系虽然能够提供多个角度以进行综合分析，但缺乏直观的代表性数据。不同指标反映不同的核算范围。在一个指标体系中，对环境冲击较大的物质流很难确定，例如，从资源可持续开发角度来看，物质输入指标很重要；从环境污染角度来看，物质输出指标更能体现物质流对环境的影响。但从不同视角看，同一个指标也会面临选择难题。

3. 物质分类

物质分类涉及统计口径、统计范围以及数据可获得性，直接影响数据的准确性和可比性，不同研究使用的物质分类标准存在较大差别，给物质流的准确计算和比较分析带来困难，例如，欧盟的相关指南和 SEEA－2003 虽然都给出了比较详细的物质分类，但存在较大差异。

4. 行业边界

与国家和区域物质流分析的边界确认相比，行业边界确认有较大的不同。国家和区域物质流分析的边界确认需要考虑经济系统与本地环境的边界、行政管辖边界，它们在空间上具有很强的集中性。行业边界是虚拟的，不容易确认。行业边界不明确容易引起重复或遗漏计算问题，影响横向比较研究。

5. 区域分析

相对于国家物质流分析，由于数据难以获取，进出口统计范围模糊，研究区域物质流分析的难度相对较大。现有的区域物质流分析主要借鉴国家物质流分析的框架，如"欧盟方法指南"从概念、系统边界、物质统计范畴、分析指标等方面汲取"营养成分"。区域物质流分析在方法的应用上与国家物质流分析的差别很大，因此，亟待构建完整的区域物质流核算框架及指标体系，以指导与区域物质流分析相关的实践活动。

6. 参数计算

物质流分析需要进行大量的参数计算，例如，隐藏流系数计算。隐藏流系数或生态包袱表征开采单位物质所需动用的自然物质总量，可用于衡量因物质开采、使用和废弃而对环境造成的影响，但其不能准确地对物质使用和废弃对环境造成的影响进行评价。隐藏流系数与物质的特点、生产方式、生产力水平等有关。不同国家的隐藏流系数不尽相同，同一国家内不同区域之间的隐藏流系数也不尽相同，同一国家或区域不同时期的隐藏流系数明显不同。在实际应用中，如果简单地套用其他国家或地区的隐藏流系数，就会带来很大的不确定性，难以反映物质流原貌。尽管国内外已得到部分物质的隐藏流系数，但还有大量资源的隐藏流系数需要确定。现实中，很多物质并不是以质量为单位确定的，往往只具有体积或价值，针对它们进行质量折算面临诸多困难。

7. 统计口径

统计口径关乎数据质量，具有一定的局限性。第一，对于来自不同行业和主管机构的数据统计标准、术语、定义和统计结果有很大的差别。第二，对于投入的物质采用干重还是湿重，考虑物质的化学组成情况与否等，均会对统计数据产生影响，进而影响物质流核算结果。第三，在国际贸易中，进口国和出口国的统计口径与结果往往存在较大差别。

8. 重复或遗漏计算

现实中，经济系统中的物质流动非常复杂，容易导致重复或遗漏计算问题，使物质流分析产生偏差：一种资源往往涉及多个行业，容易造成重复或遗漏计算；经济系统中的物质投入有原料和中间品的区别，在这一背景下，容易造成重复计算；行业之间往往存在很强的关联性，容易造成重复计算；残余物质流的相互交叠，容易造成重复计算。另外，废弃物循环利用数据难以准确统计。

9. 衍生指标应用

物质流分析的衍生指标主要包括总体指标及与 GDP 进行对比得到的总体效率指标。由于不同经济体的产业结构的差异较大，总体效率指标显得过于笼统，例如，与工业相比，服务业的资源消耗和污染排放水平一般较低，但产值占 GDP 的比重有时很高。另外，如何根据物质流分析的结果进行政策含义的解释，也是一个值得探讨的问题。

10. 可持续性阈值

物质流分析面临的最大挑战之一就是难以提出"可持续性阈值"，这样就无法判定系统是否可持续，只进行不同空间单元的横向比较及不同时期的纵向比较，无法确定可持续性程度的变化情况，这也是物质流分析难以推广、应用的重要原因。

九　物质流分析与政策制定

物质流分析与管理作为循环经济的重要调控手段，主要从资源利用效率、物质循环效率与静脉产业的发展两个方面体现物质流分析对我国环境保护政策制定的意义。

在资源利用效率方面，随着我国经济高速增长，物质消耗量呈现急剧增加的趋势，环境污染和生态破坏程度进一步提高。在长三角和珠三角等经济发达地区，资源和环境因素已经成为经济发展面临的瓶颈。同时，这些地区还存在资源短缺和资源浪费等现象。与发达国家和一些发展中国家相比，我国在资源利用效率方面还存在明显的差距。因此，想要从根本上化解资源环境和经济发展之间的矛盾，相关政策应当鼓励提高资源利用效率、生产技术和工艺水平等。同时，环境保护政策的重心应当上移，强调从末端控制向源头和过程控制方面转变。在财政、税收、进出口和政府采购等方面也要针对提高资源利用效率制定相应的政策。

在物质循环效率与静脉产业的发展方面，我国正处于资源消耗高峰期，在一些地区，由于经济增速较快，仅靠资源和能源利用效率的提高，仍然无法满足经济发展对物质的需求，资源匮乏、能源短缺和环境污染已经成为阻碍我国经济可持续发展的主要因素。在这样的形势下，加快废弃物循环利用是重要的手段之一。通过进行物质流分析，可以发现不同行业的物质、能量的流动方式和效率，并在此基础上制定有关资源循环利用和静脉产业发展的一系列方针和政策。

第三节 物质流分析与循环经济

一 循环经济理论

随着可持续发展概念的提出，循环经济作为一种能有效实现可持续发展的途径应运而生。循环经济的思想萌芽可以追溯到环境保护思潮兴起的时代。20世纪60年代，美国著名学者鲍丁提出的"宇宙飞船经济理论"是循环经济思想的早期代表。鲍丁认为，地球就像在太空中飞行的宇宙飞船（当时正在实施阿波罗登月计划），这艘飞船不断消耗自身有限的资源，如果还像过去那样不合理地开发资源和破坏环境，甚至超过环境的承载能力，就会像宇宙飞船那样走向毁灭。当时的循环经济思想更多的是先行者的一种超前理念，人们更加关心的是污染物在产生之后的治理，即基于进行环境保护的末端治理。20世纪90年代，特别是可持续发展战略逐渐明确后，源头预防和全过程治理替代末端治理成为环境与发展政策的主要关注点。刘庆山从资源再生角度提出，废弃物资源化的本质是自然资源的循环利用（刘庆山，1994）。1997年，闵毅梅将德国于1996年生效的法律文本译成中文时使用了"循环经济"一词。

由于研究者的视角不同,对循环经济概念的界定也有所不同。根据《我国循环经济发展战略研究报告》的不完全统计,国内的"循环经济"定义有40余种,其中大多关注国外的基本定义中的"物质闭环流动型经济"这一关键方面,但是在进一步进行解释时,由于各自立场和认知的差别,研究者给出的定义有所不同。循环经济是在包含人、自然资源和科学技术的大系统内,在资源投入、企业生产、产品消费及废弃的全过程中,使传统的依赖资源消耗的线性增长的经济转变为依靠生态型资源循环发展的经济。这是以资源的高效利用和循环利用为目标,以"减量化、再利用、资源化"为原则,以物质闭路循环使用为特征,按照自然生态系统物质循环和能量流动方式运行的经济模式。目的是通过资源的高效和循环利用,实现污染物的低排放甚至零排放,保护环境,实现社会、经济与环境协调发展。循环经济是把清洁生产和废弃物综合利用融为一体的经济,本质上是生态经济,要求运用生态学规律指导人类社会的经济活动。

二 物质流分析与循环经济的关系

物质流分析是循环经济的重要支撑,物质流分析和管理是循环经济的核心调控手段。

物质流分析对社会经济活动中物质流动情况进行定量分析,掌握整个社会经济体系中物质的流向、流量,建立在物质流分析基础上的物质流管理,通过对物质流动方向和流量的调控,提高资源的利用效率,达到设定的相关目标。这一点与循环经济的宗旨是一致的。循环经济强调从源头减少资源消耗,有效利用资源,减少污染物排放。循环经济谋求以最低的环境资源成本获得最大的社会、经济和环境效益,以解决长期存在的环境保护与经济发展之间的尖锐矛盾。

从物质流分析和管理与循环经济的关系来看,物质流分析和管理的调控作用主要体现在以下几个方面。

1. 减少物质投入总量

在社会经济活动中，物质投入量直接决定资源的开采量和对生态环境的影响程度，特别是对于不可再生资源，物质投入量减少就意味着资源使用年限增加，对整个社会经济和环境的正面影响是极其显著的。循环经济强调，在减少物质投入总量的前提下实现社会经济目标，通过减少物质投入总量，实现经济增长与物质消耗、环境退化的"分离"。在减少物质投入总量的前提下保障经济效益，通过利用先进的技术，采取合适的管理手段，不断提高资源利用效率，增加资源循环使用量。

2. 提高资源利用效率

资源利用效率反映物质、产品之间的转化水平，其中，生产技术和工艺是提高资源利用效率的核心。通过进行物质流分析，我们可以了解物质投入和产品产出之间的关系。通过技术、工艺改造，提高物质、产品之间的转化效率，进而提高资源利用效率，达到以尽可能少的物质投入实现预期的经济目标。

3. 增加物质循环量

通过提高废弃物的再利用和再资源化水平，可以增加物质循环量，延长资源使用寿命，减少初始资源投入。工业代谢、工业生态链、静脉产业等都是提高资源循环利用水平的重要内容。有关资料表明，2000年，日本总的物质循环利用率在10%左右，日本循环利用的大都是自身短缺的资源或价值较高的物质，如钢、铝等。但是，目前，大量物质还没有被很好地循环利用，或根本无法被循环利用。

4. 减少最终废弃物的排放量

实质上，在社会经济活动中，通过提高资源利用效率可以增加物质循环量，这样不但可以减少物质投入总量，也可以实现减少最终废弃物排放量的目的。因此，在发展循环经济的过程中，基于生产工艺和技术水平的提升、工业生态链的发展和静脉产业的壮大，可以提高资源利用效率，增加物质循环量，减少物质投入总量，进而达到减少最终废弃物的排放量的目的。

第四章
典型金属资源循环利用分析

金属资源一般分为两大类：黑色金属和有色金属。黑色金属指铁、铬、锰等；有色金属指铜、铝、铅、锌、镍、锡、钨、钼、镁、锑等。本章以铁、铜、铝三种金属资源为研究对象，分析这三种典型金属资源的社会蓄积量和循环利用潜力。

第一节　中国废钢产生量及减排潜力分析

一　引言

铁是世界上最早被发现、应用最广泛的金属之一，其消耗量占金属总消耗量的90%以上。铁在地壳中的含量排第4位，占地壳所有元素总量的5%，仅次于氧、硅、铝。地壳中所发现的铁多以氧化物的形式存在，主要有磁铁矿、赤铁矿、针铁矿、褐铁矿、菱铁矿等。其中，以赤铁矿的使用最为广泛，占所有开采矿石的90%。铁矿对国民经济发展具有重要作用，作为钢铁工业的主要原料，是世界上消耗量最大的金属矿种，被誉为现代工业的"粮食"，其安全程度直接关系到中国的经济可持续发展情况，是综合国力的重要体现，其具有不可忽视的战略地位。随着资源的日益枯竭和环境问题的日益严重，废钢铁的再生利用是可持续发展的重要组成部分，废钢铁成为重要的二次资源，加强二次资源的循环利用不仅可以保护自然资源，而且可以节约能源，减少污染。

我国是世界上钢铁生产量和消费量位列第一的国家，钢铁资源在我国社会经济发展过程中的地位不言而喻。随着我国经济快速发展，铁的进口量和消费量不断增加，2000~2015 年，中国的铁矿石进口量增长了 13.6 倍，铁矿石消费量增长了近 7 倍，对外依存度从 40%增长到 80.1%（李强峰等，2017）。铁的消费量的不断增长，给我国铁矿石资源的供给带来较大压力。中国铁资源需求量大，供给不能满足需求，对外依存度高；铁矿石的生产、加工过程是一个高能耗、高污染的过程，给环境带来很大压力。长期以来，我国炼钢以铁矿石和煤炭为主要原材料，大部分利用高炉、转炉进行长流程生产，小部分以废钢、电力等为原材料进行短流程生产。与用铁矿石生产 1 吨钢相比，用废钢生产 1 吨钢可节约铁矿石 1.3 吨，节约 350 千克标准煤，减排 CO_2 1.4 吨，减排废渣 600 千克（殷瑞钰，2003）。SO_2 和烟粉尘也主要是在长流程生产中产生的。用电炉炼钢不仅可以降低能耗，还可以有效减少对铁矿石的依赖。

在美国等发达国家，由铁矿石到钢材的传统金属长流程生产正逐步被以废钢为原材料的短流程生产取代。一方面，这是由于社会中的钢铁蓄积量达到了一定峰值并趋于稳定，社会对钢铁的需求量减少；另一方面，这是由于在社会高速发展过程中所蓄积的钢制品达到了服役年限，大量废钢开始产生。新中国成立以来，为了支持社会发展，消费了大量的钢铁，但是由于社会蓄积量相对不足，折旧废钢回收周期相对较长，在此过程中产生的废钢无法满足相关需求（孙莹等，2014）。我国的电炉炼钢比在 2010 年跌至 10.4%，远远低于美国等发达国家的同期值（60%以上），因此，研究钢铁产业消费结构变化、废钢生产规律及生产结构的变化对未来中国钢铁行业实现节能减排、可持续发展具有至关重要的作用。

基于历史消费数据（1949~2015 年的消费数据），我们对中国钢铁行业消费的动态演变规律和废料产生规律进行分析和计算；利用动态物质流分析框架，通过韦伯分布模型得到 2016~2025 年中国折旧废钢的产生量；通过进行情景分析，计算不同生产情景下的减排潜力。相关数据可以为政府进行生产结构调整、加强对废钢的回收利用、大力推广节能减排技术提供参考。

二 研究思路与数据来源

根据物质流研究框架，我们把钢铁行业产品的生命周期分为钢材的生产、钢铁产品的加工制造、钢铁产品的使用、钢铁产品的报废四个过程。基于动态物质流分析的中国钢铁行业产品循环如图4-1所示。

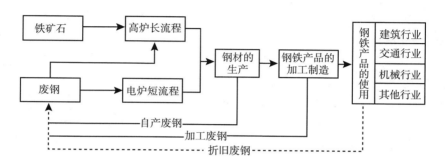

图4-1　基于动态物质流分析的中国钢铁行业产品循环

资料来源：Davis et al.，2007；陆钟武，2002。

（一）各类废料产生量的测算

1. 自产废钢和加工废钢

废钢作为二次资源，是电炉短流程生产钢铁的主要原料，对不同种类废钢的计算公式如下：

$$自产废钢 = 粗钢产量 \times 自产废钢收得率 \qquad (4-1)$$

$$加工废钢 = 钢材产量 \times 加工废钢收得率 \qquad (4-2)$$

参考相关文献（卜庆才，2005），通过计算可得自产废钢收得率为7.9%（陆钟武、岳强，2010）。加工废钢收得率与企业自身加工产品的深度和加工技术有关（Müller，Wang，Duval，Graedel，2006），本节采用的加工废钢收得率为6%。

2. 用韦伯分布模型计算折旧废钢产生量

由于折旧废钢通过韦伯分布模型可以计算得到，因此不考虑在加工制造过程中的损耗。基于相关文献（Müller，Wang，Duval，Graedel，2006；李新等，2017；Park et al.，2011；Wang et al.，2007；王俊博等，2016），本节用双参数韦伯分布函数表征钢铁产品的生命周期，其中，寿命分布函数表达式为：

$$F(t) = 1 - \exp\left[-\left(\frac{t}{\eta}\right)^{\beta} \right] \quad\quad\quad (4-3)$$

其中，t 是产品生命周期（$t>0$）；η 是比例参数；β 是形状参数，中国不同行业钢铁产品寿命分布参数见表 4-1。

表 4-1　中国不同行业钢铁产品寿命分布参数

使用领域	a	b	η	β
建筑行业	20	40	5.32	31.975
交通行业	10	35	3.01	14.17
机械行业	10	25	3.40	16.28
其他行业	10	20	2.31	10.91

资料来源：笔者自制。

钢铁产品在使用寿命到达时会进入报废过程，目标年份的钢铁报废量等于前一年的钢铁消费量乘以目标年份的钢铁产品报废率。假设第 n 年的累计报废率是 $F(n)$，则当年的报废率为 $F(n)$ 到 $F(n-1)$，即 $F'(n)$，则：

$$F'(n) = \exp\left[-\left(\frac{n-1}{\eta}\right)^{\beta} \right] - \exp\left[-\left(\frac{t}{\eta}\right)^{\beta} \right] \quad\quad (4-4)$$

假设 $T(t)$ 为第 t 年的钢铁消费量，$P(n)$ 为该年的钢铁报废量，那么：

$$P(1) = T(0) \times F'(1) \quad\quad\quad (4-5)$$

$$P(2) = T(0) \times F'(2) + T(1) \times F'(1) \quad\quad\quad (4-6)$$

$$P(3) = T(0) \times F'(3) + T(1) \times F'(2) + T(2) \times F'(1) \quad\quad\quad (4-7)$$

以此类推，可以得到：

$$P(n) = \sum_{t=0}^{n-1} T(t) \times F'(n-t) \quad\quad\quad (4-8)$$

（二）数据来源与处理

1. 数据来源

本节所使用的中国粗钢消费量、主要钢铁产品消费领域的有关寿命等数据来源于《中国钢铁工业年鉴（2016）》、《中国统计年鉴（2016）》、钢铁工业协会、《2005 中国国土资源统计年鉴》，以及其他相关文献（Yan，Wang，2014；卜庆才，2005；岳强，2006）。

2. 数据处理

本节对折旧废钢进行测算时，使用的是 1949～2015 年钢铁的实际消费量，并按照不同使用部门进行分类。［a，b］表示各类钢铁产品的寿命区间，不同行业钢铁产品寿命分布参数见表 4－1。

三　结果与分析

（一）1949～2015 年钢铁消费量与废钢产生量

如图 4－2（a）所示，20 世纪 70 年代之前，我国的钢铁消费量较小，年钢铁消费量不足 1000 万吨，改革开放以来，尤其是 2000 年以后，中国钢铁消费量急剧增加。基于本节模型的假设，理论上来看，从 1959 年开始产生折旧废钢，在整个计算期间，折旧废钢产生量都在增加，2015 年时达到 0.95 亿吨。建筑行业不仅是钢铁的消费大户，也是报废大户，在计算期间，建筑行业钢铁消费量占钢铁总消费量的 58.4%，2015 年，建筑行业折旧废钢产生量高达 2667 万吨，占当年折旧废钢产生总量的 28%。基于粗钢产量、钢材的表观消费量以及不同的废钢收得率，本节也对自产废钢和加工废钢量进行了计算［见图 4－2（c）］。1949～1969 年，废钢供应总量占粗钢消费量的比例持续上升，1969 年，废钢供应总量占粗钢消费量的 40%。1979～2000 年，废钢供应总量占粗钢消费量的比例一直保持在 30% 以上。这个比例在 2000～2010 年有所下降，2010 年之后又开始上升。

（二）2016～2025 年废钢产生量预测

废钢由三部分组成，即折旧废钢、自产废钢、加工废钢。本节基于韦伯分布模型，对 2016～2025 年三种废钢产生量进行预测，自产废钢和加工废

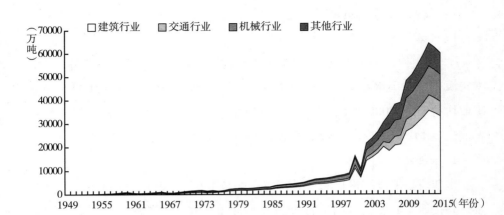

（a）不同行业钢铁消费量

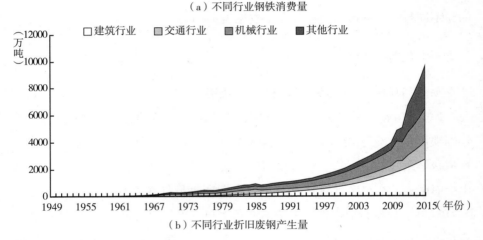

（b）不同行业折旧废钢产生量

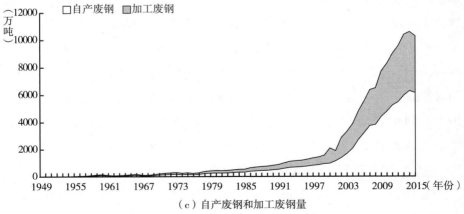

（c）自产废钢和加工废钢量

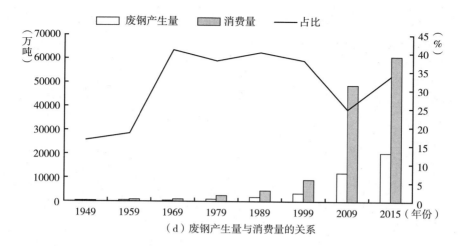

（d）废钢产生量与消费量的关系

图 4 - 2　1949～2015 年钢铁消费量与废钢产生量

注：（a）图中早期数据太小，所以看不出来；在（b）图、（c）图中，从 1959 年开始有废钢出现，因而从这一年才有数据。

钢产生量依赖未来的钢铁需求量。假设自产废钢和加工废钢的获得比保持不变，2016～2025 年三种废钢产生量如图 4 - 3 所示。其中，折旧废钢产生量继续增加，2025 年，折旧废钢产生量为 2015 年的 3.1 倍。折旧废钢是废钢的主要来源，2025 年，折旧废钢产生量占废钢总量的 80% 左右，绝大部分自产废钢会被直接回收利用，所以，对于废钢的回收利用，应把重点放在折旧废钢上。由图 4 - 4 可知，废钢供应量占粗钢需求量的比重持续上升，2022 年时超过 50%，2025 年时高达 61%，可以说"废钢时代"即将到来。

（三）电炉短流程炼钢减排潜力分析

废钢的大量产生为电炉短流程炼钢提供了充足的原料，对废钢的利用不仅可以减少对一次资源的开采，减轻对铁矿石的依赖，而且与高炉长流程炼钢相比，更加节能。二次资源如果不加以利用就会造成极大的浪费。2015 年，中国电炉炼钢比仅为 10.1%，远低于世界平均值。根据相关文献（卜庆才等，2016）进行预测可知，2020 年，中国电炉炼钢比达到 15%，2025 年，中国电炉炼钢比为 25%，达到世界平均值。如表 4 - 2 所示，随着电炉炼钢比增长，我国对铁矿石的需求量将减少，而且会节约大量煤炭，减少 CO_2 和固体废物排放。

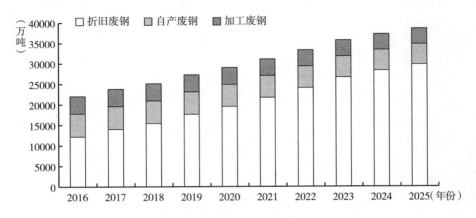

图4-3 2016~2025年三种废钢产生量

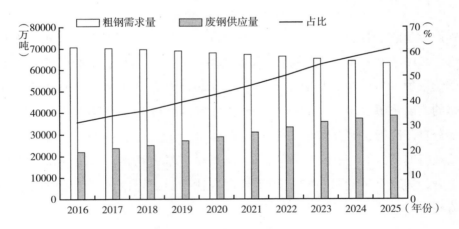

图4-4 2016~2025年粗钢需求量与废钢供应量的关系

表4-2 基于不同电炉炼钢比的环境影响

单位：万吨，个百分点

年份	较2015年增长幅度	节约铁矿石	节省标准煤	减排 CO_2	减排固体废物
2020	5	4420	1190	4760	2040
2025	15	12285	3307.5	13230	5670

四　结论及建议

本节基于动态物质流分析框架，系统分析了中国钢铁资源的历史消费情况和废钢产生情况，并对废钢产生量和粗钢需求量进行了预测，应用情景分析对中国未来调整钢铁生产结构、发展电炉炼钢的减排潜力进行了测算，结果表明：1949～2015 年，中国累计消费铁资源 77.2 亿吨，累计产生折旧废钢 9.6 亿吨，累计折旧废钢量仅占累计铁资源消费量的 12.4%。2025 年，中国电炉炼钢比达到 25%，可节约铁矿石 1.2285 亿吨，减排 $CO_2$1.3230 亿吨。

2016～2025 年，废钢供应量持续增加。另外，加强对废钢二次资源的利用，不仅可以减少对环境的污染，而且可以有效降低我国铁矿石的对外依存度，资源安全得到进一步保障。目前，国内炼钢还是以高炉长流程炼钢为主，未来，由于中国废钢供应量增加，相关政府部门应颁布相应的法规、采取相关措施引导国内钢铁企业加大对报废钢铁制品的回收力度，调整钢铁产业生产模式，构建以电炉短流程炼钢为主的生产模式，鼓励大型钢铁企业主动引进国外先进的技术，提高企业对废钢的回收效率。此外，管理部门应当优化废钢回收流程，规范行业标准，对企业进行价格补贴，提升企业利用废钢的积极性，实现对废钢的有效利用。

第二节　中国潜在铜废料评估及政策建议

一　引言

铜是一种分布广泛的金属元素，铜在地壳中的含量约为 0.01%，在某些铜矿床中，铜的含量为 3%～5%，甚至更高。自然界中的铜多以化合物即铜矿物的形式存在（王成彦、王忠，2010）。铜是一种使用量仅次于铝的有色金属，有着优良的延展性、导电性、导热性、耐腐蚀性，主要用于建筑、交通运输、机械制造、电子电器、家电等五大领域（Wang，Lei，Ge，Wu，2015）。铜作为导热体、导电体，具有较好的耐腐蚀性和抗菌性而被用于许多领域（ICSG，2016）。作为世界第二大经济体，中国的经济发展消耗了大量的铜。自 2004 年以来，中国一直是世界上最大的铜消耗国（Zhou，2012）。中国国内精炼铜的生产与消耗之间存在较大差距。铜矿石净进口的依存度超过 70%（Wen，Ji，2013），这对中国来说具有很大的风险。2012 年，中国人均铜库存量为 36 千克（Zhang，Cai，Yang，Chen，Yuan，2014），远低于发达国家的水平。据估计，未来，中国仍需大量的铜用于促进经济发展，如何满足未来的消费需求是一个大问题。解决路径有两条：一是开采更多的铜矿资源；二是回收废旧铜产品中的废铜。随着中国政府对环境保护和可持续发展的关注度越来越高，开采新的矿山受到限制。回收利用废铜符合政府推行的节能减排政策。每利用 1 吨废铜可以节省 9.1×10^{10} 焦耳的能源，可以减少的固体废物和 SO_2 的量分别为 420.5 吨和 0.14 吨。1949～2013 年，中国已经为实现经济发展消耗了近 9500 万吨铜。只有一小部分含铜产品报废，大部分含铜产品蓄积在社会中，形成了大量的潜在铜资源。废铜回收将被中国政府关注。

本节利用动态元素流分析方法绘制了铜在社会系统中的"物质流图"。动态元素流分析方法是一种系统的评价方法，对于特定时间和空间范围内物质的流量和存量进行分析（Brunner，Rechberger，2004）。耶鲁大学的 Graedel 教授等提出了四个阶段的库存和流动模型（Graedel et al.，2002）。在进行动态元素流分析的基础上，相关学者对铜的生产阶段（Gordon，2002；Wang，Chen，Li，2015）、使用阶段（Geyer et al.，2007；Liu，Müller，2013；Yue et al.，2016；Mao，Graedel，2019）、报废管理阶段（Bertram et al.，2002；Melo，1999；Davis et al.，2007）和其他阶段（Graedel et al.，2002；Chen et al.，2016；Tanimoto et al.，2010）进行了研究。Jaunky（2013）探讨了铜消耗与经济发展的关系，在用库存问题是这些研究关注的问题之一。针对钢（Hirato et al.，2009；Yue et al.，2016；Davis et al.，2007；Park et al.，2011）、铅（Mao，Graedel，2019）、铝（Liu，Müller，2013；Chen，Graedel，2012a；McMillan et al.，2010；Buchner et al.，2015）和锌（Beers et al.，2004；

Yan et al.，2013）等的研究在对有关铜的在用库存问题的研究基础上展开（Glöser et al.，2013；Zeltner et al.，1999；Zhang，Cai，Yang，Chen，Yuan，2014；Spatari et al.，2005）。Müller 等（2014）对在用库存的计算方法进行了概述。Chen 和 Graedel（2015）提出了四种方法以改进在用库存的估算方法。Yue 等（2016）用其他方法估计了中国的铁在用库存，如平均使用寿命法和固定资产描述法。

所有这些关于在用库存的研究有助于人们更多地了解社会中的金属累积情况，使矿石到金属产品的转化更加清晰。社会中的铜在用库存与自然界中的铜存量一样，都具有潜在作用。掌握废铜开始流动的情况，就能了解铜资源的循环方式，进而可以充分利用。Melo（1999）分析了德国废铝的产生方法，并且研究了一些有关废钢产生的模型（Davis et al.，2007；Hirato et al.，2009）。Wen 和 Ji（2013）利用情景分析方法、库存预测模型和物质流分析方法等分析了中国铜资源的发展趋势。Tilton 和 Lagos（2007）评估了铜的长期可用性。Gomez 等（2007）利用计量经济学模型探讨了废铜的可用性。Elshkaki（2013）量化了二次材料中铂的未来供应量。Liu 和 Müller（2013）使用动态物质流分析方法模拟全球铝循环机制。不过，国内对废铜生产情况的研究相对较少。有关研究人员采用自上而下和自下而上的方法，对铜的在用库存进行了一系列研究（Zhang，Yuan，Bi，2012；Zhang，Cai，Yang，Chen，Yuan，2014；Zhang，Yang，Cai，Yuan，2014；Zhang et al.，2015），这有助于探讨未来废铜的产生量。本节中所有铜产品的实际消耗数据都来自官方资料（如《中国有色金属工业年鉴》）和相关研究文献（如 Zhang et al.，2015）。

本节基于 1949～2013 年的铜消耗量，对 2022 年的铜代谢情况进行建模预测。目的是探讨对铜产品进行社会使用到铜产品报废的时间规律，讨论与铜代谢有关的一系列问题，如每年废铜的产生量、废铜回收情况、铜产品的报废时间等。本节通过解决相关问题，探讨铜产品向废铜转化的规律，有助于政府更多地了解相关潜在资源，做出更优的决策；针对铜回收提出相应的政策建议，使政府有关部门在铜废料大量增加前做好相关准备。

二 研究方法

（一）研究内容和系统边界

本节对废铜的产生和回收情况进行量化分析，采用动态物质流分析方法。物质流分析可以追踪物质的来源、流动方式、流动路径和最终去向（Brunner，Rechberger，2004）。研究边界包括两部分：空间边界和时间边界。空间边界限于中国大陆。时间边界为 1949～2013 年。研究的目的是根据 1949～2013 年的铜消耗量估算废铜的产生量。

公认的铜循环是基于耶鲁大学相关学者提出的四个阶段的库存和流动模型发展而来的（Spatari et al.，2003；Graedel et al.，2002），这四个阶段是生产阶段、制造阶段、使用阶段和报废阶段。基于本节的研究重点，我们对其进行一些调整，并采用系统动力学方法对废铜的产生情况进行详细的分析。铜的生命周期包括从原始矿石中提取铜、含铜产品的生产、产品消费、社会库存积累和废料回收。铜的生命周期是一个复杂的系统。不同用途的铜产品的使用期限不同。中国从矿山开采到废料回收的铜循环涉及矿山开采，生产、制造、使用、消耗，废料管理等环节。

本节主要探讨铜的输入到输出的演变过程。为了更好地分析铜在社会中的转化条件，基于系统动力学方法，将图 4-5 简化为图 4-6。由铜产品生命周期模型可知，社会是铜产品转化为废铜的比例的"调节阀门"。P_i，P_t，P_e 和 P_b 分别代表基础设施、运输、设备、建筑领域的铜产品生产率。S_i，S_t，S_e 和 S_b 分别代表基础设施、运输、设备、建筑领域的铜产品在服务期满后不再使用并成为铜废料的速度。

（二）铜的使用期分布

并不是所有流入社会的铜产品都会报废，不同的铜产品具有不同的生命周期。铜产品在生命周期结束后转化为废铜。铜产品在为社会服务时的使用期基本上超过一年。那些在同年没有流出的铜和在生命周期内仍然作为在用库存的铜，可能在未来会转化为潜在的铜资源。本节利用相关数学模型计算了铜的在用库存量并模拟了废铜的产生过程。

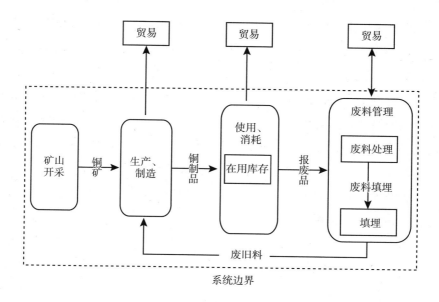

图 4 - 5　中国从矿山开采到废料回收的铜循环

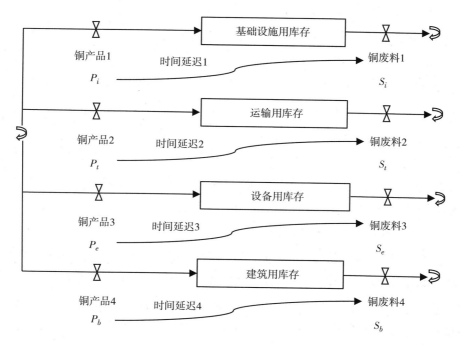

图 4 - 6　铜产品转化为铜废料的时间延迟情况

一般来说，相关研究通常使用四种方法进行测算：①δ 分布，即固定生命周期（Davis et al.，2007）；②高斯分布（Glöser et al.，2013）；③对数正态分布（Melo，1999）；④韦伯分布（Chen，Graedel，2015；Yan et al.，2013；Park et al.，2011；Spatari et al.，2005）。由于具有较大的灵活性，韦伯分布是生命周期模拟中最常用的方法。本节应用韦伯分布模拟了废铜的流动情况。韦伯分布函数的形状参数和尺度参数来源于相关研究文献（Zhang et al.，2015）。

韦伯分布的确定取决于位置参数 a、比例参数 α 和形状参数 β。t 表示随机年份。概率密度函数可以表示为：

$$f(t;a,\alpha,\beta) = \begin{cases} \alpha\beta^{-\alpha}(t-a)^{\alpha-1}\exp\left\{-\left(\dfrac{t-a}{\beta}\right)^{\alpha}\right\}, & \text{如果 } t > a \\ 0, & \text{其他} \end{cases} \tag{4-9}$$

其中，$a \geqslant 0$，$\alpha > 0$，$\beta > 0$。

P_t 表示铜产品在 t 年达到使用寿命的概率，即：

$$P_t = \exp\left\{-\left(\frac{t-a}{\beta}\right)^{\alpha}\right\} - \exp\left\{-\left(\frac{t+1-a}{\beta}\right)^{\alpha}\right\}, a \leqslant t < b \tag{4-10}$$

分布函数 $F(t)$ 为：

$$F(t) = 1 - \exp\left\{-\left(\frac{t}{\beta}\right)^{\alpha}\right\} \tag{4-11}$$

其中，铜产品的使用寿命区间为 $[a，b]$。然而，铜产品的实际使用寿命不限于 b 年内。因此，本节假设在给定使用寿命区间 $[a，b]$ 内，累积分布概率为 99.7%。

（三）废铜产生量计算建模

本节采用自上而下的方法计算废铜产生量（Chen，Graedel，2015；McMillan et al.，2010；Müller et al.，2014）。本节中的铜消耗量不是所有的铜产量（Zhang et al.，2015），而是简化的实际铜的消耗量。废旧铜材料的产生基于铜产品的消耗。服务于社会的铜产品在使用寿命结束后将报废。韦伯分布适用于分析多种类型产品的生命周期，并且已经被用于一些研究中（Melo，1999；Elshkaki et al.，2005；Spatari et al.，2005；Yan et al.，2013；Chen，Graedel，2015；Zhang et al.，2015；Buchner et al.，2015）。理论上，废铜产生（或流出）量为：

$$F'(n) = \exp\left\{-\left(\frac{n-1}{\beta}\right)^{\alpha}\right\} - \exp\left\{-\left(\frac{n}{\beta}\right)^{\alpha}\right\} \qquad (4-12)$$

其中，n 表示废铜产生的年份；假设第 n 年的废铜产生率为 $f(n)$，第 n 年的废铜产生累积率为 $F(n)$；α 是尺度参数，β 是形状参数。

假设第 t 年金属产品的最终消耗量为 $T(t)$，第 n 年产生的相应废铜量为 $P(n)$，则：

$P(1) = T(0) \cdot F'(1)$

$P(2) = T(0) \cdot F'(2) + T(1) \cdot F'(1)$

$P(3) = T(0) \cdot F'(3) + T(1) \cdot F'(2) + T(2) \cdot F'(1)$

综上所述，则：

$$P(n) = \sum_{t=0}^{n-1} T(t) F'(n-t) \qquad (4-13)$$

（四）数据处理和假设

本节分析了中国的铜流动过程，做出以下四个假设。①本节的铜消耗量并非全部铜消耗量，只考虑 1949～2013 年的实际铜消耗量。②每年消耗的铜产品的使用寿命服从韦伯分布。③本节未考虑 1949 年以前消耗的铜在用库存量及废铜产生量，假设 1949 年以前的在用库存量为 0。④本节未考虑铜从开采到最终实现含铜产品的转化过程中的损耗。

有关铜的统计数据来源于《中国有色金属工业年鉴》、国家统计局和世界金属统计局（WBMS）。官方资料中没有的数据来源于一些研究文献和报告（Zhang et al.，2015；Li et al.，2015；Cheng，1994；Wen，Ji，2013）。目前没有有关铜产品消耗的详细官方统计数据，不同领域使用的铜的数据由不同领域的相关人员按照经验比例计算（Zhang et al.，2015）。

三 结果与讨论

（一）中国精炼铜的消费情况

目前，中国的铜消耗量快速增长。1949年之前，中国的铜消耗量占世界消耗量的比例不到1%。随着经济发展，中国需要大量的铜来满足发展需求。1949年，中国消耗的铜为11600吨；2013年，中国消耗的铜为983万吨，是1949年的847.41倍。1949～2013年，中国精炼铜消耗量的平均增长率为11.11%。2013年，全球铜消耗量仅为1949年的6.36倍。1949～2013年，全球铜消耗量平均增长率仅为2.9%。

图4-7展示了中国和世界的精炼铜消耗量。1980年以前，中国精炼铜的消耗量非常小，占世界精炼铜的消耗量的比例不足5%。20世纪80年代以来，中国在世界铜的消耗中扮演着越来越重要的角色。2004年，中国首次成为世界最大的铜消耗国（Zhou，2012），中国在世界铜消耗中占主导地位。2013年，中国消耗了世界近46%的铜。

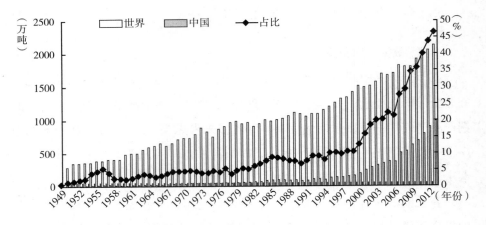

图4-7 中国和世界的精炼铜消耗量对比

由于经济快速发展，1949～2013年，近9500万吨铜被投入社会中。2000～2013年，大约70%的铜被消耗掉。由于不同铜产品的使用寿命不同，而且大部分铜产品没有报废，大量铜资源在社会中蓄积。

（二）铜的最终使用领域

如图4-8所示，中国的基础设施领域和设备制造领域是铜的主要消耗领域，它们至少消耗了79%的铜。在20世纪80年代之前，其他两个使用领域的铜消耗量仅占中国铜消耗总量的2%，铜的消耗领域以设备制造领域为主。20世纪80年代以前，经济增长缓慢，政府更加注重工业发展。为满足经济发展对铜产品的巨大需求，大部分铜被投入设备生产领域。中国在实施改革开放政策后，引进外资，刺激了产业发展，推动了城镇化进程。铜消耗的重点领域从设备制造领域转向基础设施领域。此外，中国人民在经济快速发展的过程中获得并积累了大量的财富，人们的生活发生了翻天覆地的变化，迫切想要改善生活质量，因此，在20世纪90年代之后，交通运输和建筑领域使用的铜开始增加。2006年，中国汽车保有量为4985万辆（中华人民共和国国家统计局，2015），2015年，中国汽车保有量达到了1.72亿辆（中华人民共和国国家统计局，2016）。城镇化率从1949年的10.64%上升到2014年的54.77%（中华人民共和国国家统计局，2015），汽车保有量的快速增长和日益加快的城镇化进程使我国对铜具有巨大的需求。根据中国有色金属工业协会（CNFMIA，2016）的估计，由于经济增速放缓和经济结构转型，铜的消耗量将回落，具体表现在三个方面：第一，电力投资的重点变化导致铜消耗量减少；第二，空调和制冷机的铜消耗量占家电行业的铜消耗

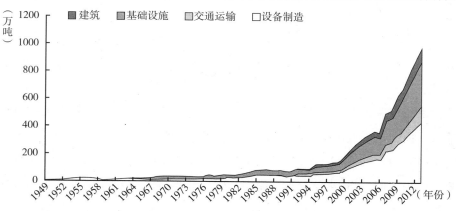

图4-8　铜在四个领域的使用情况

量的 70% ，空调和制冷机的库存可以满足当前的需求，导致铜消耗量减少；第三，人口老龄化减少了社会对建筑的需求，导致铜消耗量减少（CNFMIA，2016）。从社会和经济发展角度来看，1949～2013 年，近 9500 万吨铜被投入四个领域。2013 年，铜在设备制造、基础设施、交通运输和建筑领域的消耗量占比分别为 36% 、45% 、10% 和 9% 。

（三）对四个领域废铜产生量的建模测算

本节使用自上而下的方法估算废铜产生量，假设每年消耗的全部铜产品的使用期限都遵循韦伯分布，根据铜产品向废铜转化的比例，可以得到理论上的废铜产生量。针对废铜产生量的详细建模过程为：假设铜产品 P_i 输入社会的铜的量是 I_t，P_i 的使用寿命区间为 $[a, b]$。P_i 在达到使用期限后，处于报废状态。废铜产生量建模示意如图 4 - 9 所示。$S(t, t+a)$ 表示 $t+a$ 年的废铜量。第 $t+a+1$ 年的废铜量是 $S(t, t+a+1)$ 和 $S(t+1, t+a+1)$ 之和。

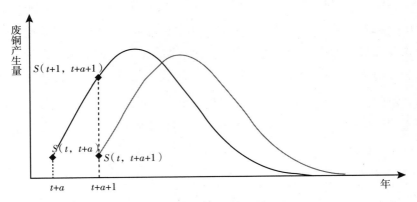

图 4 - 9　废铜产生量建模示意

本节仅考虑 1949～2013 年的铜消耗量，假设 2013 年之后社会上没有铜输入。由于基础设施、交通运输、设备制造领域中的铜产品的最短使用寿命为 10 年（Zhang et al. ，2015），因此这三个领域的铜产品将在 2022 年首次报废。由于假设 2014 年没有铜输入，因此，2023 年，这三个领域的铜产品不能完全报废。也就是说，由于 2013 年之后没有铜输入，2022 年后，这三个领域的废铜量是不完整的，因此，为了更好地分析从铜产品到废铜的流动规律，本节对截至 2022 年四个领域的潜在废铜量进行建模。

1. 设备制造领域产生的潜在铜废料

图 4 – 10（a）显示了基于铜消耗产生潜在铜废料的详细情况。图 4 – 10
（a）中不同深浅颜色的曲线对应不同年份铜设备的报废情况。图 4 – 10（b）
显示了潜在铜设备报废量，铜从在用库存转化为铜废料有时间延迟（Elshkaki
et al. , 2005）。由四个领域铜产品的生命周期可知（Zhang et al. , 2015），
2013 年前进入使用阶段的铜可以满足 2022 年前的铜废料需求。根据 2013 年之
前已经进入使用阶段的铜输入量，可以模拟四个领域在 2022 年产生的废铜量。

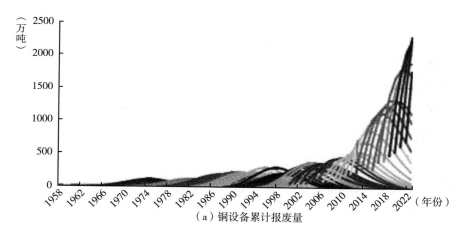

（a）铜设备累计报废量

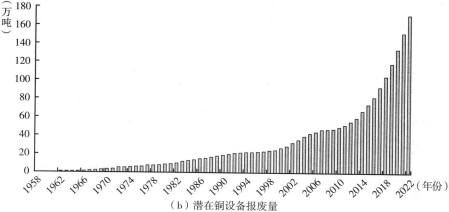

（b）潜在铜设备报废量

图 4 – 10　根据韦伯分布模拟的铜设备累计报废量、潜在铜设备报废量

1958～2013 年，铜设备的潜在报废量持续增加。根据设备的使用年限（10～30 年）（Zhang et al.，2015）可以得出 1949 年设备使用的铜会在 1958 年首次报废。也就是说，1949 年，铜设备中消耗的铜最早会在 1958 年报废。此外，几乎所有从 1949 年开始使用的铜设备会在 1978 年报废。在 20世纪 80 年代之前，设备制造领域的潜在废铜量不到 10 万吨。1980 年以前，设备制造领域消耗的铜的量非常少。1980～1994 年，设备制造领域消耗的铜的量大约为 30 万吨。1995 年以后，设备制造领域消耗的铜的量急剧增加，从 1995 年的 40.8 万吨增至 2013 年的 334.2 万吨。根据铜设备的使用期限，2013 年前产生的铜报废量不到 60 万吨。从 2014 年开始，废铜产生量出现爆炸性增长。2022 年，潜在铜设备报废量为 17.08 万吨。2013 年（包括 2013 年）前，铜设备累计报废量为 1084 万吨。2014～2022 年，铜设备累计报废量为 989.8 万吨。未来 10 年，中国将面临铜设备报废量的爆炸性增长。

值得注意的是，这些报废的铜设备应按等级进行回收。报废铜设备中的可重复使用部件可以通过直接修理或重新生产制造进行重复使用。完全废弃的部件可以通过利用一系列工艺进行相应回收。如何通过再利用、再制造和再循环等方式加强生产者对设备的回收，对政府和企业来说都是一个难题。

2. 其他三个领域产生的潜在铜废料

基础设施、交通运输、建筑领域的潜在铜报废量是基于这些领域以前的铜消耗量得出的。铜产品在基础设施和交通运输领域的最短使用年限为 10 年。在基础设施和交通运输领域被消耗的铜最早在 1958 年报废。另外，基础设施领域的铜产品的使用期限是 70 年。本节利用韦伯分布对交通运输领域、基础设施领域、建筑领域的废铜产量和潜在废铜产量进行建模（见图 4－11）。

在基础设施领域，铜主要用于供水和配水、发电、供配电、通信、广播电视网络、铁路、地铁系统等。在 1990 年之前，铁路和地铁系统投入的铜将被回收或直接由相关部门使用，与其他企业无关（Li et al.，2015）。用于供配电、通信等方面的铜输入可能埋在地下，很容易变为休眠的库存。实际生活中，这些休眠的库存很容易被忽视，但它们在废料回收中发挥重要作用（Daigo et al.，2015），可以通过地理信息系统对其进行评估（Wallsten et al.，2015）。根据相关研究（Zhang，Cai，Yang，Chen，Yuan，2014），上海基础设施领域的铜用量占在用库存的58%。供水和配水、供配电方面的铜用量占基础设施在用库存的93%。目前，我国对城市基础设施的管理比较分散，对基础设施中的铜的在用库存和休眠库存的情况并不十分清楚。政府有必要关注这些库存，在未来对大量的废铜资源进行回收利用。

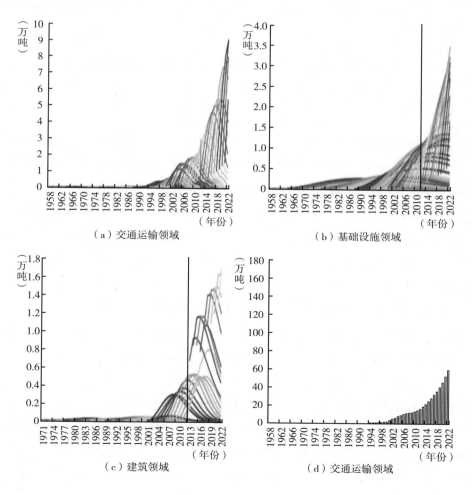

（a）交通运输领域　　　　　　　　　（b）基础设施领域

（c）建筑领域　　　　　　　　　　（d）交通运输领域

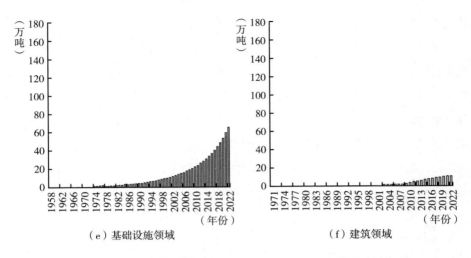

（e）基础设施领域　　　　　　　　　　　（f）建筑领域

图 4 – 11　韦伯分布下的废铜产量建模（a、b、c）和潜在废铜产量建模（d、e、f）

注：图（b）、图（c）中的垂直线表示 2013 年是一个分水岭，垂直线左侧的曲线表示 2013 年之前理论上的废铜产量，垂直线右侧的曲线表示未来十年潜在的废铜产量。

交通运输领域的铜消耗量几乎与建筑领域的铜消耗量相等（Zhang et al.，2015）。这两个领域产生的废铜量在不同的使用期限内是不同的。1995 年以前，交通运输领域产生的废铜量非常少，每年不到 1 万吨。1958～1995 年，交通运输领域产生的累计废铜量为 7 万吨，比 2004 年交通运输领域产生的废铜量少。1958～2013 年，交通运输领域产生的累计废铜量为 167.2 万吨。2014～2022 年，交通运输领域产生的累计废铜量是 1958～2013 年的 2.1 倍。因此，中国将面临更大的挑战。

与其他三个领域相比，建筑领域产生的废铜量最少。1971～2013 年和 2014～2022 年，累计产生的废铜量分别为 23.1 万吨和 78.6 万吨。虽然建筑领域产生的废铜量并不大，但要解决相关问题也面临挑战。

3. 铜消耗量与废铜产量的对比

铜从被消耗到转化为废铜的过程存在时间延迟（Elshkaki et al.，2005）。在图 4 – 12 中，2000 年以来，铜消耗量快速增长。随着中国经济增速放缓，对铜的需求量在下降（Liu et al.，2011），预计到 2025 年，中国的铜需求峰值为 1400 万～1600 万吨。根据相关研究（Li et al.，2015），2038

年，我国的废铜产量将出现峰值。1949～2013 年，累计铜消耗量为 9500 万吨。从理论上讲，目前仍有近 795 万吨的铜产品正在使用，为人们的日常生活服务。这意味着大多数输入社会中的铜产品较新，没有达到使用年限（Zhang，Yang，Cai，Yuan，2014）。另外，由于存在时间延迟，目前正在使用的铜产品在未来会成为有用的资源。

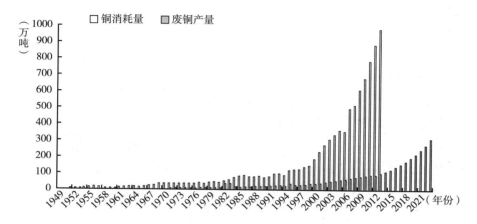

图 4－12　中国铜消耗量和废铜产量

在实践中，废铜不会被完全回收。废铜产品需要被收集、分离和回收，那些未被收集的废铜产品可能埋在地下。图 4－13 展示了理论废铜量和国内回收废铜量。*RER*（回收率）指实践中废铜被回收的比例（Ruhrberg，2006），为：

$$RER\ =\ domestic\ recycled\ scrap/potential\ scrap\ for\ recycling \qquad (4-14)$$

从图 4－13 中可知，*RER* 一直在增加。1978 年以前，中国处于计划经济时期，国内的铜回收采用计划管理模式，铜回收的规模不大。在此期间，中国回收的铜为 160.8 万吨，铜的回收是由国有企业完成的（Li et al.，2015）。改革开放初期，废铜回收利用行业开始发展起来。私营企业和个体户开始进入废铜回收利用行业。保定、大理、永康等几个地区开展了废铜回收工作。面对发达国家高昂的劳动力价格和严格的环境保护要求，更多的废铜被转移到发展中国家。为满足废铜的供应，废铜拆解产业链在沿海地区逐步形成。随着中国逐渐成为制造大国，中国的废铜回收利用行业快速发展。2013 年，RER 高达 59%。RER 的上升源于技术进步、政府鼓励和引导、税收减免，以及市场对铜的巨大需求。

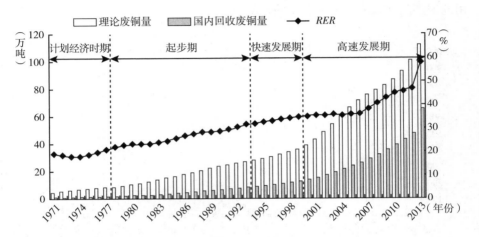

图 4 - 13　理论废铜量和国内回收废铜量

4. 对在用库存的铜和消耗产生的废铜的分析

社会的铜流量分为消耗产生的废铜和在用库存的铜两部分。如图 4 - 14 所示，铜消耗较多的领域是基础设施领域和设备制造领域。基础设施领域的铜的使用年限比设备制造领域的长，基础设施领域的铜比设备制造领域的延迟时间长。2013 年，设备制造领域铜的报废量占 65%。基础设施领域、交通运输领域和建筑领域铜的报废量的比例分别为 22%、11% 和 2%。基础设施领域的铜的在用库存量是最多的。2013 年，设备制造领域、基础设施领域、交通运输领域、建筑领域铜的在用库存量占比分别为 30%、50%、10% 和 10%。2014～2022 年，设备制造领域是消耗铜的主要领域，在基础设施领域，大部分用于电力建设和水利建设的铜分布在地下（Zhang，Yang，Cai，Yuan，2014），这部分铜资源很容易被忽略（Wallsten et al.，2015）。因此，有必要清楚地了解铜资源在用库存的分布情况，基础设施领域是未来废铜回收利用的重点领域。

　　2013 年，废铜回收率高达 59%，按照图 4 - 13 所示的 *RER* 的增长趋势，减少废铜填埋可以减少对环境造成的破坏。这意味着更多的废铜将被回收利用。

　　根据分析可知，2014～2022 年，设备制造、交通运输、基础设施、建筑领域产生的废铜量均多于 2013 年以前的废铜量。未来十年，设备制造领域是废铜分解的重要领域。分解大量增加的废铜是一个大问题。另外，2000 年以后，精炼铜的消耗量大幅增加。根据铜产品使用期限模型，中国在未来二三十年内面临废铜的大规模回收利用问题。

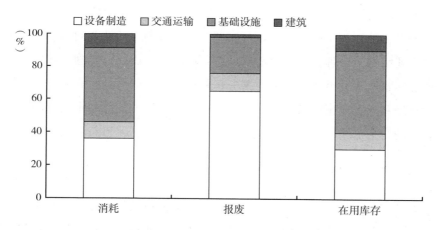

图 4 - 14　2013 年四大领域铜的消耗、报废和在用库存情况

（四）与废铜回收相关的问题

　　中国从其他地区进口许多铜资源以满足国内需求。中国铜矿石的净进口依赖度超过 70%（Wen，Ji，2013）。回收废铜可以缓解铜资源短缺的问题，减少对地下铜矿的开采。一方面，回收废铜可以降低企业开采矿山造成的环境污染程度；另一方面，回收废铜遵循 3R 原则。回收利用 1 吨废铜可以节省 3. 328 吨煤、734 吨水，减少 420. 5 吨固体废物排放（Li et al.，2015）。废铜再利用具有节能、节水、减少废物排放的比较优势，不过，企业回收废铜可能面临一定的环境问题。

　　20 世纪 90 年代以来，铜在许多工业和社会部门被广泛使用，废铜的种类、成分、物理形态发生了变化。废铜产品中包括除铜以外的金属和非金属成分。非金属成分可能会引起很多问题（Wang，Xu，2014）。回收含有非金属成分的废铜产品时，可能会形成 CO、VOC、PCDD/F 气体等（Muchova et al.，2011）。这些气体尤其是 PCDD/F 会威胁人类健康，通过改进工厂的工艺流程，可以在生产过程中捕获这些气体。此外，含有有机涂层的废铜可以通过机械粉碎或人工拆解的方式进行分解，人工拆解比机械粉碎造成的浪费少（Jolly，2012）。一般来说，在废铜拆解和冶炼的初级处理阶段，会形成大量有毒气体、颗粒物、固体废物等。应协调好回收废铜与保护环境之间的关系。

对于政府来说，回收废铜可以获得满足国内需求的铜资源。废铜回收产业是一个劳动密集型产业，可以解决城乡剩余劳动力的就业问题。由于废铜回收产业结构不合理，可能会造成一些环境问题，因此，合理引导废铜回收产业发展具有十分重要的意义。第一，要进行详细的研究，充分了解废铜回收对环境和人类健康的潜在影响。第二，针对存在的问题制定法律制度以规范企业的行为。第三，鼓励和引导企业进行技术创新，进行清洁生产。

四　不确定性分析

本节中使用的数据的来源多种多样，比如测量数据、专家经验数据或历史数据以及其他官方统计数据。本节采用韦伯分布进行分析，根据铜终端用户的历史数据和铜终端用户的使用期限分布情况，假设最有可能的使用期限，对潜在的废铜流动情况进行模拟（Glöser et al.，2013；Zhang et al.，2015）。铜产品使用期模型对不同使用期分布、不同平均使用期和不同标准差的灵敏度进行了测试，结果表明，平均使用期对使用期分布灵敏度的影响大于标准差和使用期的影响（Müller et al.，2014）。因此，本节进行了灵敏度分析，以测试最可能影响使用期变化的输出数据，假设最可能的分布与以前的分布相同，将最终用途不同的铜产品的使用期变化 ±10%，以使输出结果相应变化 ±10%。如图 4 - 15 所示，废铜量越大，废铜的使用期越短。换句话说，大量废铜变化 -10%，使用期最有可能变化 +10%。更多的铜产品因为使用期短暂，在使用初期就转化为废铜。在不确定性方面，2013 年，废铜量从 100.7 万吨（＋10％）增至 125.6 万吨（－10％）；2022 年，废铜量从 271.4 万吨（＋10％）增至 346.4 万吨（－10％）。

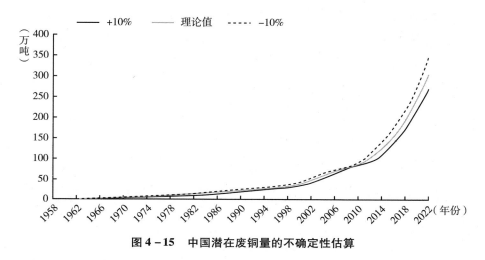

图 4－15　中国潜在废铜量的不确定性估算

五　结论和建议

本节通过分析从铜产品到废铜的转化情况来预测潜在废铜的产生量，得出以下结论。

1. 中国的铜消耗量快速增长

2004 年以来，中国的铜消耗量在全球铜消耗量中占据主导地位。1949～2013 年，中国的铜消耗量主要集中在基础设施领域和设备制造领域。

2. 投入社会的铜逐渐分为消耗产生的废铜和在用库存的铜

社会是一个阀门，调节着铜产品向铜废料的转化率。由于技术改进、政府政策指导和社会对铜的巨大需求，*RER* 一直在增加。中国在未来二三十年内面临废铜的大规模回收问题。

3. 回收铜可以节约能源和水，减少废物排放，但也存在污染问题

由于铜制品的成分越来越复杂，很难仅回收废铜中的金属和非金属成分。在不恰当的分解过程中可能会产生污染环境和威胁人类健康的气体，这些有害气体可以通过改进工艺和优化工厂设计模式来收集。

本节给出以下建议。

1. 中国政府应合理调整铜资源政策

充分利用废铜可以缓解铜资源短缺问题。一方面，中国政府应更加重视利用工业化、城镇化发展过程中积累的大量废铜资源，有选择性地回收高价值、低污染的废铜；另一方面，降低开采国内铜矿和对进口铜矿资源的依存度。

2. 中国政府应更加重视废铜回收行业，为未来废铜的大幅增加做好准备

目前有必要大力发展废铜回收行业，为未来废铜大幅增加做好准备。在接下来的几十年中，中国政府应该关注废铜回收行业。

3. 由于企业在回收废铜的过程中存在环境问题，中国政府应构建相应法律制度规范企业行为，逐步引导优化废铜回收行业

一是制定合理的回收废铜的战略规划。二是改进回收废铜企业的相关厂房，进行清洁生产。三是通过提供税收优惠、进行政策激励等方式，鼓励企业进行技术创新，处理环境问题。四是充分利用城乡剩余劳动力，通过人为拆解的方式去除废铜产品中的相关成分，减少颗粒物和有毒废物，构建铜的社会循环利用网络。

第三节　中国铝资源供给结构和保障程度研究

铝具有导电导热性好、耐腐蚀、易于进行机械加工等优良性能，被广泛应用于支撑经济社会发展的众多部门。在中国 124 个产业部门中，有 114 个部门使用铝土矿资源产品。从消费领域看，全世界铝用量较大的部门是建筑、交通运输和机械制造部门，铝消费量占铝消费总量的 60% 以上。铝是电器工业、飞机制造工业、机械工业和民用器具等制造业不可缺少的原材料。同时，铝也是现代高科技发展无法替代的基本原材料。铝在中国有色金属中占据重要地位，今后一段时间内，中国对有色金属产品，特别是对铝产品的需求，仍将保持一定的增长趋势。

一　引言

矿产资源是经过地质作用形成的，可以被人类开采利用，但是不能被人为创造。相对于人类持续增长的需求来说，矿产资源的变化受到特定的时间和空间的制约。许多专家学者对矿产资源的稀缺性做过研究，其中，较著名的有托马斯·罗伯特·马尔萨斯（资源绝对稀缺论）（马尔萨斯，2007）、大卫·李嘉图（资源相对稀缺论）（李嘉图，2014）和约翰·斯图亚特·穆勒（静态经济论）（穆勒，2013）。铝是仅次于氧和硅的地壳中的第三大元素，是最丰富的金属元素。虽然地壳中的铝元素的含量较为丰富，但是铝是一种相对较新的工业金属，1888 年，其被用于工业生产（USGS，2016）。从数量上看，铝产品的数量多于其他有色金属产品的数量（Halvor，2014）。由于铝具有良好的属性，近几十年来，含铝产品的消费量和需求量大幅增长。铝的特性有：①重量轻，它比相同体积的钢铁和铜轻（USGS，2016）；②密度低，铝的可塑性和延展性较好，容易被加工和铸造；③耐腐蚀，具备良好的抗腐蚀性和使用的持久性；④高导热性，铝的导电性和反射率较好，无低温脆性和磁性（Luca et al.，2013，Chen，Wan，Wu，Shi，2009）。

中国铝资源的对外依存度高达 50%，需求量不断增加。2000 年之后，氧化铝和原铝的产量急剧增加，占全球产量的份额从 2000 年的 9% 和13.2%、2001 年的 10% 和 15% 增至 2008 年的 37.7% 和 51.1%。2009 年，受国际金融危机影响，氧化铝和原铝产量占全球产量的份额变为 33% 和36%（Chen et al.，2010；Chen，Graedel，2012a）。2014 年，中国原铝产量的全球份额是 53.3%。从这些数据来看，中国的铝产量是过剩的。但是，中国的铝土矿储量仅占世界的 3%，人均储量很小，仅为全球平均水平的 1/10（Gu，Wu，Xu，Wang，Zuo，2016）。以 2005 年的开采量为例，中国铝土矿的静态可供年限只有 20 年左右（Chen et al.，2008a）。中国铝土矿大多为难以利用的硬铝石，它的特点是高铝、高硅、低铝硅比，这给开采和冶炼增加了难度，需要消耗更多的能源，这样就会产生更多的污染（Liu，Müller，2012；Chen，Shi，Chang，Qian，2009）。中国进口大量铝土矿，对外依存度不断提高，从 1996 年的 19% 增至 2014 年的 41.3%（2011 年最高时达到 53%）。面对复杂的国际形势，铝资源供给量越来越不确定，因此非常有必要分析铝的整个生命周期，充分了解铝的生产、消费等情况。

关于矿产资源的供给问题，研究者主要关注以下几个方面：矿产资源的可供性（Tilton，Lagos，2007；Lu et al.，2010；Yang，2013）；国内矿产的保证可供年限、品位和储量；保障程度（不包括二次资源）；开采成本和经济效益；供给危机（Rosenau-Tornow et al.，2009；Achzet，Helbig，2013）；供需预测（Wang，Lei，Ge，Wu，2015；Wang，Han，2002；Xue，2012）。对于矿产资源的供给结构和保障程度的评估（包括对二次资源和贸易的评估）的研究很少，本节利用元素流分析方法分析 1996～2014 年中国大陆地区铝资源的供给结构和保障程度，为政策制定者提供一定信息，以制定合理的铝资源供给政策，从而保障铝资源可持续供应，避免出现供应危机。

二　方法

（一）元素流分析方法及主要的文献综述

元素流分析方法主要针对特定元素进行研究，可以追踪元素的来源、路径、转换及最终的去向（Baccini，Brunner，1991），已被环境管理和废物管理的决策制定者广泛采用。元素流分析方法的基础是质量守恒定律、生命周期理论、投入产出模型等，核心是准确的数据。在元素流分析方法中，"流量"被定义为从一个阶段到另一个阶段或者从一个目的地到另一个目的地的元素量，"存量"被定义为城市矿产或流入环境中的元素量。主要的流量包括转化流、回收流、损失流、贸易流，主要的存量包括使用存量和损失存量。

元素流分析方法将铝元素的整个生命周期分为四个阶段：生产阶段（Production，P）、加工与制造阶段（Fabrication and Manufacture，F&M）、使用阶段（Use，U）和报废与再生阶段（Waste Management and Recycling，WM&R）。每一阶段都有子过程（除了使用阶段），并且各阶段之间的物质输入和输出是平衡的。在元素流分析方法中，铝元素的整个生命周期的四个阶段都有特定的时间和空间界限（Wang et al.，2007）。图4-16描述了铝元素生命周期的研究边界。生产阶段包括三个子过程，即采矿、选矿，冶炼，精炼，然后进入加工与制造阶段，铝合金和纯铝被加工成铸造材、锻造材、轧制材、挤压材、线材、棒材和其他半成品，其他半成品和其他原材料共同制造出最终的含铝产品。使用阶段的含铝产品分为七大类，分别为建筑（Building & Construction，B&C）产品、交通（Transportation，T）产品、耐用消费品（Consumer Durables，CD）、机械设备（Machinery & Equipment，M&E）产品、电子设备（Electrical Engineering，EE）产品、包装（Containers & Packaging，C&P）产品和其他用途（Others）产品。在报废与再生阶段，淘汰的产品和废料被收集、拆解处理，一些被重熔，另一些没有价值的则被焚烧。贸易发生在各个阶段甚至是子过程。与此同时，资源消散性损失和流向环境的污染性排放也发生在各个阶段。实际上，无论是铝土矿还是铝金属本身，在自然界中都是以化合物的形态存在的。由于本节中的流量和存量都是金属量，因此需要使用原子量和一些转换系数（Zhao et al.，2016；Chen et al.，2008a）来计算。

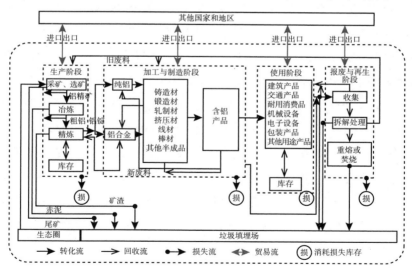

图4-16　铝元素生命周期的研究边界

资料来源：笔者自制。

利用元素流分析方法可以获得铝工业的大量信息，涉及生产、消费、贸易、回收和损失情况，以为制定资源政策提供依据。①对整个系统量的分析。相关研究人员利用元素流分析方法研究了铝的整个生命周期的生产、消费、贸易、存量、损失量等情况（Chen，Habert，Bouzidi et al.，2009；Chen et al.，2010；Chen，Graedel，2012b）；Buchner 等（2014）利用静态元素流分析模型分析奥地利 2010 年的铝流，对铝的生产、消费、贸易情况和废料管理方面进行了广泛的研究。②对回收和可持续发展的分析。Melo（1999）提出若干个模型（主要基于统计学方法）用于估计从废旧金属产品中回收废料的潜力，并预测了在报废与再生阶段德国的铝的相关情况；Boin 和 Bertram（2005）运用物质平衡法分析了 2002 年欧盟 15 国的铝回收行业的发展情况；Hatayama 等（2007）利用动态元素流分析方法和群体平衡模型估计了日本 8 种铝产品的未来废弃量。③将价值链和环境影响等相结合进行分析。Dhalström 和 Ekins（2007）将元素流分析和经济、环境维度的价值流分析结合起来研究 2001 年英国的铝流；相关研究人员使用动态元素流分析方法模拟美国铝循环的存量和流量，分析相应的温室气体排放情况（Liu et al.，2011）。当然，这个方法也被用来研究其他金属循环的存量和流量，例如，铜（Graedel et al.，2002；Bertram et al.，2002；Rechberger，Graedel，2002；Reck et al.，2006；Hirato et al.，2009）、镍（Reck et al.，2008）、锌（Reck et al.，2006；Graedel et al.，2005；Guo et al.，2010）、钢铁（Wang et al.，2007）、铅（Mao et al.，2008a，2008b）、银（Johnson et al.，2005）等。有的研究者将该方法运用到更加微观的层面，以测算某个地区或者某个更小的区域范围内的某一类产品或者某一种产品的回收率、回收量和回收潜力（Hoyle，1995；Gesing，Wolanski，2001；Müller et al.，2006；Modaresi，Müller，2012；Gu，Wu，Xu，Mu，Zuo，2016）。

然而，目前，很少有学者将物质流分析方法用于分析铝资源供给结构及保障程度，本节详细分析了各种铝流的数据结构，给出了铝供给结构的研究模型，并提出了提升中国铝资源保障程度的可行性建议。

（二）铝供给结构的研究模型

目前，中国的铝供给可以分为五个部分：国内原生铝供给、国内二次铝供给、贸易供给、境外投资供给和替代品供给。境外投资开发对中国铝工业发展暂时还没有提供有效的资源供给（程春艳，2013），铝或铝合金替代品所占比例非常小，也可以直接忽略。因此，本节关注的是前三个部分的量占国内消费量和库存量的比例。这三个部分也有几个子分类（见图4-17）。

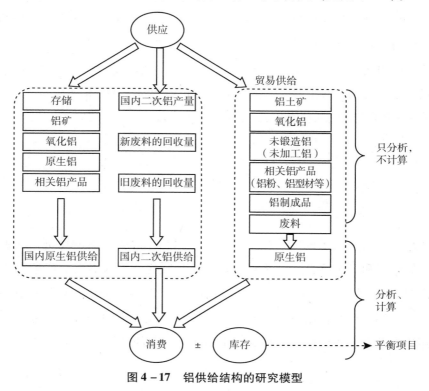

图4-17　铝供给结构的研究模型

资料来源：笔者自制。

在图4-17中，国内原生铝供给部分会分析存储、铝矿、氧化铝、原生铝和相关铝产品（板材、带材、排材、管材、棒材、箔材、线材、型材、其他材和铝盘条）的概况，这五个子分类是在国内采矿、冶炼、加工和制造过程中相继出现的，它们的质量不是独立的而是重叠的，因此不能进行加减运算。国内二次铝供给部分分析了三个子分类的概况，涉及国内二次铝产量、新废料和旧废料的回收量。同样，这三个子分类也不能进行加减运算，因为二次铝是由拆解处理和冶炼新废料、旧废料得到的，所以二次铝的总产量等于由新废料加工而来的二次铝量加上由旧废料加工而来的二次铝量。贸易供给部分包括铝土矿、氧化铝、未锻造铝（未加工铝）、相关铝产品（铝粉、铝型材等）、铝制成品和废料6个子分类。这些都是参与贸易的含铝物质的种类。库存是当年生产和贸易满足国内消费后剩余的部分。

研究模型包含五个变量：原生铝产量、二次铝产量、净进口未锻造铝、国内消费量和库存。它们的关系是：原生铝产量 + 二次铝产量 + 净进口未锻造铝 = 国内消费量 ± 库存。P_p、P_s 和 P_t 分别代表原生铝产量、二次铝产量、净进口未锻造铝所占比例或份额。另外，国内生产原生铝的铝土矿和生产二次铝的铝废料来自国内及其他国家。相关计算公式为：

$$P_p^s = P_p \times \frac{D_b}{(D_b + NI_b)} \qquad P_s^s = P_s \times \frac{D_s}{(D_s + NI_s)} \qquad (4-15)$$

$$P_p^s = P_p \times \frac{D_b}{(D_b + I_b)} \qquad P_s^s = P_s \times \frac{D_s}{(D_s + I_s)} \qquad (4-16)$$

P_p^s 和 P_s^s 分别表示国内自主生产的原生铝和二次铝所占的比例，这也体现了原生铝和二次铝的保障程度，D_b 和 D_s 分别代表国内铝土矿产量和铝废料产量，NI_b、I_b、NI_s 和 I_s 分别表示净进口的和进口的铝土矿和铝废料量。由于铝土矿和铝废料的出口量非常少，因此它们的净进口量可以直接使用进口量代替，中国铝资源的总供给保障程度的计算公式为：

$$TSG = P_p^s + P_s^s \qquad (4-17)$$

（三）数据处理和假设

本节使用的数据来源多种多样，有些来自官方或者行业进行的相关统计，比如《中国有色金属工业年鉴》、世界金属统计局（WBMS）、美国地质调查局（USGS）、中国地质科学院全球矿产资源战略研究中心等，某些缺失数据用插值法或者根据物质守恒定律进行补充。本节研究的空间边界是中国大陆，时间边界从20世纪90年代末开始，因为有研究认为75%的铝流量发生在过去二十年（Chen，Graedel，2012a）。

为更好地分析中国铝资源供应结构，本节提出以下几个假设：①中国铝资源供应结构由三部分构成；②由于各种含铝材料和铝制品的参数和金属所占的比例不准确，本节中涉及的含铝材料有一部分采用物质量、一部分采用金属量进行分析，如计算 P_p、P_s、P_t 和 P_p^s、P_s^s 时采用的是金属量；③在预测供需关系的过程中，假设经济是持续快速发展的。

三　结果

（一）国内铝供给

1. 原生铝供给

图4－18 和图4－19 展示了1996～2014 年国内铝的供给情况和1998～2014 年国内铝产品的供给结构。图4－18 中各种含铝物质的产量变化基本上是有规律的（除了存储量、铝矿和氧化铝产量之外）。在此期间，原生铝产量、铝产品产量的年均增长率分别是16%、23.4%。1998 年，存储量大幅增加，这意味着该年度探矿工作取得了丰硕成果，但是之后的增速缓慢。2008～2011 年，受国际金融危机影响，氧化铝、原生铝、铝产品产量增速缓慢甚至出现下降趋势，年平均增长率分别为14.6%、9.5% 和17.6%，低于1996～2014 年的平均增长率。然而有一个奇特的现象值得关注，在此期间，铝矿产量却增长迅速，年均增长率达到15.8%，远远高于1996～2007 年的8.1%。2012 年，铝矿产量的增长率下降，2013 年和2014 年没有太大变化。

图4－19 中展示了9 种常见的铝中间产品，即半成品，分别是板材、带材、排材、管材、棒材、箔材、线材、型材和其他材所占比例以及变化情况。2014 年，数量较多的是型材、板材、棒材，所占比例分别是45.3%、16.8% 和10.8%；数量较少的是排材、线材和管材，所占比例分别是0.4%、1.2% 和1.7%。1998～2014 年，数量变化最大的是其他材，所占比例从44.3% 降到1.3%；接着是型材，所占比例从26% 增至45.3%；然后是棒材和板材，所占比例分别从3.2% 和10.4% 增至10.8% 和16.8%，其他铝中间产品的比例没有太大的变化。进一步分析可知，1998～2014 年，除其他材外，其他铝中间产

品数量都增长迅速，板材、带材、排材、管材、棒材、箔材、线材、型材的年均增长率分别是28.6%、26.9%、38.4%、38.1%、45.9%、25.6%、50.4%和28.6%，其他材的年均增长率只有8%。与此同时，2014年，其他材的数量相对于1998年的增长率是−2.6%，这主要是因为这些年间其他材的数量没有明显变化，而其他铝中间产品的数量却增长迅速。

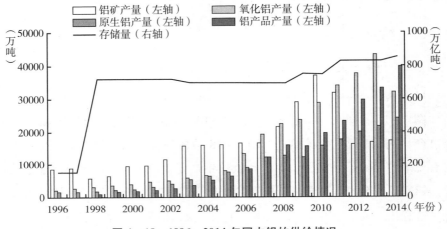

图4-18　1996～2014年国内铝的供给情况

资料来源：世界金属统计局、《中国有色金属工业年鉴》。

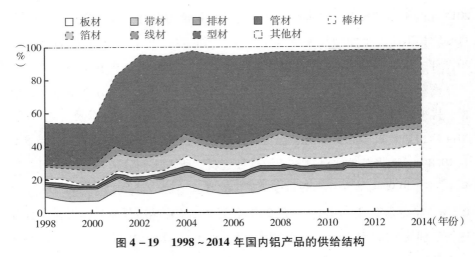

图4-19　1998～2014年国内铝产品的供给结构

资料来源：《中国有色金属工业年鉴》。

2. 二次铝供给

图 4 - 20 展示了 1996 ~ 2014 年国内二次铝供应情况及结构。由于循环经济和可持续发展理念日益深入人心,中国的二次铝产业持续稳定快速发展。回收的废铝量和二次铝产量的年均增长率分别是 14% 和 27.8%。二次铝来自被回收、拆卸、处置和重熔的铝废料,因此,回收的废铝量应该多于二次铝产量。但现实情况是,2004 ~ 2014 年,回收的废铝量少于二次铝产量,并且差距在 2009 年之后越来越大。而进口的铝废料日益增长,且数量巨大,正好填补了这个差距。

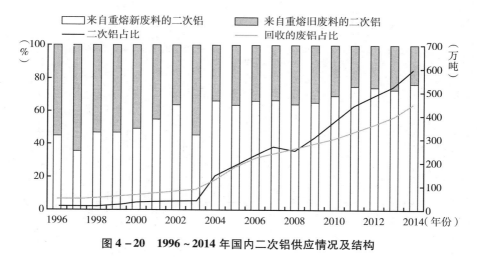

图 4 - 20　1996 ~ 2014 年国内二次铝供应情况及结构

资料来源:世界金属统计局。

（二）贸易

铝资源和铝产品的国际贸易在促进全球经济发展中起到重要作用,参与贸易的快速发展的国家在铝的贸易中扮演举足轻重的角色,既能够调节国际市场供求关系,充分有效地利用生产性要素,也能够提高贸易参与国的生产效率,优化各国的产业结构等。

图 4 - 21 显示了 1996 ~ 2014 年铝土矿、氧化铝和未加工铝的贸易状况。1996 ~ 2008 年,铝土矿进口量增长迅速,年平均增长率达到 72%。受全球金融危机的影响,2009 年,铝土矿进口量急剧减少 1/5;2010 ~ 2011 年又

迅速增加，并出现峰值；2012~2014年的进口量是2011年的1/3。氧化铝进口量逐年增加，2005年达到顶峰，2006~2011年逐渐减少，2011年减少了1/4后又缓慢增加。氧化铝出口量在2009年最大，但和进口量相比仍然很少，且没有太大的变化。与铝土矿和氧化铝相比，未加工铝在1996~2014年的进口量要少得多；未加工铝出口量在1996~2004年的年均增长率是59.1%，2005~2014年缓慢下降；未加工铝净进口量出现很多负值，为计算方便，本节采用的是未加工铝净出口量。2009年，中国在寻求贸易结构转型，进口未加工铝可以满足国内快速推进工业化和城镇化建设的需求。

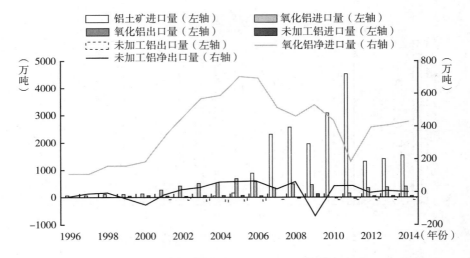

图4-21　1996~2014年铝土矿、氧化铝和未加工铝的贸易状况

资料来源：世界金属统计局、《中国有色金属工业年鉴》。

参与国际贸易的铝中间产品主要包括铝粉、铝条杆型材等。这些铝中间产品的进口总量自2001年以来稳步增长，2007年最多，然后呈现下降的趋势。这些产品的出口总量在2001~2011年的年均增长率达到33.1%，总体上保持了增长的趋势，不过，2008~2009年，受国际金融危机的影响，略微减少了一些。在图4-22（a）中，进口的铝中间产品的结构没有发生太大变化，所占比例最大的是铝板带，从2001年的68%增至2011年的72%，铝条杆型材和铝箔所占比例分别从2001年的16%和12%降至2011年的

12%和10%。出口量的变化复杂一些。2001年，出口量占比较大的是铝条杆型材、铝板带和铝箔，分别为51%、23%和19%；2011年，出口量占比较大的是铝板带、铝条杆型材和铝箔，分别为47%、28%和21%。另外还有两个变化比较大的现象：（1）2001年出口铝管的比例在5%以下，而2008年达到16%；（2）2001年出口铝丝的比例在2%以下，而2006年达到

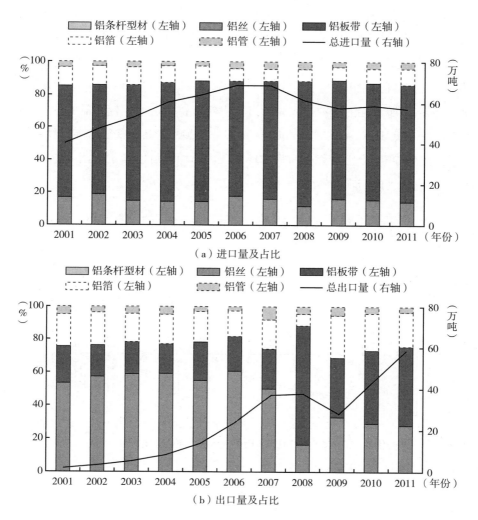

图4-22 2001～2011年铝中间产品的贸易量及占比

资料来源：《中国有色金属工业年鉴》。

5.6%。尽管其他铝中间产品的出口量在此期间也不断增长，但数量基数比较小，在总出口量中所占的比例也很小。2008年，铝出口情况发生了明显变化，铝进口情况没有出现太大变化。

图4-23展示了2001~2011年铝金属制品和铝废料的贸易状况。在此期间，铝金属制品进口量和出口量的年均增长率分别是5.2%和23%，出口量远大于进口量，导致净进口量为负值。结合铝产品的贸易状况，本节发现了一个有趣的情况：中国进口铝材料，出口铝金属制品，成为一个制造中心。本节的研究结果与Chen和Graedel（2012b）的研究结果一致。铝废料几乎没有出口，净进口量的年均增长率为25%。通过拆解和重熔铝废料生产二次铝，所消耗的能源仅仅是通过开发铝土矿生产原生铝所需要的能源的5%~10%（Melo，1999；Quinkertz et al.，2001），因此，进口铝废料不仅可以缓解生产原生铝过程中面临的环境压力，而且可以满足中国工业化和城镇化快速推进的需求。

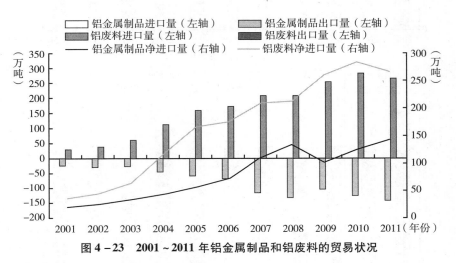

图4-23　2001~2011年铝金属制品和铝废料的贸易状况

资料来源：《中国有色金属工业年鉴》。

（三）国内消费和库存情况

含铝产品的国内消费量从1996年开始增加（除了2008年没有太大变化外），在将来一段时间还会不断增加。除了2009年外，库存量也在不断增加。21世纪之前，由于需求量略微超过供给量，几乎没有任何库存，2010 年之后，库存量稳定在 500 万吨左右。非常小甚至是负值的库存量意味着铝供应很难满足国内消费需求，相对较大的库存量表明出现低消费需求和疲软的经济或市场饱和。基于 2014 年的消费水平计算可知，库存可以满足两年的需求，因此必须尽快去库存。

随着中国铝消费量的变化，消费结构也出现一些变化。如图 4 - 24（b）所示，1998 ~ 2014 年，中国铝产品消费结构变化最大的是 2000 年。2000 年

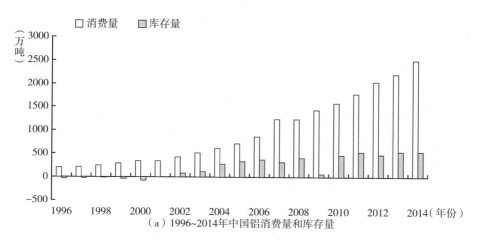

（a）1996~2014年中国铝消费量和库存量

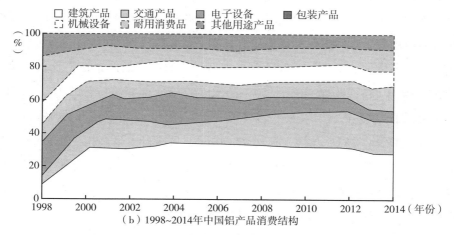

（b）1998~2014年中国铝产品消费结构

图 4 - 24　1996 ~ 2014 年中国铝消费量和库存量及
1998 ~ 2014 年中国铝产品消费结构

资料来源：中国地质科学院全球矿产资源战略研究中心。

以前，铝产品较大的消费领域是耐用消费品和电子设备，增加最快的是建筑产品，接着是交通产品，减少最快的是耐用消费品，接着是其他用途产品，其余没有太大变化。2000年以后，较大的消费领域是建筑产品和交通产品，这两个领域的消费量占消费总量的50%左右，并且七大领域的消费份额保持一种稳定的状态，没有出现剧烈变化。

20世纪90年代，城镇化的快速推进引发基础设施和公共建设领域进行大力投资，比如建筑、公路、铁路、电力设施等。由于生活水平提高，人们购置家用电器成为普遍现象，大量家用电器进入普通人家，带来较大便利。另外，家用电器等耐用消费品可以使用很长时间，所以，2000年以前，耐用消费品成为减少最快的铝产品消费领域。21世纪以来，各种铝产品的消费份额呈现平稳的变化状态。值得注意的是，在铝产品消费结构中，建筑和交通产品的消费量几乎是消费总量的一半，这意味着人们比以前拥有更加宽敞、舒适的住房和更方便的生活。

（四）供给结构和保障程度

1996~2014年，原生铝产量占总量（包括消费量和暂时性库存量）的比例先逐渐升高，然后下降，2010年以后稳定在80%左右。国内生产的原生铝基本上可以满足国内需求，尤其是1998年、2002年和2003年。2006年以后，用来生产原生铝的铝土矿有一半是从别的国家进口的，并且这个比例出现逐渐增加的趋势。这就导致自主生产的原生铝的产量所占比例下降，其在2007年以后稳定在40%~50%的水平，2011年只有大约34%。目前，国际关系日益复杂，如果某些国家切断铝土矿供应（就像印度尼西亚在2014年的做法一样），按照上述比例，中国就只能自主生产相当于以前一半的原生铝，也就是需求量的40%~50%，这远远不能满足国内的生产和建设需要，会使我国付出更大的经济代价。另外，进口大量的铝土矿在国内生产原生铝会消耗大量的能源，造成环境污染和生态退化。

值得庆幸的是，二次铝的产量所占比例在此期间逐年增加，2004年以后稳定在20%左右的水平，这是资源循环和可持续发展理念在铝产业贯彻的良好开端。然而与铝土矿相似，用来生产二次铝的废料有约一半是从别的国家进口的，这导致二次铝的自主生产比例基本上下降了一半。

净进口未锻造铝的供给比例没有什么规律可循，并且有负值存在。除了1996 年、1999 年、2000 年和2009 年外，未锻造铝的出口量基本上多于进口量，中国是未锻造铝的出口国，这意味着国内的未锻造铝生产可以满足需求。2010 年之后，未锻造铝的贸易量基本上处于平衡状态，对中国铝资源的总供给保障程度没有太大影响。

从图4-25 中可以看出，1996～1998 年，虽然中国铝资源的总供给保障程度（TSG）在逐渐下降，但是中国铝工业完全可以自给自足；2006 年之后，中国铝资源的总供给保障程度基本上在50% 左右，2007 年和2011 年只有45% 。另外，从整个供应链角度看，因为中国铝工业的上游原材料严重短缺，下游产品可以基本满足国内需求，所以资源约束仍是影响中国铝工业可持续发展的重要因素，必须予以高度重视。

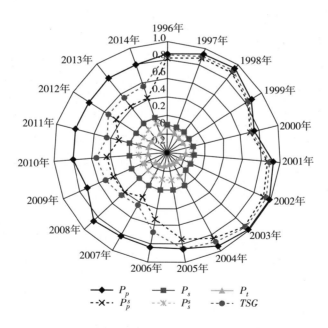

图4-25　1996～2014 年中国铝资源的供给结构和保障程度

资料来源：笔者根据计算数据绘制。

（五）结果

主要的研究结果和发现如下。在国内铝供给方面，1996～2004 年，原生铝产量、铝产品产量的年均增长率分别是 16%、23.4%，2014 年，铝中间产品中数量占比较大的是型材、板材和棒材，数量占比较小的是排材、线材和管材。由于循环经济和可持续发展理念日益深入人心，中国的二次铝产量持续稳定快速增长。在贸易方面，铝土矿、氧化铝和未加工铝的进口量和出口量整体上呈现增长态势，但是中间过程比较曲折。中国是高端铝产品的出口国和中低端铝产品的进口国，所以必须寻求进行贸易结构转型。总体上说，中国铝资源供给结构基本上包括 80% 的原生铝和 20% 的二次铝，二次铝产量增长迅速，比例提高的潜力比较大。从整个供应链角度来看，中国铝工业的上游原材料是严重短缺的，下游产品可以基本满足国内需求。

四　分析和讨论

相关研究结果表明，未来 20 年，中国将处于工业化的中期和后期，铝消费需求量预计将在 2025 年达到峰值（程春艳，2013）。也就是说，从现在开始，中国的铝需求量将在未来 10 年内继续增长。此外，与其他工业化国家相比，中国的铝消费轨迹具有前移的特点。这是因为中国积极采用先进的科学技术，促使工业化快速发展。然而，中国的铝资源供给却是另外一番景象。①与世界其他国家相比，中国的铝土矿储量很少，质量也很差。②具有较高的对外依存度和密集的进口来源。2011 年，中国从 14 个国家和地区进口铝土矿。其中，主要来源是印度尼西亚（80%）、澳大利亚（19%）、印度和马来西亚（程春艳，2013）。③铝资源供应受到国外政策的高度影响。2014 年初，印尼发布了针对中国的铝土矿出口禁令，导致中国铝市场出现波动。这意味着大量进口资源是不安全、不可靠的，中国必须努力克服铝资源供应的不确定性。

在供应结构中，国内原生铝和二次铝的产量可以满足消费需求，甚至出现过剩。然而，大约 50% 的上游原材料依赖进口。由此可见，对中国这个正在快速发展的国家来说，可持续和安全的铝资源供应是一个巨大的挑战。值得注意的是，在供应结构中，二次铝的产量所占比例迅速上升。由于在过去20年里，中国的铝使用存量快速增加，这些使用存量会成为潜在的地面资源。从使用存量中回收废料将变得至关重要，而量化这一巨大的潜力对中国具有深远的意义。

在进行以上分析的基础上，针对解决铝资源供给不确定性问题的方案，即开发新技术；从其他原材料中提炼氧化铝，也可以寻找替代产品，我们发现它们目前还不太有效，因为几乎没有其他原材料可以使用，而且要花很长的时间寻找替代产品。此外，海外投资对于降低铝供应的不确定性也很重要，但现在也不是那么有效。因此，在目前情况下，优化铝供给结构、提高二次铝的利用率是合适的解决方案，即回收利用二次铝存量是一个明智的选择。

理论上，虽然学者提出了回收废料的四种改进方法，但是他们并不能提供一个良好的确定使用存量空间分布情况的方法（Chen，Graedel，2015），将这些方法与遥感和地理信息系统等相结合是可行的，这可以带来额外的好处（Rauch，2009；Takahashi et al.，2010；Hattori et al.，2014）。在实践中，投入更多的精力回收铝废料可以保证可持续的铝供给。为了实现这一目标，应尽快建立一个完整的废弃金属回收系统。当然，在回收金属时，其他可回收的物品，如纸张、塑料、木材等，也可以同时回收利用。政府在早期需要投入大量资金和给予一系列政策优惠以降低回收成本，吸引大量企业和公众积极参与，同时也要注重进行回收过程中的环境管理。

五　结论

与世界其他地区相比，中国的铝土矿资源不足，且品质较低。随着国内工业化和城镇化的快速推进，铝的需求量在过去二十年里急剧增加。目前，为了满足国内需求，中国必须进口大量的原材料（铝土矿和铝废料）。此外，复杂的国际关系意味着如果某些国家的出口政策发生变化，则中国将面临供应风险。保证铝供给的可持续性和安全性是中国面临的挑战。本节运用元素流分析方法对 1996～2014 年我国铝工业的铝流量和总体情况进行分析，并测量了这一时期的中国铝资源的总供给保障程度。目的是找到一种方法，降低铝资源供给的不确定性，以保证其可持续供应。

从本节研究得出的结论可知：表面上看，中国的铝产量可以满足需求，甚至产生盈余，但在更深层次上，上游资源约束是影响我国铝产业健康发展的重要因素，由于铝资源有限和国际关系复杂，我国面临原材料供应的不确定性问题，因此，铝土矿的进口来源应该多样化，也应加快对铝土矿资源丰富的国家的投资。另外，提高二次铝在供应结构中的比例也是一个好的解决方案。中国应该加大力度建立一个高效的铝回收系统，以确保供应的可持续性。

进行有关使用铝产品的存量和二次铝的潜力的相关情景分析仍然是一个挑战。为了进一步研究这个问题，需要对现有基础设施的分布情况进行研究，并对各种含铝产品的寿命进行精确的计算，开发出高效的金属回收技术等。这些将是未来的研究重点。

第四节　中国再生铝供应量预测及供应能力分析

本节在总结国外典型国家再生铝回收规律的基础上，依据我国再生铝回收的历史和现状，利用再生铝的部门供应法、回归分析法和占比分析法三种预测方法，预测中国 2020 年、2025 年和 2030 年再生铝供应量，分别为 800 万吨、1000 万吨和 1100 万吨，占原铝消费量的比例分别为 23%、28% 和 33%；2023 年，再生铝供应量为 1100 万吨，占原铝消费量的比例为 30%。

一　再生铝概况

再生铝，也称"废杂铝"，按照回收来源，可分为新废铝（生产性废铝）及废旧铝。废旧铝多为生活性废旧铝，如旧废铝和废渣等。旧废铝指的是经社会消费后的报废铝料，如铝门窗、汽车铝铸件、废易拉罐等

（韦漩等，2019），同时也包括新的铝废料流入社会消费后再回收利用的废铝。

2018 年，我国再生铝回收利用结构大致为：国内新废铝占 29%，国内旧废铝占 50%，进口废铝占 21%（见图 4 - 26）（杨富强等，2019）。

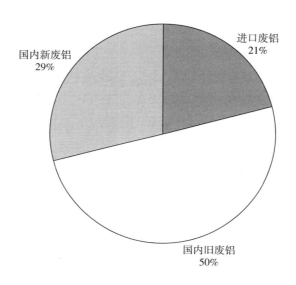

图 4 - 26　2018 年我国再生铝回收利用结构

二　再生铝供应能力分析

（一）再生铝类型及利用方式

我国是全球生产铝和废杂铝回收量最大的国家（王祝堂，2017），然而，再生铝产业落后，我国急需大力发展再生铝产业。废旧铝、废铝合金材料或含铝的废料（贾文博，2016）经重新熔化、提炼后得到的铝合金或铝金属（王东，2011）是铝资源的重要来源。再生铝主要以铝合金的形式出现，再生铝与原生铝的性能相同。再生铝锭先经过重熔、精炼和净化（卢勇，2020），再调整化学成分可以制成多种铸造铝合金，最后加工成铝铸件或塑性铝。

铝具备极强的抗腐蚀性能，除了一些特制的铝化工容器外，大部分铝制品在使用期间不会被腐蚀，几乎可以全部回收（姜宏伟等，2017）。因此，铝制品和铝合金制品报废后的再生利用价值很高，且大多数铝制品在使用后不会改变铝的特性，铝是可以多次循环利用的。

铝合金锭是重要的再生铝产品，以报废铝为原料生产铝合金锭主要分为两步：第一步为对废铝料进行分选；第二步为对分选出的废铝料进行熔炼。电解铝和再生铝利用方式见表4-3。

表4-3 电解铝和再生铝利用方式

	电解铝	再生铝
生产原料及来源	铝土矿山	废铝料
生产工艺	化学分解提炼、电解	分选、熔炼
生产产品	铝金属	铝合金
国家产业政策方向	限制	支持
产业经济模式	传统资源消耗型	循环经济、资源再生型

资料来源：笔者自制。

人们对能源和环境问题越发关注，各个国家都在积极探索进行资源再生利用，再生铝对于资源循环利用和环境保护有着重要意义（秦琦等，2019）。再生铝的主要来源有三种：一是生产过程中产生的边角料和铝材厂的废锭料；二是加工产品的过程中产生的新废料，其中包括积压的过期铝材和加工剩下的废工件；三是从社会上回收来的铝线、铝材等各种铝废料。通过第三种途径回收的铝废碎料的量远远超过前两种途径的回收量之和。从部门回收角度来看，参考英国咨询机构CRU的统计数据，根据世界平均水平进行计算，建筑行业的废铝回收率最高，高达98%；在交通运输行业中，汽车的废铝回收率达到95%；重熔铝箔的回收率达到70%；铝饮料罐的回收率达到63%（单淑秀，2006）。

（二）再生铝供应趋势

1. 世界及典型国家再生铝供应趋势

世界金属统计局的数据显示，2018年，世界再生铝供应量为1457.45万吨，约占世界原铝消费量的1/4。

1978～2018 年，世界再生铝供应量总体呈上升趋势。1978～1998 年波动上升，从 324.02 万吨攀升至 758.42 万吨。1998～2013 年，世界再生铝供应量年均增幅为 1.36%。2013～2018 年，世界再生铝供应量由 913.2 万吨上升至 1457.45 万吨。

1978～2018 年，世界再生铝供应量占世界原铝消费量的比例总体呈先上升再下降又上升的波动态势，1978 年为 21.13%，1982～1985 年变化不大，1998 年上升至 34.65%，2013 年之后先下降后又上升。

世界再生铝供应量不断增加主要在于中国、印度等新兴发展中国家的再生铝产量增加，发达国家再生铝生产技术不断升级。世界再生铝供应量占世界原铝消费量的比例出现下降，主要在于世界原铝产量大幅增加，即由世界原铝产量增幅高于再生铝供应量增幅所致（见图 4－27）。

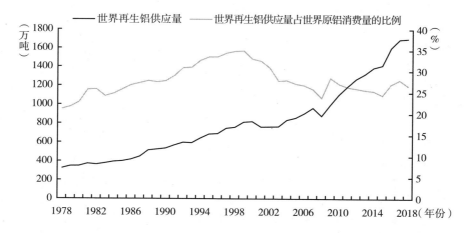

图 4－27　1978～2018 年世界再生铝供应量及占世界原铝消费量的比例

资料来源：世界金属统计局。

西方发达国家和亚洲的日本较早开始研究再生铝，对再生铝的回收和利用的认识更加深刻。铝产量大国的美国、铝土矿资源短缺的日本以及挪威等国，对废铝的回收利用都非常重视，再生铝的回收利用成为缓解国内铝供需矛盾的主要手段。意大利、德国等国再生铝产业体系较为完备，再生铝回收技术较为先进，再生铝回收量占铝消费量的比例较高。

2018 年，美国、日本、德国的再生铝供应量分别为 363.40 万吨、82.67 万吨、76.17 万吨，分别占本国原铝消费量的 78%、42%、36%。巴西和意大利再生铝供应量（占比）分别为：51 万吨（58.43%）、30.37 万吨（77.26%）。挪威在 1978～1985 年的再生铝供应量不足 1 万吨，再生铝供应量占本国原铝消费量的比例为 2%～5%；20 世纪 90 年代，该比例在 20% 以上；进入 21 世纪，该比例超过 100%，这主要是由于挪威再生铝的利用率较高。1978～2018 年，与中国相比，上述大多数国家已完成工业化，再生铝供应量占本国原铝消费量的比例发生"分化"，除美国、巴西和挪威基本呈现上升态势外，一些国家呈波动上升后又下降态势。21 世纪以前，中国再生铝供应量占本国原铝消费量的比例很低，2003 年后开始上涨（见图 4－28）。

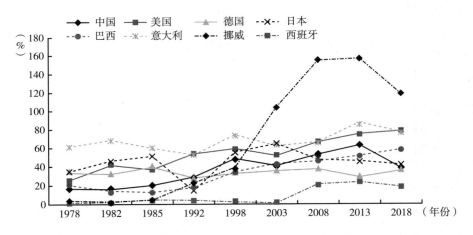

图 4－28　世界主要国家再生铝供应量占本国原铝消费量的比例

资料来源：世界金属统计局、《中国有色金属工业年鉴》。

2. 中国再生铝供应现状及趋势

中国再生铝产业在 20 世纪 50 年代出现，70 年代后期基本形成，主要对废杂铝进行回收利用，但由于当时我国工业基础薄弱，再生铝产生规模较小。1956 年，再生铝产量仅为 100 吨，1970 年为 3000 多吨，1978 年为 9500 余吨。

从 20 世纪 80 年代开始，社会对原生铝的需求量逐渐增加，再生铝回收和生产企业纷纷成立，大量小型再生铝工厂和家庭作坊式企业迅速发展。20

世纪 90 年代，外资进入中国再生铝产业，国内废杂铝进口量和再生铝产品出口量持续增加，中国的再生铝产业与国际再生铝产业开始接轨。中国的再生铝供应量快速增加，由 1978 年的不足 1 万吨攀升至 1999 年的 6.7 万吨。

进入 21 世纪，中国经济快速发展，同时，节约资源、保护环境的压力越来越大，中国再生铝产业发展迅速，再生铝供应量由 2003 年的 7.9 万吨增至 2018 年的 627.2 万吨（见表 4 - 4、图 4 - 29）。1978～2018 年，中国再生铝供应量占原铝消费量的比例总体呈先上升后下降的波动态势。

表 4 - 4　2009～2018 年中国再生铝供应量和增长率

单位：万吨，%

	2009 年	2010 年	2011 年	2012 年	2013 年	2014 年	2015 年	2016 年	2017 年	2018 年
供应量	316.90	409.54	445.74	486.40	524.93	564.76	575	630	690	627.20
增长率	15.22	29.23	8.84	9.12	7.92	7.59	1.81	9.57	9.52	-9.10

资料来源：中国有色金属工业协会再生金属分会。

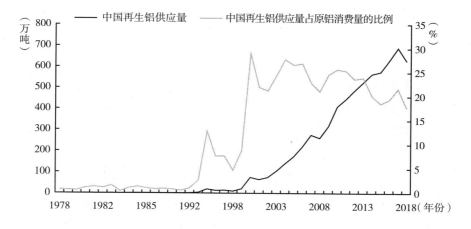

图 4 - 29　1978～2018 年中国再生铝供应量及占原铝消费量的比例

资料来源：《中国有色金属工业年鉴》。

近年来，虽然中国再生铝产业发展较快，但是与发达国家相比，整体上仍存在较大差距，表现在废铝回收体系不完善、分选和熔炼工艺水平不高等方面。在国家对能源、资源、环保等问题高度关注的情况下，循环经济得以发展，成为我国现阶段的重要经济发展方式，中国政府也出台了相关法律法规。我国再生铝产业迎来了前所未有的发展机遇。

根据中国有色金属工业协会发布的报告，从原铝和再生铝的消费量来看，目前，中国为满足经济社会发展需要，大量使用原铝，再生铝对中国经济发展的贡献相对较小。

三 再生铝供应能力预测

（一）再生铝利用现状

1. 废旧铝

社会上的废旧铝是由铝产品在使用寿命终结之后转化成的，中国各类铝产品的平均报废期限约为 20 年，即 2018 年国内废旧铝供应量与 1998 年原铝消费量相对应。我国的废铝回收系统尚未建立起来，因此，参考相关文献，把废旧铝的回收所得率设定为 70%（熊慧，2009）。目前，我国回收的废旧铝主要来自 20 世纪八九十年代的铝产品，当时，我国改革开放刚刚起步，社会上的铝产品的使用量还不大，到目前为止，我国大规模废旧铝回收阶段还未到来，我国仍处在废旧铝回收的初级阶段。

在电解铝生产过程中，一般有 5% 左右的铝进入铝渣，在铝锭经重熔配制成合金的过程中有 2% 左右的铝进入铝渣。一般来说，电解铝厂或生产铝合金的工厂都会自行回收铝渣，因此，只有 30% 左右的铝渣进入流通环节，只有这部分最后进入了废铝生产数量的统计范围。

2. 新废铝

新废铝的供应量和铝消费量密切相关。2018 年，中国的铝消费量为 3359 万吨。经测算，进入流通环节的新废铝的供应量一般为铝消费量的 5% 左右，2018 年，我国新废铝的供应量接近 170 万吨。

（二）预测方法及参数选择

1. 部门供应法

（1）方法的基本构架

我国再生铝厂和铝加工厂使用的废铝一方面来自国内回收的废铝，另一方面是从国外进口的废铝。其中，国内回收的废铝包括报废的铝制品及零部件等属于废旧铝；电解铝和铝合金厂生产的边角料等属于新废铝。废铝回收量预测模型框架见图4-30。

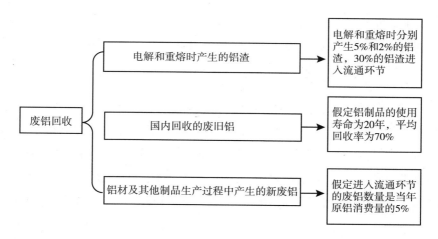

图4-30　废铝回收量预测模型框架

资料来源：笔者根据熊慧（2009）整理得到。

（2）参数选择

在废铝回收和生产的各个环节，都需要确定废铝的生产比率、回收比例等参数，这样才能确定各环节国内废铝的回收量。

国内产生的废铝包括废旧铝、铝渣及新废铝三部分。

①废旧铝

在美国、德国、意大利和日本等先进工业化国家，废旧铝供应量占原铝消费量的比例存在很大的差异，美国约为69%，德国为31%，意大利为83%，日本为43%，根据人均GDP（盖凯美元）和人均再生铝供应量的关系推测，我国未来10年再生铝回收量呈上升趋势，废旧铝供应量占原铝消费量的比例为30%～40%。需要说明的是，国外典型国家再生铝中新废铝很少，本节将再生铝回收量等同于废旧铝供应量，则有：

国内废旧铝供应量 = 原铝消费量 ×（30%～40%）

②铝渣

根据上文分析可知，某一年某国铝渣供应量（金属量）可以表示为：

铝渣供应量 =（当年原铝产量 × 5% + 当年原铝产量 × 2%）× 30%

③新废铝

根据上文分析可知，某一年某国新废铝供应量（金属量）可以表示为：

新废铝供应量 = 当年原铝消费量 × 5%

2. 再生铝与原铝产量相关性预测法

再生铝供应量与原铝消费量呈正相关关系，特别是进入 21 世纪，我国的这种趋势更加明显（见图 4 – 31）。20 世纪七八十年代，再生铝供应量与原铝消费量均较小。20 世纪 80 年代后，原铝消费量开始快速增长，尤其是 2003 年后，原铝消费量急剧增加，从 565.29 万吨增至 2018 年的 3390.06 万吨。对于中国再生铝供应量，2003 年后开始急剧增加，从 7.9 万吨增至 2018 年的 627.20 万吨。

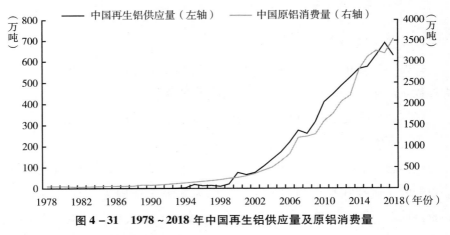

图 4 – 31　1978 ~ 2018 年中国再生铝供应量及原铝消费量

资料来源：中国有色金属工业协会、世界金属统计局。

（三）2020 年、2023 年、2025 年、2030 年我国再生铝供应量预测

1. 再生铝部门供应法

国内产生的废铝包括废旧铝、铝渣及新废铝三部分，本节接下来对这三部分的供应量分别进行预测。

（1）废旧铝

美国、英国、法国等工业化国家的废旧铝的一般回收周期为20～30年，考虑到我国正处于快速工业化时期，废旧铝的回收周期可确定为20年，则有：

废旧铝供应量 = 20年前原铝消费量 × 回收率(70%)

2020年、2023年、2025年和2030年中国废旧铝供应量预测见表4-5。

表4-5　2020年、2023年、2025年和2030年中国废旧铝供应量预测

单位：万吨

指标	2020年	2023年	2025年	2030年
废旧铝供应量	284	396	529	1155
消费年度	2000年	2003年	2005年	2010年
原铝消费量	405.04	565.29	756.08	1650.00

资料来源：笔者计算结果。

由于在1995～2003年，我国原铝消费量总体较少，利用这种方法预测出来的2020～2030年废旧铝供应量明显偏低。

（2）铝渣

计算公式为：

铝渣供应量 = （当年原铝产量 × 5% + 当年原铝产量 × 2%）× 30%

2020年、2023年、2025年和2030年中国铝渣供应量预测见表4-6。

表4-6　2020年、2023年、2025年和2030年中国铝渣供应量预测

单位：万吨

指标	2020年	2023年	2025年	2030年
原铝产量*（需求量）	3500	3700	3600	3400
铝渣供应量	73.5	78	76	71

注：*为2020年、2023、2025年和2030年原铝消费量预测值（本章），以后表格同。
资料来源：笔者计算结果。

（3）新废铝

计算公式为：

$$新废铝供应量 = 当年原铝消费量 \times 5\%$$

2020 年、2023 年、2025 年和2030 年中国新废铝供应量预测见表4 - 7。

表4 - 7　2020 年、2023 年、2025 年和2030 年中国新废铝供应量预测

单位：万吨

指标	2020 年	2023 年	2025 年	2030 年
原铝产量	3500	3700	3600	3400
新废铝供应量	175	185	180	170

资料来源：笔者计算结果。

综上，预测2020 年、2025 年和2030 年中国再生铝供应量分别为532.5 万吨、785 万吨和1396 万吨。2023 年，再生铝供应量为659 万吨（见表4 - 8）。

表4 - 8　2020 年、2023 年、2025 年和2030 年中国再生铝供应量预测

单位：万吨

指标	2020 年	2023 年	2025 年	2030 年
废旧铝供应量	284	396	529	1155
铝渣供应量	73.5	78	76	71
新废铝供应量	175	185	180	170
再生铝供应量	532.5	659	785	1396

资料来源：笔者计算结果。

由于此方法预测出来的中国2020 ～ 2025 年废旧铝供应量明显偏低，因此需要利用其他方法对2020 ～ 2025 年的预测结果进行补充修正，以使其更加符合实际情况。

2. 回归分析法（再生铝与原铝消费量相关系数法）

选取中国1978 ～ 2018 年原铝消费量与再生铝供应量数据，利用其相关

性进行 SPSS 回归分析，可得出如下回归方程：

$$y = 0.266 \times x - 212.433$$

其中，x 为原铝消费量；y 为再生铝供应量。

R^2 为相关系数，为 0.964，说明再生铝供应量和原铝消费量之间的相关性很高，可以此预测我国 2020 年、2025 年和 2030 年再生铝供应量（如图 4-32 所示）。

按照上述方程，当 2020 年、2025 年和 2030 年原铝消费量分别为 3500 万吨、3600 万吨和 3400 万吨时，可预测出再生铝供应量分别为 718.567 万吨、745 万吨和 692 万吨，2023 年的再生铝供应量为 772 万吨。

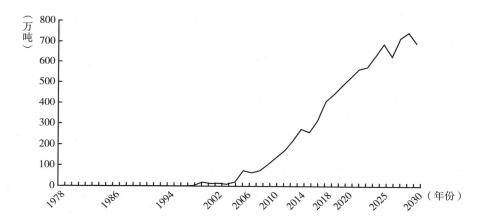

图 4-32　利用回归分析法预测的中国再生铝供应量

资料来源：世界金属统计局、《中国有色金属工业年鉴》。

3. 再生铝占比分析法

这个方法主要利用再生铝供应量占原铝产量和需求量的比例估算未来我国的再生铝供应量。

一般而言，随着国内原铝生产与消费规模不断扩大，国内再生铝在铝的产业链上的地位逐步上升。根据中国有色金属工业协会再生金属分会的统计，2017 年，中国的再生铝产量已经达到 627.2 万吨，占原铝产量的比例为 18.50%，其他国家的比例如下：意大利为 80.39%，美国为 64.61%，巴西为 78.72%，日本为 41.12%，挪威为 145%，西班牙为 42.74%，德国为 35.46%。

2018 年，中国再生铝供应量为 627.2 万吨，占原铝产量和原铝消费量的比例分别为 18.67% 和 18.50%。1978～2003 年，中国再生铝供应量占原铝产量和原铝消费量的比例均很低，为 2%～7%。2008～2018 年，中国再生铝供应量占原铝产量和原铝消费量的比例为 20%～24%（如图 4-33 所示）。

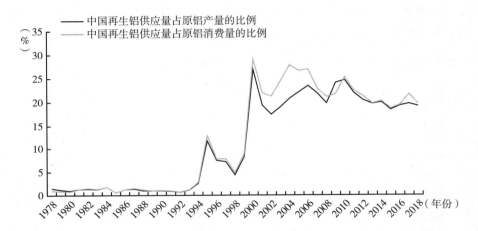

图 4-33 1978～2018 年中国再生铝供应量占原铝产量及原铝消费量的比例

资料来源：世界金属统计局、中国有色金属工业协会。

2018 年，美国再生铝供应量为 363.4 万吨，1978～1985 年，美国再生铝供应量占原铝表观消费量的比例为 25%～42%，1991～2003 年，该比例为 55%～60%，2008 年达到 66.53%，2018 年达到 78.48%，可见美国是一个再生铝供应率很高的国家。一开始，中国的再生铝利用情况可能与美国在 1978～1985 年的情况类似，但之后中国想保持像美国那样的再生铝的高回收量几乎不可能。

结合中国再生铝供应量占原铝产量和原铝消费量的比例的演变趋势，借鉴美国等典型国家再生铝供应量占原铝消费量比例的演变趋势，预测中国 2020 年再生铝供应量占原铝消费量的比例为 25%，2021～2025 年增至

30%，2026~2030 年增至 35%。相应地，中国 2020 年、2025 年和 2030 年再生铝供应量分别为 875 万吨、1080 万吨和 1155 万吨（见表 4-9）。

表 4-9 2019~2030 年中国再生铝供应量预测

单位：万吨，%

年份	原铝消费量	再生铝供应量占原铝消费量的比例	再生铝供应量
2019	3400	25	850
2020	3500	25	875
2021	3550	30	1065
2022	3620	30	1086
2023	3700	30	1110
2024	3640	30	1092
2025	3600	30	1080
2026	3523	35	1233
2027	3466	35	1213
2028	3410	35	1193.5
2029	3354	35	1174
2030	3300	35	1155

综合上述三种方法得到的预测结果可知，我国 2020 年、2025 年和 2030 年的再生铝供应量分别为 800 万吨、1000 万吨和 1100 万吨，占原铝消费量的比例分别为 23%、28% 和 32%；2023 年，再生铝供应量为 1100 万吨，占原铝消费量的比例为 30%（见表 4-10）。

表 4-10 2020 年、2023 年、2025 年和 2030 年中国再生铝供应量预测汇总

单位：万吨，%

	2020 年	2023 年	2025 年	2030 年
再生铝部门供应法	533	659	785	1396
回归分析法	718.567	772	745	692
再生铝占比分析法	875	1110	1080	1155
综合	800	1100	1000	1100
占原铝消费量的比例	23	30	28	32

（四）再生铝累计供应量分析

中国再生铝累计供应量从 2013 年的 525 万吨增至 2030 年的 1100 万吨，增长了约 1.1 倍（如图 4 - 34 所示）。

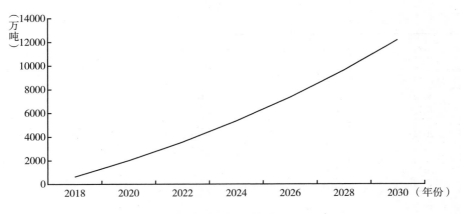

图 4 - 34　2018～2030 年中国再生铝累计供应量

注：累计起点为 2018 年。
资料来源：笔者计算结果。

2018～2030 年，中国再生铝累计供应量预计为 1.22 亿吨，其中，2020～2025 年为 5013 万吨，占比为 41%；2026～2030 年为 5879 万吨，占比为 48%，总体上呈上升趋势。

第五节　中国典型金属资源的回收潜力分析

促进废旧金属资源化回收是保障中国矿产资源安全和实现金属矿产循环利用的重要途径。铁、铜、铝等金属是我国工业化过程中的基础性和战略性资源，被广泛应用于基础设施、建筑、交通运输、电力电器、机器设备、包装容器等领域（ICSG，2016），是社会经济发展的重要矿物元素，对经济增长具有关键性作用（Reck et al.，2010）。2015 年，中国铁、铜、铝等金属一次矿产的产量分别占其总产量的 82%、65% 和 81%，对外依存度分别高达 84%、80% 和 60%，中国大宗金属矿产资源禀赋先天不足，使对外高度依存和以一次矿产为主的矿产资源供应格局短时间内难以改变。本节统计发现，1996～2018 年，中国大约累计消费粗钢 108 亿吨、精炼铜 1.6 亿吨、原铝 3.2 亿吨，大宗金属社会消费蓄积量较大，其中 80% 以上的消费量集中在近 10 年，现阶段生命周期结束的报废金属的可回收量仍非常有限，金属产品的报废回收潜力有待进行定量测算。"城市矿产"变废为宝，可有效替代原生矿产，减少能源消耗，是重要的战略资源（王昶等，2014）。探明金属社会消费、蓄积和回收间的投入产出规律，预测中国"城市矿产"中废旧金属的回收潜力，提高金属二次资源的回收和利用效率，对维护中国战略性金属资源安全和解决地缘政治背景下的资源战略问题具有重大现实意义。本节通过对 1949～2018 年美国、英国、法国、德国、日本等工业化国家和中国的金属产品消费、蓄积和回收的历史经验进行分析，对 2019～2030 年中国铁、铜、铝等的回收潜力进行测算，以期为中国政府制定资源安全保障政策和促进金属二次资源利用提供一定依据。

一　研究方法与数据来源

（一）消费强度（CI）与回收密度（RD）

矿产品使用强度是由 Malenbaum（1978）最先提出来的，即每一种矿产品被发现后，对其的使用都有一个上升、到达顶峰、最后缓慢下降的过程。它测度的是人均 GDP 背景下的矿产品消费量，用来表征一个国家在经济发展过程中的阶段性矿产品消费情况，同工业化进程和产业成熟度密切相关（李裕伟，2016）。本节中的消费强度（Consumption Intensity，CI）是指人均 GDP 背景下的人均金属资源消费量，反映金属资源需求与一个国家的经济发展阶段的相关程度及其内在联系，计算公式为：

$$CI = 人均金属消费量／人均 GDP \qquad (4-18)$$

本节中的回收密度（Recycling Density，RD）是指人均 GDP 背景下的社会报废金属人均回收量（不包含金属冶炼和生产制造环节产生的废渣和边角料），研究金属产品的生命周期可知，社会报废金属回收相对于金属产品消费存在一定的时间滞后性，其与一个国家所处的经济发展阶段密切相关。不同阶段的回收密度不同，计算公式如下：

$$RD = 人均报废金属回收量／人均 GDP \qquad (4-19)$$

（二）报废金属回收潜力预测模型

1. 确定金属产品寿命分布

根据产品生命周期理论，不同类别的金属产品具有不同的使用寿命。含有铁、铜、铝等金属元素的产品在理论上结束生命周期后就将退出社会，转化为报废金属品。对于处于生命周期内的金属产品，在使用过程中，金属存量不断增加，这些产品具有的社会存量将转化为潜在的报废金属流量。已有研究成果中主要有四种寿命分布函数被用来计算和模拟金属产品的社会存量和报废金属的产生量，不同的数学模型对金属产品的社会存量和报废金属的产生量的预测会有一定的差异。四种寿命分布为：①针对既定寿命的δ 分布（Davis et al.，2007）；②高斯分布（Glöser et al.，2013）；③对数分布（Melo et al.，1999）；④韦伯分布（Chen，Graedel，2012b；Yan et al.，2013）。

由于具有极大的灵活性，在四种寿命分布中，韦伯分布是最适用的（Park et al.，2011）。本节在分析历史金属消费量的基础上，采用韦伯分布模拟报废金属理论产生量。韦伯分布取决于位置参数 a、比例参数 α 和形状参数 β，t 表示测算期间内的任意一年，产品寿命分布函数为：

$$f(t/a,\ \alpha,\ \beta) = \begin{cases} \left\{ \alpha\beta^{-\alpha}\ (\mathrm{t}-a)^{\alpha-1}\exp\left\{ -(\dfrac{t-a}{\beta}) \right\} \right\}, t > 0 \\ 0, \qquad\qquad\qquad\qquad\qquad 其他 \end{cases} \qquad (4-20)$$

用 P_t 表示产品在 t 年达到使用寿命的概率，$[a,b]$ 表示该产品的寿命区间，P_t 可表示为：

$$P_t = \exp\left\{ -(\frac{t-a}{\beta})^{\alpha} \right\} - \exp\left\{ -(\frac{t+1-a}{\beta})^{\alpha} \right\}, a \leqslant t < b \qquad (4-21)$$

寿命分布函数可以简化为：

$$F_t = 1 - exp\left\{-\left(\frac{t}{\beta}\right)^\alpha\right\} \qquad (4-22)$$

2. 金属产品报废预测模型

金属产品的报废是一个随机的过程，报废金属的产生量与金属产品的消费量及消费蓄积时间密切相关。由于获取数据具有一定难度，本节使用粗钢、精炼铜和原铝的消费量替代金属产品中的金属元素消费量，并采用自上而下的方法测算报废金属的产生量。参考相关研究成果（Chen，Graedel，2015；Zhang et al.，2015；Buchner et al.，2015），假设第 n 年金属累计报废率为 $F(n)$，则该年金属产品报废率为 $F(n)$ 到 $F(n-1)$，即 $F'(n)$，为：

$$F'(n) = exp\left\{-\left(\frac{n-1}{\beta}\right)^\alpha\right\} - exp\left\{-\left(\frac{n}{\beta}\right)^\alpha\right\} \qquad (4-23)$$

假设不考虑金属产品进出口量，第 n 年的金属消费量为 $T(t)$，金属报废量为 $P(n)$，则：

$$
\begin{aligned}
P(1) &= T(0) \cdot F'(1) \\
P(2) &= T(0) \cdot F'(2) + T(1) \cdot F'(1) \\
P(3) &= T(0) \cdot F'(3) + T(1) \cdot F'(2) + T(2) \cdot F'(1) \\
&\cdots\cdots \\
P(n) &= \sum_{t=0}^{n-1} T(t) \cdot F'(n-t)
\end{aligned} \qquad (4-24)
$$

（三）数据来源与处理

1. 数据来源

本节所使用的数据主要来源于两个部分。

（1）1949～2018 年，美国、日本、英国、法国、德国的粗钢、精炼铜、原铝的消费量，废旧金属回收量，再生金属产量等数据来源于美国地质调查局（USGS，2015）和世界金属统计局（WBMS，2016a）。中国粗钢、精炼铜、原铝的消费量，部门消费数据来源于中国有色金属工业协会和中华人民共和国国家统计局。2019～2030 年中国铁、铜、铝等的消费量、报废量和回收量等数据均由本节测算得到。

（2）铁、铜、铝等金属产品的生命周期分布、报废金属产生量和报废率的数据主要来源于本节利用韦伯分布函数和金属报废量模型进行测算得到的，这基于以下四个假设。

假设1：消费量为粗钢、精炼铜、原铝消费量（非实际金属产品消费量）。

假设2：金属产品生命周期符合韦伯分布。

假设3：本节进行测算时不考虑1949年之前的数据，只分析1949～2018年金属产品的消费量和报废量，以及预测的2019～2030年金属产品的消费量和报废量。

假设4：不考虑金属产品制造环节中的金属损失量及其流量。

2. 数据处理

参考相关文献，假设99.7%的铜产品的寿命区间为 $[a, b]$，本节确定铜在基础设施、交通运输、设施设备和建筑四个消费领域的寿命分布参数（如表4-11所示）。

表4-11 中国铜的四个消费领域的寿命分布参数

时间段	消费领域	a	b	α	β
1949～1990年	基础设施	10	80	2.27	32.2
	交通运输	10	25	4.01	9.67
	设施设备	10	30	3.10	11.34
	建筑	23	40	2.54	8.52
1991～2030年	基础设施	10	80	1.97	28.66
	交通运输	10	25	2.17	6.66
	设施设备	10	30	1.84	7.67
	建筑	19	40	1.34	5.62

参考相关文献（Melo，1999；Chen，Graedel，2012b），本节测算铝在包装容器、电力电子、交通运输、机器设备、建筑、日用品六个消费领域的寿命分布参数（如表4-12所示）。

表 4 – 12 中国铝的六个消费领域的寿命分布参数

时间段	消费领域	a	b	α	β
1949~1990 年	包装容器	<1	—	—	—
	电力电子	10	25	2.33	8.67
	交通运输	10	16	2.03	2.52
	机器设备	10	20	2.71	8.52
	建筑	23	40	3.01	6.65
	日用品	5	15	4.68	2.14
1991~2030 年	包装容器	<1	—	—	—
	电力电子	10	25	2.17	16.66
	交通运输	10	16	1.94	32.67
	机器设备	10	20	1.94	25.62
	建筑	23	40	1.35	7.01
	日用品	5	15	2.56	2.25

参考相关文献（Park et al.，2011；Davis et al.，2007），本节测算钢铁在建筑、交通设备、机器设备、电力电子和其他五个消费领域的寿命分布参数（如表 4 – 13 所示）。

表 4 – 13 中国钢铁的五个消费领域的寿命分布参数

时间段	消费领域	a	b	α	β
1950~2030 年	建筑	10	20	13.7	65.27
	交通设备	10	35	3.01	14.17
	机器设备	10	25	3.40	16.28
	电力电子	10	30	3.74	17.42
	其他	20	40	2.31	10.91

二 结果与分析

消费强度和回收密度的国际比较见图 4 – 35 至图 4 – 37。

（一）铁

由图 4 – 35（a）可知，五个工业化国家的钢铁消费强度变化规律相似：

当人均GDP不足1万美元（盖凯美元，下同）时，消费强度呈现快速增长特征；当人均GDP为1万美元时，消费强度在500千克/人附近，到达平台期，进入缓慢下降阶段；当人均GDP达到2万美元时，消费强度在450千克/人附近，开始进入快速下降期，平台期持续了30年左右；2014年，中国在人均GDP为8700美元时，消费强度达到550千克/人，2018年保持在560千克/人左右，这说明，2014年，中国钢铁消费已经进入平台期，预计2030年中国钢铁消费强度将下降到500千克/人。

由图4-35（b）可知，五个工业化国家的钢铁回收密度变化规律趋同：当人均GDP小于1.2万美元时，回收密度较快增长；当人均GDP为1.2万美元时，回收密度为150~250千克/人，到达平台期，进入缓慢增长阶段；当人均GDP达到2.2万美元时，回收密度为200千克/人左右，平台期持续了约25年，然后进入快速增长期。钢铁回收密度快速增长期与消费强度快速下降期之间表现出明显的"脱钩"特征，五个工业化国家的钢铁回收密度均进入快速增长期，人均钢铁回收密度超过人均钢铁消费强度。2018年，中国钢铁回收密度仅为115千克/人，预计2030年可达到220千克/人，2031年，中国将进入钢铁回收较快增长平台期。

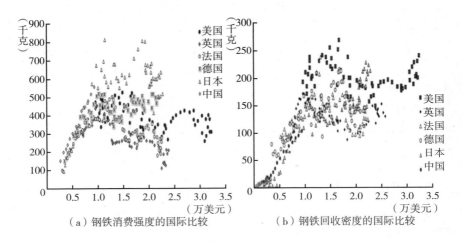

图4-35　钢铁消费强度和回收密度的国际比较

（二）铜

由图 4-36（a）可知，五个工业化国家的铜消费强度变化规律表现出相似性：当人均 GDP 低于 1 万美元时，消费强度呈现快速增长特征；当人均 GDP 为 1 万美元时，消费强度均在 10~12 千克/人，到达平台期，进入缓慢下降阶段；当人均 GDP 达到 2 万美元时，消费强度均在 8~10 千克/人，然后进入快速下降期，平台期持续了 25 年左右。根据中国有色金属工业协会的统计，2018 年，我国精炼铜消费量为 1305 万吨，在人均 GDP 为 9000 美元时，消费强度达到 9.4 千克/人，预计 2020 年可达到 10 千克/人，2021 年，中国将进入铜消费强度下降平台期，预计 2030 年中国铜消费强度将平缓下降到 9 千克/人。

由图 4-36（b）可知，五个工业化国家的铜回收密度趋同：当人均 GDP 低于 1 万美元时，回收密度缓慢增长；当人均 GDP 为 1 万美元时，回收密度为 1.5 千克/人，到达平台期，进入较快增长阶段；当人均 GDP 达到 2 万美元时，回收密度为 3.5 千克/人，开始进入快速增长阶段，平台期持续了 30 年左右，铜回收密度增长期与消费强度下降期之间表现出明显的"脱钩"特征。2018 年，中国铜回收密度仅为 1.2 千克/人，预计 2020 年达到 1.5 千克/人，2021 年，中国将进入铜回收密度较快增长的平台期，预计 2030 年中国铜回收密度达到 3 千克/人，全国回收加工的再生铜产量超过 420 万吨。

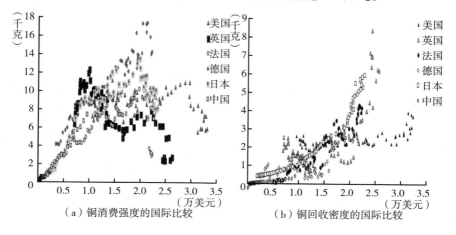

图 4-36 铜消费强度和回收密度的国际比较

（三）铝

由图 4-37（a）可知，五个工业化国家的铝消费强度变化规律相似：当人均 GDP 低于 1.7 万美元时，消费强度呈现快速增长趋势；当人均 GDP 为 1.7 万美元左右时，消费强度为 20~25 千克/人，到达平台期，进入缓慢下降阶段；当人均 GDP 达到 2.2 万美元时，消费强度为 20 千克/人左右，然后进入快速下降阶段，平台期持续了 14 年左右。2018 年，中国铝消费强度达到 25.7 千克/人，预计 2020 年达到 26 千克/人。2020 年，中国铝消费强度开始进入平台期，预计 2030 年中国铝消费强度将缓慢下降到 22 千克/人，仍处于缓降的平台期。

由图 4-37（b）可知，五个工业化国家的铝回收密度变化规律趋同：当人均 GDP 低于 1.2 万美元时，回收密度缓慢增加；当人均 GDP 为 1.2 万美元时，回收密度为 4 千克/人，到达平台期，进入较快增长阶段；当人均 GDP 达到 2.2 万美元时，回收密度为 7 千克/人左右，开始进入快速增长期，平台期持续了 14 年。2018 年，中国的铝回收密度达到 3.5 千克/人，预计 2030 年达到 5 千克/人，进入回收密度较快增长的平台期。

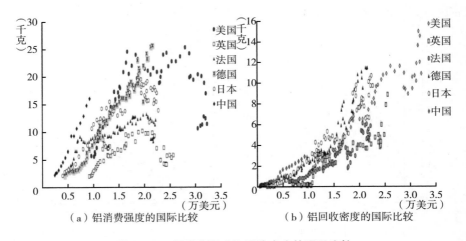

（a）铝消费强度的国际比较　　　　（b）铝回收密度的国际比较

图 4-37　铝消费强度和回收密度的国际比较

三　中国金属产品理论报废量与回收量测算

图 4 – 38 （a）（b）（c）（d）分别表示在"基础设施"、"建筑"、"交通运输"和"设施设备"四个领域的铜的理论报废量。图中每条曲线在某一具体年度的值的叠加代表当年具体消费领域产生的废铜量。经测算，中国铜的理论报废量从 2007 年开始增加，2018 年，四个消费领域的铜的理论报废量为 120 万吨，当年实际回收废铜（含铜量）98 万吨。2020 年，铜的理论报废量为 200 万吨，如果按照 80% 的回收率测算，则可回收废铜 160 万吨；2030 年，中国可回收废铜 400 万吨，回收密度接近 3 千克/人。

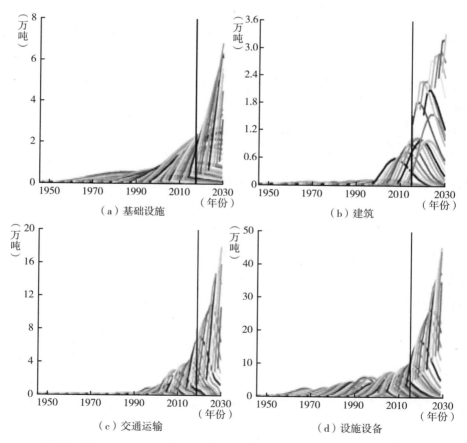

图 4 – 38　1949 ~ 2030 年铜在中国四个主要消费领域的理论报废量测算

对钢铁和铝重复上述计算可得：①中国钢铁的理论报废量从 2000 年开始增加，2018 年，五个消费领域的钢铁的理论报废量为 1.6 亿吨，实际回收废钢（含铁量）1.1 亿吨，预计 2030 年可回收废钢 3 亿吨，回收密度为 220 千克/人；②中国铝的理论报废量从 2004 年开始增加，2018 年，六个消费领域的铝的理论报废量为 450 万吨，实际回收废铝（含铝量）408 万吨，2030 年，中国可回收废铝 700 万吨，回收密度为 5 千克/人。

四　结论

从中国金属资源安全的角度来看，优化战略性金属矿产供应结构，降低一次矿产在供应结构中的比例，确立合理的政策导向以有效提高对中国"城市矿产"的开发效率，挖掘废旧金属的回收和利用潜力，是制定矿产资源产业政策的主要目标。本节以铁、铜、铝三种金属为例，采用中国、美国、英国、法国、德国、日本等的面板数据，通过构建金属消费强度和回收密度分析美国等工业化国家的金属消费和废旧金属回收规律，进而预判和分析中国金属的报废和回收变化趋势。主要结论如下。

第一，在样本期内，五个工业化国家的铁、铜、铝消费强度经历了上升、平台缓降和快速下降的过程，回收密度则经历了缓慢上升、平台较快增长和快速增长三个阶段，并在第三阶段出现明显"脱钩"特征，工业化国家的回收密度高于消费强度，具有金属社会消费存量饱和下的消费流量自循环特征。

第二，中国铁、铜、铝等三种金属的消费强度快速增加主要集中在 2000 年以后，三种金属的回收密度变化出现相对滞后的特征，2007 年以后略有加快。

第三，2018 年，中国钢铁、铜、铝的消费强度分别为 560 千克/人、9.4 千克/人和 25.7 千克/人，回收密度分别为 115 千克/人、1.2 千克/人和 3.5 千克/人，远低于五个工业化国家的水平。

第四，2030 年，预计中国钢铁、铜、铝等的消费强度分别为 500 千克/人、9 千克/人和 22 千克/人，相对于 2018 年变化不大，仍处在缓慢下降的平台期；回收密度分别达到 220 千克/人、3 千克/人和 5 千克/人，均进入加快增长的平台期。未来，中国社会报废金属回收潜力巨大，如果能对其加以有效的政策引导，加快进行回收利用，则可以大大缓解中国大宗金属的安全保障压力。

本节的对策建议如下。①现有对"城市矿产"的研究仍处于起步阶段，仍需深入探索基于工业化和城镇化进程的城市矿产存量的饱和度和流量的自循环规律，传统的金属物质流分析更多关注产业流量属性，仍需加强对社会属性下的空间分布差异性、趋势性、阶段周期性和突变性等的演变的分析，系统开展"城市矿产"的成矿理论和时空演化机理研究。②人类社会关注的是矿产资源中的矿物元素及其性能，金属产品报废指的是生命周期下的产品报废，不是金属元素本身报废，它会随着再生和消费不断循环利用，因此，开展基于物质流的自然矿产和城市矿产的存量和流量测算，深入挖掘废旧金属资源的潜力和规律，可以成为重点研究课题。③矿产资源产业政策应将提高自然矿产和城市矿产的勘探开发效率作为主要目标，国土资源管理部门应该修订矿产资源内涵和外延，把矿物元素的全物质流开发和可持续管理作为矿产资源管理的核心内容，并结合对自然矿产的地质调查经验和相关数据，开展全国性的"城市矿产"调查工作，从资源安全战略角度为国家提供科学的、可持续的矿产资源大数据支撑。

第五章
典型电子产品金属资源循环利用分析

第一节　中国电子废弃物中金属资源循环效率分析

随着家用电器与电子产品的普及，废弃的电器电子产品数量日益增加，根据使用寿命测算，2013 年以来，"四机一脑"（电视机、洗衣机、空调、电冰箱、电脑）每年的理论淘汰量超过 1 亿台（折重约为 200 万吨），手机每年的理论淘汰量超过 2 亿部（折重约为 2 万吨）（凌江等，2016）。电子废弃物具有巨大的资源循环再利用价值，含有金、铜、铝、银等金属以及可供回收的塑料，同时对环境与人体具有较大的危害性（王兆华，2013）。

一　研究背景

目前，国内外已经有相当多的专家学者对电子废弃物的回收利用做了大量研究。回收利用电子废弃物中的可用资源有利于我国电器与电子产品行业可持续发展（Gu，Wu，Xu，Mu，Zuo，2016），对电子产品的废弃量进行统计预测是对电子废弃物进行管理的首要步骤（郭晓倩等，2014），将实例与模型方法相结合可以对电子废弃物进行更具参考价值的分析研究（Ayvaz et al.，2015），如 Hsu-Shih（2017）通过建立年度平衡模型与多期数学模型对电子废弃物的循环效率进行评价研究。以电子废弃物为例，利用物质流分析方法可以对电子废弃物存量与回收利用量进行详细的分析，对闭环供应链系统中的物质利用水平和循环利用率进行评估（Agamuthu et al.，2015；宿丽霞等，2012）。对电子废弃物循环利用率进行评估有助于建立一个更加全面的电子废弃物管理系统（Parajuly et al.，2016）。

本节利用物质流分析方法，针对逆向物流系统中的电子废弃物回收利用建立了资源回收模型，并以废弃电视机为例分析我国电视机行业内领先的 *K* 电视机生产企业对废弃电视机中所含金属的循环利用状况，这可以为我国制造企业完善资源循环利用机制提供一定的参考。

二　理论基础

（一）物质流分析方法

物质流分析方法是一种可以在一定时空范围内对特定系统内的物质流动和存量情况进行系统性分析的方法，主要涉及物质流动的路径等（Brunner，Rechberger，2004）。通过对特定系统中的物质输入流、输出流及存量进行追踪与评估，可以明确找到系统中物质流与外界环境之间的关系，从而建立一个具有高生产效率与低废弃率的资源循环利用体系，最终达到对整个系统进行更加全面的控制与管理的目的，物质流分析的基本框架如图 5-1 所示。

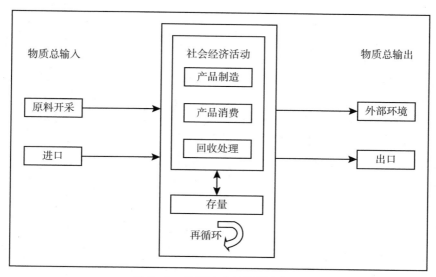

图 5-1　物质流分析的基本框架

资料来源：笔者自制。

（二）逆向物流系统的物质流分析

本节通过进行逆向物流系统的物质流分析，明确电子废弃物的逆向物流系统运作流程（如图5－2所示）。另外，通过对电子废弃物在整个逆向物流系统中的流动情况进行分析，可以得到电子废弃物的逆向物流系统的物质流动框架（如图5－3所示）。

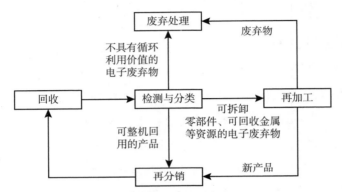

图5－2　电子废弃物的逆向物流系统运作流程

资料来源：笔者自制。

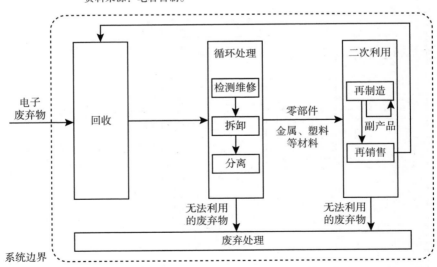

图5－3　电子废弃物的逆向物流系统的物质流动框架

资料来源：笔者自制。

三　电子废弃物的资源循环利用发展现状比较

（一）国外现状

发达国家对电子废弃物的资源循环利用较为重视，如美国于 1976 年制定的《资源保护回收法》，明确规定了废弃物的生产者、运输者、处理者、贮存和最终处置者各自应承担的法律责任，强调应当对各种废弃物进行回收和循环利用（霍丽娜，2011）。欧盟通过的两项关于电子废弃物方面的法令，分别为于 2003 年 1 月实施的《欧盟 WEEE 指令》与于 2003 年 2 月实施的 RoHS 法令，前者旨在提高电子废弃物的回收率、再循环率及再生利用率（徐珍等，2014；国家发展和改革委员会资源节约和环境保护司，2012），如规定废弃电视机和电脑的再生利用率应达到 65%，回收率应达到 75%（向宁等，2014）。2012 年 7 月，欧盟对《欧盟 WEEE 指令》进行修订，包括扩大电子废弃物范围、提高回收率及资源化与再利用率等，新指令的全部内容已于 2018 年 8 月正式生效。新指令将电子电器设备整合归纳为六大类产品，并对其回收比例、资源化与再利用率进行了规范（如表 5 - 1 所示）。日本于 20 世纪 90 年代初提出建立循环型社会，相继制定或修订了诸如《废弃物处理法》《资源有效利用促进法》《家电回收再利用法》等一系列法律（彭绪庶、瞿会宁，2012）。在《家电回收再利用法》中，对废弃物的回收流程、回收对象、资源再生利用率等做了详细的规定，规定了制造商与消费者在电子废弃物回收过程中的责任，强调由制造商主导建立覆盖全国的电子废弃物回收网络。日本的电子废弃物回收体系采用了生产者延伸责任制（Extended Producer Responsibility，EPR），其主要有两种模式，分别为独立（品牌生产商合作回收）EPR 模式和集体 EPR 模式。在独立 EPR 模式中，市场份额较大的家电生产商被分成 A、B 两组，分别回收、处理相应的电子废弃物。A 组（包括东芝、松下）需要利用现有的处理能力，使废弃物的回收达到法定要求；B 组（包括三菱、三洋、索尼、夏普）需要联合建立处理厂，目的是追求更高的资源化率。在集体 EPR 模式中，则是由市场销量较小的家电生产商委托家电协会，全权代其履行回收和处理责任（张科静、魏珊珊，2009）。

表5－1　欧盟电子电器设备回收比例及资源化与再利用率

单位：%

序号	目录	举例	回收比例	资源化与再利用率
1	温度交换设备	—	>85	>80
2	面积大于100平方厘米的屏幕、显示器和其他设备	—	>80	>70
3	照明电器	路灯、荧光灯具等	—	>80
4	大型家用电器	洗衣机、电冰箱等	>85	>80
5	小型家用电器	咖啡机、吸尘器等	>75	>55
6	小型电脑和通信设备	电脑、手机等	>75	>55

资料来源：《欧盟WEEE指令（2012/19/EU）》，2012。

（二）国内现状

我国出台的《循环经济促进法》与《废弃电器电子产品回收处理管理条例》明确了生产商、消费者等主体的责任以及电子废弃物处理资格许可制度，并初步建立废弃电器电子产品处理基金。2015年，国家发改委、环境保护部、工业和信息化部、财政部、海关总署和国家税务总局发布《废弃电器电子产品处理目录（2014年版）》，包括电冰箱、空气调节器、吸油烟机、洗衣机、电热水器、燃气热水器、打印机等14种产品。2021年，财政部、生态环境部、国家发展改革委、工业和信息化部发布《关于调整废弃电器电子产品处理基金补贴标准的通知》。除此之外，商务部、工信部等也出台了一些新政策并与《废弃电器电子产品回收处理管理条例》一起推动我国电子废弃物行业发展。但是由于拆解及经营成本相对较高，企业利润较少，相关企业缺乏回收积极性。同时，在补贴的过程中仍然缺乏对企业的有效监督，存在企业拆解不规范、骗补等违规行为（朱坦、高帅，2014；魏岩，2014）。在回收网络方面，国家发改委在2003年底确定浙江省、青岛市为国家废旧家电回收处理试点省、市，同时确定了北京市、天津市的两项废旧家电示范工程。除此之外，上海、苏州、大连等城市也由地方政府牵头开展电子废弃物回收网络构建的试点工作，工信部也开展了生产者责任延伸试点工作。但是，整体而言，我国电子废弃物的回收仍以民间回收为主，没有形成完善的回收体系，再加上消费者对电子废弃物的循环利用意识较为薄弱，大量电子废弃物仍然无法进入正规的回收网络。

四　逆向物流系统中的资源回收模型

（一）模型描述与建立

1. 模型框架

基于电子废弃物的逆向物流系统的物质流动框架可以建立电子废弃物的资源回收模型框架（如图 5 - 4 所示）。为了便于收集资料与提高研究成果的代表性，我们将研究对象界定为具有回收体系的制造企业，即回收由制造商负责，对企业在自营回收模式下的资源循环利用情况进行研究。

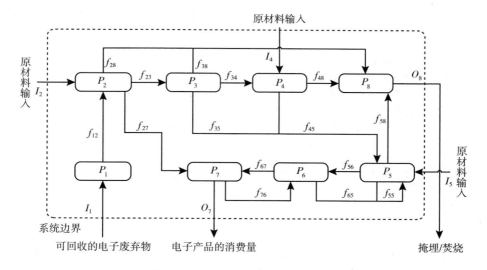

图 5 - 4　电子废弃物的资源回收模型框架

资料来源：笔者自制。

在图 5 - 4 中，P_1 表示回收商；P_2 表示检验与维修阶段；P_3 表示拆卸阶段；P_4 表示分离阶段；P_5 表示制造商；P_6 表示零售商；P_7 表示消费者；P_8 表示无害化处理阶段。各节点之间的物质流说明如表 5 - 2 所示。

表5-2 各节点之间的物质流说明

物质流	说明
I_1	回收的电子废弃物总量
I_2	检验与维修阶段所需的原材料数量,如一些零部件或包装材料等的数量
I_4	分离阶段所需的原材料数量,比如分离一些金属所需要的其他金属的数量等
I_5	制造阶段所需的从外部环境获取的原材料数量
f_{12}	回收商将回收的电子废弃物送入检验与维修阶段的数量
f_{23}	在检验与维修阶段不能被二次销售而需要进行拆卸处理的电子废弃物的数量
f_{27}	经过检验与维修可以进入消费渠道的产品或零部件的数量
f_{28}	经过检验与维修不能被循环利用而需要被填埋或焚烧的电子废弃物数量
f_{34}	只能被分离处理的电子废弃物数量
f_{35}	在拆卸阶段可以被制造商重复利用的零部件数量
f_{38}	经过拆卸处理所产生的废弃物数量
f_{45}	经过分离处理后可以被制造商重复利用的资源的数量
f_{48}	经过分离处理所产生的废弃物数量
f_{55}	在制造阶段产生的可被制造商重复利用的副产品数量
f_{56}	经过制造商再制造后可以进入消费渠道的产品的数量
f_{58}	在制造阶段产生的废弃物数量
f_{65}	由零售商退回制造商的不合格产品的数量
f_{67}	零售商出售的可供二次销售的产品的数量
f_{76}	消费者的退货数量
O_7	经过循环处理可被再次销售的电子产品数量
O_8	无法回收利用而需要进行填埋或焚烧等处理的电子废弃物数量

2. 模型假设

为了便于研究,再加上资源循环过程中存在无法计算的资源损耗,因此,我们针对模型做出如下假设。

(1)逆向物流系统中的资源回收模型是以一个封闭网络为基础建立的。其中,回收的电子废弃物经过处理后可以全部回到制造商那里。

(2)消费者退的货必须全部送到制造商那里进行处理。

(3)经过检验与维修可以被再次销售的回收品可以全部进入消费渠道。

(4)可以回收的电子废弃物能被回收商全部回收。

3. 模型建立

本节在电子废弃物的资源回收模型框架的基础上建立投入产出表，以对系统在一定时间内稳定的物质流进行定量分析（如表 5 - 3 所示）。

表 5 - 3　投入产出表

	P_1	P_2	P_3	P_4	P_5	P_6	P_7	P_8	O_0
P_1	f_{11}	f_{12}	f_{13}	f_{14}	f_{15}	f_{16}	f_{17}	f_{18}	O_1
P_2	f_{21}	f_{22}	f_{23}	f_{24}	f_{25}	f_{26}	f_{27}	f_{28}	O_2
P_3	f_{31}	f_{32}	f_{33}	f_{34}	f_{35}	f_{36}	f_{37}	f_{38}	O_3
P_4	f_{41}	f_{42}	f_{43}	f_{44}	f_{45}	f_{46}	f_{47}	f_{48}	O_4
P_5	f_{51}	f_{52}	f_{53}	f_{54}	f_{55}	f_{56}	f_{57}	f_{58}	O_5
P_6	f_{61}	f_{62}	f_{63}	f_{64}	f_{65}	f_{66}	f_{67}	f_{68}	O_6
P_7	f_{71}	f_{72}	f_{73}	f_{74}	f_{75}	f_{76}	f_{77}	f_{78}	O_7
P_8	f_{81}	f_{82}	f_{83}	f_{84}	f_{85}	f_{86}	f_{87}	f_{88}	O_8
I_0	I_1	I_2	I_3	I_4	I_5	I_6	I_7	I_8	0

（1）系统路径分析

根据图 5 - 4 得出可用于回收利用的电子废弃物在逆向物流系统中的路径，它包括以下三种。

路径一

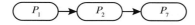

路径二

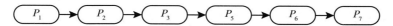

路径三

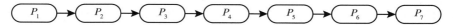

假设各节点之间的循环利用成本为 C，处理一单位电子废弃物所用时间为 t，则可分别得出各路径的总成本 Z 与总时间 T：

$$Z_1 = C \times (f_{12} + f_{27}) \tag{5-1}$$

$$Z_2 = C \times (f_{12} + f_{23} + f_{35} + f_{56} + f_{67}) \tag{5-2}$$

$$Z_3 = C \times (f_{12} + f_{23} + f_{34} + f_{45} + f_{56} + f_{67}) \tag{5-3}$$

$$T_1 = t \times (f_{12} + f_{27}) \tag{5-4}$$

$$T_2 = t \times (f_{12} + f_{23} + f_{35} + f_{56} + f_{67}) \tag{5-5}$$

$$T_3 = t \times (f_{12} + f_{23} + f_{34} + f_{45} + f_{56} + f_{67}) \tag{5-6}$$

虽然路径三表明电子废弃物在更多节点得到循环利用，但是路径越长表明耗费的成本与消耗的时间越多，企业通过进行绿色生产可以减少电子废弃物在系统中的处理流程，以减少后续环节中外界原材料的投入，从而减少循环利用的成本与时间。

（2）二次利用资源分析

RIR（Recycling Input Rate）表示系统中被二次利用的资源占总投入物质的比例（Graedel et al.，2011），即：

$$RIR = \frac{\sum_{i=1}^{n} f_{i7} - \sum_{j=1}^{n} f_{7j}}{\sum_{k=1}^{n} I_k + \sum_{i=1}^{n} f_{i7} - \sum_{j=1}^{n} f_{7j}} \tag{5-7}$$

（3）各节点资源化率与废弃率分析

根据物质守恒定律，如果通过 P_k 的物质流总流量为 m_k，则有：

$$m_k = \sum_{i=1}^{n} f_{ik} + I_k \quad k = 1,2,\cdots,n \tag{5-8}$$

最终物质输出量 m_k' 为：

$$m_k' = \sum_{j=1}^{n} f_{kj} + O_k \quad k = 1,2,\cdots,n \tag{5-9}$$

用 α_k 表示 P_k 节点的资源化率，即该节点得到循环利用的物质流占总流量的比例，则有：

$$\alpha_k = \frac{\sum_{i=1}^{n} f_{ki}}{m_k} \quad k = 1,2,\cdots,n(n<8) \tag{5-10}$$

用 β_k 表示 P_k 节点的废弃率，即该节点未得到循环利用的物质流占总流量的比例，则有：

$$\beta_k = \frac{f_{i8}}{m_k} \quad i = 1,2,\cdots,n \qquad (5-11)$$

$$\alpha_k + \beta_k = 1 \qquad (5-12)$$

（4）系统总循环利用率分析

用 n_k 表示系统内部各个节点上物质流总量和最终物质输出量之间的相互关系，则有：

$$n_k = \frac{I_k + \sum_{i=1}^{n} f_{ik}}{O_k + \sum_{j=1}^{n} f_{kj}} \quad k = 1,2,\cdots,n \qquad (5-13)$$

当 $n_k = 1$ 时，表示电子废弃物通过第 k 个节点后不再返回该节点进行循环利用；当 $n_k > 1$ 时，表示电子废弃物在该节点的输出会以直接或间接的方式返回该节点。

用 R_k 表示单个节点的循环利用率，则有：

$$R_k = \frac{n_k - 1}{n_k} \qquad (5-14)$$

当 $R_k > 0$ 时，表示电子废弃物通过第 k 个节点输出后可以返回到该节点进行循环利用；当 $R_k = 0$ 时，表示电子废弃物在该节点的流动是单向的。

通过对单个节点的循环利用率进行流量加权，可以得到整个系统的总循环利用率 C，即：

$$C = \frac{s_c}{s} = \frac{\sum_{k=1}^{n} R_k \times m_k}{\sum_{k=1}^{n} m_k} \qquad (5-15)$$

系统的总循环利用率代表系统中物质的循环利用程度，数值越大表明得到的再利用物质数量越多，排出的最终废弃物数量越少，从而使整个逆向物流系统具有更好的环境效应。式（5-15）中，s_c 为系统的总循环通量，s 为系统中单个节点循环利用率不为零时的总通量（宿丽霞等，2012）。

（二）实例计算

本节以 K 电视机生产企业的自营回收体系为研究基础（K 电视机生产企业在近十年内的销售量居于全国前列，其可以作为研究对象），以其对金属资源（以铜、铝、铁为研究对象，其他金属由于含量较低故忽略不计）的循环利用为具体实例。通过收集该企业的电视机销售数据，运用市场供给 A 模型可以得出其在 2017 年产生的废弃电视机数量。

通过已有的研究成果可以得到电视机的使用年限及废弃比例（如表 5 - 4 所示）（梁晓辉等，2010）。

表 5 - 4   电视机的使用年限及废弃比例

单位：年，%

使用年限	废弃比例
8	10
9	15
10	15
11	25
12	35

K 电视机生产企业 2005 ~ 2015 年的电视机销售量如表 5 - 5 所示。

表 5 - 5   K 电视机生产企业 2005 ~ 2015 年的电视机销售量

单位：万台

指标	2005 年	2006 年	2007 年	2008 年	2009 年	2010 年	2011 年	2012 年	2013 年	2014 年	2015 年
销售量	399.22	399.30	354.38	400.67	579.88	602.15	641.17	756.45	805.12	966.87	992.36

市场供给 A 模型的计算公式为：

$$Q = \sum S_i \times P_i \tag{5 - 16}$$

其中，Q 代表某年废弃电视机的数量；S_i 代表 i 年前电视机的销售量（假设销售的电视机全部被使用）；P_i 代表 i 年前销售的电视机在 i 年后的废弃比例。

利用该模型可以得出 K 电视机生产企业在 2017 年产生的废弃电视机数量，

为410.8万台。结合相关行业的数据，企业的自主回收量占总废弃量的50%（剩余部分可能流入二手市场或民间回收机构），拆卸率（经过拆卸可以被循环利用的零部件比例）为35%，分离利用率（经过分离与提取可以被循环利用的金属等的比例）为58%（梁晓辉等，2010），一台电视机的平均重量为20千克，含铜量为5.4%，含铝量为5.4%，含铁量为5.3%（曾现来，2014），可知，废弃电视机中可回收的金属量（铜、铝、铁的含量）为6613.8吨（见图5-5）。废弃电视机经过检测后的废弃率约为20%，再制造后的废弃率约为25%。

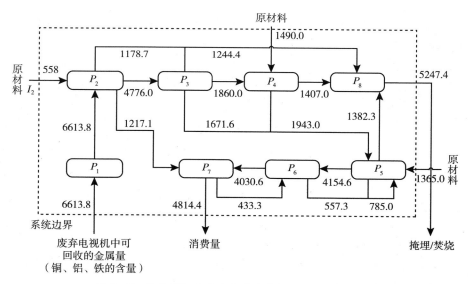

图5-5 K电视机生产企业废弃电视机回收网络结构

注：图中数据单位为吨。

根据相关数据可以得到系统的投入产出表（如表5-6所示）。

表5-6 系统的投入产出表

单位：吨

	P_1	P_2	P_3	P_4	P_5	P_6	P_7	P_8	O_0
P_1	0	6613.8	0	0	0	0	0	0	0
P_2	0	0	4776	0	0	0	1217.1	1178.7	0
P_3	0	0	0	1860	1671.6	0	0	1244.4	0

续表

	P_1	P_2	P_3	P_4	P_5	P_6	P_7	P_8	O_0
P_4	0	0	0	0	1943	0	0	1407	0
P_5	0	0	0	0	785	4154.6	0	1382.3	0
P_6	0	0	0	0	557.3	0	4030.6	0	0
P_7	0	0	0	0	0	433.3	0	0	4814.4
P_8	0	0	0	0	0	0	0	0	5247.4
I_0	6613.8	558	0	1490	1365	0	—	—	0

由于无法得到与企业成本、时间相关的准确数据，故在实例中不进行路径分析。

1. 二次利用资源分析

根据式（5-7）可得到系统的 RIR：

$$RIR = \frac{\sum_{i=1}^{n} f_{i7} - \sum_{j=1}^{n} f_{7j}}{\sum_{k=1}^{n} I_k + \sum_{i=1}^{n} f_{i7} - \sum_{j=1}^{n} f_{7j}}$$

$$= \frac{f_{27} + f_{67} - f_{76}}{I_1 + I_2 + I_4 + I_5 + f_{27} + f_{67} - f_{76}} = 32.4\% \qquad (5-17)$$

2. 各节点资源化率与废弃率分析

根据式（5-8）与式（5-9）可得到系统内各节点的总流量（如表5-7所示）。

表5-7　各节点的总流量

单位：吨

指标	P_1	P_2	P_3	P_4	P_5	P_6	P_7	P_8
总流量	6613.8	7171.8	4776	3350	6321.9	4587.9	5247.7	5212.4

根据式（5-10）与式（5-11）可得到各节点的资源化率与废弃率（如表5-8所示）。

表 5 - 8　各节点的资源化率与废弃率

单位：%

	P_1	P_2	P_3	P_4	P_5	P_6	P_7	P_8
α	100	83.6	73.9	58	75	100	100	0
β	0	16.4	26.1	42	25	0	0	100

由计算结果可以发现，回收商（P_1）将所有可回收的电子废弃物送入检验与维修环节；零售商（P_6）作为连接制造商与消费者的中间节点，并不直接产生不可再利用的废弃物，故其废弃率为 0。进入消费渠道的物质均为可以再次利用的产品，故节点 P_7 的资源化率为 100%。进入无害化处理阶段的物质均为不可再次利用、需要进行焚烧或填埋处理的电子废弃物，故节点 P_8 的资源化率为 0（本节不考虑在焚烧过程中可能产生的能源，只考虑产生的固体资源）。

3. 系统总循环利用率分析

根据式（5 - 13）、式（5 - 14）与式（5 - 15）得到 K 电视机生产企业的废弃电视机中的金属的循环利用率 C，其中，n_k 与 R_k 的计算结果如表 5 - 9 所示。

表 5 - 9　n_k 与 R_k 的计算结果

单位：%

	P_1	P_2	P_3	P_4	P_5	P_6	P_7	P_8
n_k	100	100	100	100	114.1	113.8	109	100
R_k	0	0	0	0	12.4	12.1	8.3	0

由表 5 - 9 可知，P_5、P_6、P_7 的循环利用率不为零，系统总循环利用率为：

$$C = \frac{s_c}{s} = \frac{\sum\limits_{k=1}^{n} R_k \times m_k}{\sum\limits_{k=1}^{n} m_k} = 10.9\% \qquad (5 - 18)$$

计算结果表明，系统中被循环利用的物质流量占物质总流量的 10.9%，即回收的废弃电视机中的金属经过整个回收流程之后，有 10.9% 被循环利用。

4. 系统的优化

通过借鉴日本的电子废弃物回收体系，作为行业内占有较大份额的电视机生产企业，K 电视机生产企业可以利用独立 EPR 模式，加入 A 组（目的是达到法定要求）或者 B 组（目的是追求更高的资源化率）企业，多家企业通过进行战略合作提升产品的绿色设计与绿色生产水平，当废弃电视机的拆解利用率提高到 65%、分解利用率达到 88% 时，在其他参数不变的情况下，整个系统最终产生的不可用废弃物会由原来的 5212.4 吨变为 3592.1吨，系统总循环利用率会由原来的 10.9% 提高到 12.6%，系统的 RIR 会由原来的 32.4% 增至 38.6%。

五　结论与建议

通过分析 K 电视机生产企业在逆向物流系统中二次资源的利用状况，可以得到各节点的资源化率与废弃率以及系统总循环利用率，在其他参数不变的情况下，通过提升拆卸利用率与分解利用率，系统总循环利用率与系统的 RIR 有了一定的增长。

目前，我国没有明确的法规规定电子废弃物的再生利用率，日本的《家电回收再利用法》明确规定，生产厂家的废弃电视机中的可利用资源的再商品化率（循环利用率）必须在 55% 以上（朴玉，2012）。金属是废弃电视机中最具回收价值的资源，如果维持逆向物流系统中的 10.9% 的总循环利用率，那么我国要达到 55% 的整体资源再商品化率则面临一定的困难，为此，我们给出以下建议，当然，这些建议也适用于其他种类的电子产品。

（1）生产制造企业需贯彻执行 EPR 模式，执行该模式可以促进企业培养绿色理念，进行绿色生产。绿色生产有利于减少循环利用处理流程，提升电子废弃物的拆卸处理与分解处理水平。拆卸利用率与分解利用率的提升可以增加能够被重复利用的资源数量，提高资源的循环利用率并减少对环境中原材料的使用。

（2）通过对系统内单个节点的循环利用率的分析可以发现，制造商、零售商与消费者之间的循环利用状况对系统总循环利用率具有较大的影响，除此之外，通过完善以制造商、零售商与消费者为主要参与者的逆向物流系统有助于增加可回收的电子废弃物总量。目前，我国消费者的观念还处于将电子废弃物进行二手交易阶段，这使对废弃物进行循环利用的制造商出现"无米下锅"的窘境。再加上我国的电子废弃物回收是由回收者向消费者付款，这容易降低回收者建立逆向物流系统的积极性，如果回收者压低回收价格，就会在极大程度上使消费者选择闲置电子废弃物也不愿意将电子废弃物进行回收。这样就无法完善逆向物流系统，电子废弃物的回收就会存在不通畅的问题，因此，改善消费者观念与电子废弃物回收模式可以促进电子废弃物循环利用。

（3）政府和相关组织可以借鉴目前循环经济发展较好的国家所制定的相关法规政策，完善已有的法律法规，明确规定回收的电子废弃物应该达到的循环利用率，促进生产制造企业与回收循环机构提升资源循环利用技术水平，并通过出台更有效的扶持政策帮助和鼓励生产制造企业与回收循环机构建立并完善逆向物流系统。

第二节　中国废弃电视机循环利用分析

一　引言

最近几十年来，世界各国越来越重视从废弃电子电器设备中回收资源，这是因为电子废弃物提供了潜在的二次资源，可以缓解人们对一次资源的依赖，提高经济发展的可持续性（Scruggs et al. , 2016；Ruan, Xu, 2016；Huang et al. , 2016；Shi et al. , 2016）。从废弃电子电器设备中回收资源可以为人们提供就业机会，带来巨大的经济收益，例如，对贵金属（Oguchi et al. , 2011；Charles et al. , 2017）、塑料（Martinho et al. , 2012；Santella et al.，2016）和玻璃（Gu，Wu，Xu，Wang，Zuo，2016）的回收。对于中国而言，这尤其重要，因为中国是世界上最大的发展中国家，经济增长迅速，资源消耗量大（Wang，Tian，Zhu，Zhong，2017），中国积累了巨大的资源社会存量。

近几年来，中国的家用电器行业（通常指电视机、洗衣机、电冰箱、空调和计算机行业）得到了极大的发展，例如，2015 年，电视机和电冰箱的产量分别达到 145 万台和 8000 万台，与十年前相比分别增长了近 74%和 168%（中华人民共和国国家统计局，2015）。随着家用电器产量增加，电子废弃物的数量也会进一步增加。但是，中国尚未建立起完善的电子废弃物回收和处理系统，大量电子废弃物未被适当收集和处理（Wang et al.，2013）。因此，通过"城市矿产"了解电子废弃物的产生和循环利用潜力对于实现可持续的资源利用和加强环境管理非常重要。

物质流分析方法是被广泛用于预测电子废弃物生成量的方法，其可以帮助决策者成功地对废弃物与环境进行管理（Agamuthu et al.，2015；Parajuly et al.，2016；Habuer et al.，2014）。近年来，相关学者已经应用物质流分析方法研究中国的电子废弃物产生和管理情况（Lu et al.，2015；Zhang，2009；Duan et al.，2016；Zhao et al.，2016；He et al.，2006；Zeng et al.，2017），尤其是针对废旧家用电器，例如，手机（Habuer et al.，2014；Xu et al.，2016）和电视机（Song et al.，2012）。但是，这些研究存在两个主要缺陷。①他们主要基于对电子废弃物产生量的预测进行研究。许多研究表明，在长期的质量平衡模型中，库存可能比流量更重要（Liu，Müller，2012；Pauliuk et al.，2012；Hatayama et al.，2010）。②他们通常从总体上分析电子废弃物的类别，对技术的提升和产品的改进还没有相关方案，这可能会影响对电子废弃物回收潜力的分析。

二　材料和方法

（一）系统边界

本节研究的空间边界是中国大陆，时间边界是 1992～2040 年。本节研究的系统边界见图 5 - 6。整个系统分为两个部分：产品水平和物质水平。在产品层面，考虑四个阶段，即生产、销售、使用/存储和废物管理。在物质层面，考虑废弃电视机的不同组成部分所包含的金属和塑料种类以及相同类型的金属和塑料的重量（图 5 - 6 中的 S）。

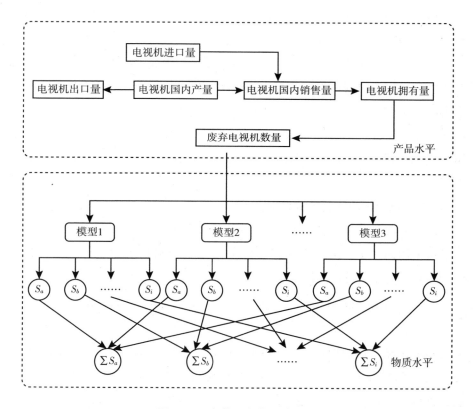

图 5 - 6　本节研究的系统边界

资料来源：笔者自制。

电视机可以分为两种主要类型：阴极射线管（CRT）电视机和平板显示器（FPD）电视机。CRT 电视机是一种传统类型的电视机，涉及包含一个或多个电子枪（电子源或电子发射器）的真空管和用于查看图像的荧光屏。FPD 电视机更小更轻，由四个子类型组成：液晶显示器（LCD）电视机、等离子显示面板（PDP）电视机、有机发光显示器（OLED）电视机和表面导电电子发射器显示器（SED）电视机。

总体来说，电视机由外壳（包括前盖和后盖）、扬声器和电路板组成。通常，内部结构是多样化的，因为不同类型的电视机应用了不同的技术，例如，CRT 电视机使用显像管，LCD 电视机使用液晶显示面板，液晶显示面板包括荧光灯管、导光板、偏振片、滤光片、玻璃基板、取向膜、液晶材料和薄模式晶体管等。

从材料角度来看，电视机主要由塑料和金属组成，两者都具有巨大的回收潜力。金属在电视机的电路板中占有相对较大的比重。这些金属可以分为贵金属［例如，金（Au）、银（Ag）和钯（Pd）］、普通金属［例如，铜（Cu）、铁（Fe）、铝（Al）、锌（Zn）、锡（Sn）和镍（Ni）］以及有毒金属［例如，铅（Pb）、汞（Hg）、钡（Ba）和锑（Sb）］。金属和塑料的浓度因电视机的类型和模块而异。

（二）电视机的动态物质流分析

1. 对电视机的历史销售量和国内拥有量的估算

根据国内产量、进出口量、市场库存（由于数据的缺乏，进行分析时假设为0）估算电视机的历史销售量，即：

$$
\begin{aligned}
Domesticsales\ S(t) = {}& Domesticoutput(t) + Import(t) - Export(t) \\
& + MStock(t-1) - MStock(t)
\end{aligned}
\tag{5-19}
$$

根据产品生命周期理论（Habuer et al.，2014），使用式（5-20）和式（5-21）预测未来城市和农村电视机的拥有量（Tasaki et al.，2001；Liu et al.，2006；Habuer et al.，2014），使用式（5-22）计算家庭总占有量。具体公式为：

$$
\bar{P}_u(t) = \frac{\bar{P}_{max\_u}}{[1 - \alpha_u \cdot e^{-\beta_u<t-t_0>}]}
\tag{5-20}
$$

$$
\bar{P}_r(t) = \frac{\bar{P}_{max\_r}}{[1 - \alpha_r \cdot e^{-\beta_r<t-t_0>}]}
\tag{5-21}
$$

$$
P(t) = \frac{\bar{P}_u(t)}{100} \cdot \bar{H}_u(t) + \frac{\bar{P}_r(t)}{100} \cdot \bar{H}_r(t)
\tag{5-22}
$$

其中，$\bar{P}_u(t)$ 和 $\bar{P}_r(t)$ 是 t 年城市和农村每 100 户家庭的平均电视机拥有量，相关数据可从中华人民共和国国家统计局获得。$\bar{P}_{\max\_u}$ 和 $\bar{P}_{\max\_r}$ 是城市和农村每 100 户家庭的平均电视机拥有量的最大值。α_u、α_r、β_u 和 β_r 是参数：α_u 和 α_r 分别等于 $-\exp\{\beta_u(t_{\frac{1}{2}}-t_0)\}$ 和 $-\exp\{\beta_r(t_{\frac{1}{2}}-t_0)\}$，其中，$t_0$ 是计算的开始年份；$t_{\frac{1}{2}}$ 是平均电视机拥有量达到最大值的一半时的年份；β_u 和 β_r 表示平均电视机拥有量的增长速度，基于电视机在城市和农村的占有率的发展趋势可以对 1992～2012 年的 $\bar{P}_u(t)$ 和 $\bar{P}_r(t)$ 进行回归。

$P(t)$ 是第 t 年城市和农村电视机的总拥有量；$\bar{H}_u(t)$ 和 $\bar{H}_r(t)$ 表示 t 年内的城市和农村家庭数量，相关数据可以从中华人民共和国国家统计局获得。由已有研究（Tasaki et al.，2001；Zhang et al.，2011）可知，城市平均电视机拥有量的最大值为每 100 户 216 台，农村平均电视机拥有量的最大值为每 100 户 167 台。

2. 对未来电视机报废量的预测

废弃电视机的数量取决于电视机的寿命分布情况和之前几年的电视机销售量。未来电视机报废量 $G(t)$ 为：

$$G(t)=\sum_{i=1}^{t}\left[S(t-i)\cdot f(i)\right] \tag{5-23}$$

其中，$S(t-i)$ 是 i 年之前的电视机销售量；f 是电视机寿命分布函数，即：

$$f(i)=W(i)-W(i-1) \tag{5-24}$$

其中，$W(i)$ 表示累积韦伯分布函数。

对电视机使用寿命的估算也需要应用累积韦伯分布函数（Tasaki et al.，2001，2004；Oguchi et al.，2006，2008），即：

$$W_t(y)=1-\exp\left\{-\left[\frac{y}{y_a}\right]^b\cdot\left[r\left(1+\frac{1}{b}\right)\right]^b\right\} \tag{5-25}$$

在这里，y 是每个电视机的寿命；y_a 是电视机的平均寿命；b 是韦伯分布函数的一个参数，表示分布的偏差；r 是伽马函数，已在一些研究中估计过（Tasaki et al. , 2001；Oguchi et al. , 2006，2008）。据 Oguchi 等（2006）所述，电视机的参数 b 可设置为3.1，另外，基于先前的研究（Yang et al. , 2008；He et al. , 2006；Liu et al. , 2006；Zhang，Wu，Simonnot，2012；Habuer et al. , 2014），y_a 可设置为10.6年。

基于以上分析可以得到中国电视机的使用寿命分布（如图5-7所示）。从图5-7中可知，在电视机投入使用后的第9年达到峰值。

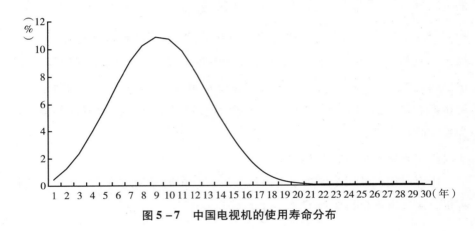

图5-7 中国电视机的使用寿命分布

另外，未来电视机销售量 $S_f(t)$ 为：

$$S_f(t) = P(t) - P(t-1) + G(t) \tag{5-26}$$

3. 废弃电视机中的金属和塑料

SC_{TV} 是第 t 年废弃电视机中的物质浓度，即：

$$SC_{TV} = \sum_i W_m(i) \times SC_m(i) \tag{5-27}$$

其中，$W_m(i)$ 是废弃电视机的模块 i 的重量，$SC_m(i)$ 是废弃电视机的模块 i 的物质浓度。

第 t 年废弃电视机的模块 i 的重量（Habuer et al. , 2014）为：

$$W_m(i) = A_{TV} \times \bar{W}_{TV} \times M_c \tag{5-28}$$

其中，A_{TV} 是废弃电视机数量；$\bar{W}_{TV}$ 是废弃电视机的平均重量；M_C 是模块比重。

（三）数据来源及不确定性分析

1. 电视机的产量及进出口量

中国已经成为世界上最大的电子产品制造基地（Song et al.，2012）。中国电视机产量、进口量及出口量如图 5－8 所示。

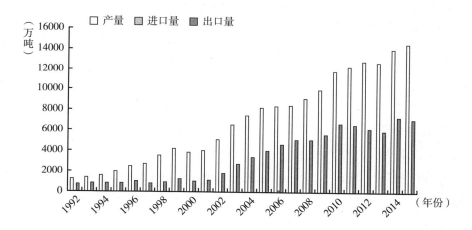

图 5－8　中国电视机产量、进口量及出口量

资料来源：中华人民共和国国家统计局、中华人民共和国海关总署。

2. 电视机的拥有量

中国每 100 户家庭的电视机平均拥有量数据可从中华人民共和国国家统计局获得。城市家庭的电视机仅包括彩色电视机，农村家庭的电视机包括彩色电视机和黑白电视机。图 5－9 显示，城市和农村电视机平均拥有量的差距不大，1992～2012 年，城市和农村电视机平均拥有量的增长速度分别为 5.1% 和 6.2%。因此，根据式（5－21）至式（5－25），我们得到 $\beta_u = 0.051$，$\beta_r = 0.062$，$\alpha_u = -1.50$，$\alpha_r = -1.28$。

3. 电视机的市场份额

CRT 和 FPD 电视机的市场份额数据来自 ECCIIY（《中国信息产业年

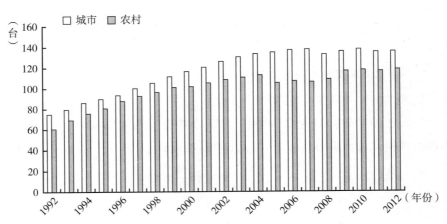

图 5 - 9 1992 ~ 2012 年中国城市和农村电视机平均拥有量

资料来源：中华人民共和国国家统计局。

鉴》编辑委员会，1992 ~ 2015）和 CIA（国家信息中心、中国信息协会，1992 ~ 2015）。如图 5 - 10 所示，CRT 电视机在 2008 年之前主导了中国的电视机市场。然而，FPD 电视机从 2005 年开始进入市场，此后急剧增长。

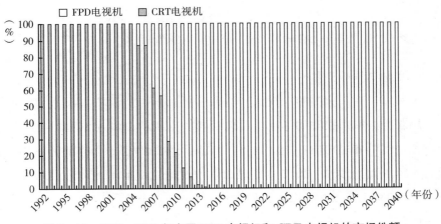

图 5 - 10 1992 ~ 2040 年中国 FPD 电视机和 CRT 电视机的市场份额

FPD 电视机的市场份额在 2009 年首次超过 CRT 电视机的市场份额，并在 2014 年达到 99%。因此，假定 CRT 电视机在 2015 年后被逐步淘汰。

CRT 和 FPD 电视机的平均重量设置为 23.9 千克和 20.8 千克（Habuer et al.，2014）。由于其他类型的电视机在中国的市场份额很小，因此我们使用 LCD 电视机的平均重量、模块组成和物质浓度等数据来进行分析。CRT 电视机和 FPD 电视机的物质含量见表 5 - 10。

表 5 - 10　CRT 电视机和 FPD 电视机的物质含量

单位：%

			CRT 电视机				FPD 电视机			
			面板	Funnel	PCB	合计	面板	CCFL	PCB	合计
金属	贵金属	金	—	—	0.0005	0.0005	0	—	0.015	0.015
		银	—	—	0.012	0.012	0.009	—	0.003	0.012
		钯	—	—	0.002	0.002	0.002	—	0.01	0.012
	普通金属	铜	—	—	7.2	7.2	0.03	—	1.04	1.07
		铁	0.11	0.08	3.4	3.59	0.21	—	4.9	5.11
		铝	1.1	1.8	6.2	9.1	7.1	—	6.3	13.4
		锌	0.31	0.07	0.53	0.91	0.01	—	2	2.01
		锡	—	—	1.8	1.8	0.06	—	2.7	2.76
		镍	—	—	0.3	0.3	0.017	—	0.015	0.032
	有毒金属	铅	0.01	21.5	1.4	22.91	0.01	—	0.06	0.07
		汞	—	—	—	—	0	0.03	—	0.03
		钡	7.9	0.32	0.24	8.46	3.6	—	0.03	3.63
		锑	0.26	0.15	0.32	0.73	0.71	—	0.00401	0.71401
塑料			—	—	—	20.6	—	—	—	27.3

注：PCB 指印刷电路板；CCFL 指冷阴极荧光灯；Funnel 为漏斗。
资料来源：Oguchi et al.，2011；Tasaki et al.，2007；Ha et al.，2009；Habuer et al.，2014。

4. 不确定性分析

本节使用的数据来自相关文献、政府统计报告和行业进行的市场预测等，这些数据不可避免地具有不确定性。表 5 - 11 给出了使用参数的范围，即平均寿命、重量、物质含量和市场份额，以进行定性了解。由于电视机的实际重量与我们对废弃电视机的重量的模拟结果成正比，并且电视机的市场份额变化趋势与我们的模拟结果相同（即 FPD 电视机在 2014 年的市场份额为 99%），因此我们选择剩余的两个较为不确定的参数，即物质含量和平均寿命进行定量不确定性分析。

表 5 - 11　使用参数的范围

参数		范围	原因
平均寿命		8 ~ 16 年	价值随着估计方法和时间的变化而变化
重量		10 ~ 50 千克	型号和制造商、材料的选择都会影响重量
物质含量	金	0.005% ~ 0.016%*	随着发展,物质含量可能会发生变化,不同型号电视机的物质含量不相同
	银	0.012% ~ 0.0189%	—
	钯	0.002% ~ 0.012%	—
	铜	3% ~ 7.2%	—
	铁	3.59%	—
	铝	2% ~ 14.172%	—
	锌	0.91% ~ 2.01%	—
	锡	1.8% ~ 2.76%	—
	镍	0.032% ~ 0.85%	—
	铅	0.067% ~ 22.91%	—
	汞	0.0002% ~ 0.035%	—
	钡	0.0325% ~ 8.46%	—
	锑	0.0094% ~ 0.73%	—
	塑料	20.6% ~ 27.3%	—
市场份额		—	FPD 和 CRT 电视机市场份额变化很小,但随着技术的发展,可能会有新型电视机进入市场

注：*是指理性估计，之所以未考虑更改，是因为这与最近的开发情况相同，并且也是由于缺乏有关新技术和市场开发的知识。

资料来源：Habuer et al.，2014；Song et al.，2015；Singh et al.，2016 a，2016 b。

三　结果与讨论

（一）中国预计拥有的电视机报废量

如图 5 - 11（a）所示，1992 ~ 1996 年，每百户城市家庭实际拥有量少于预测拥有量；1997 ~ 2008 年，实际拥有量多于预测拥有量，之后，两者逐渐重叠。1992 ~ 1995 年，每百户农村家庭实际拥有量少于预测拥有量；1996 ~ 2005 年，实际拥有量多于预测拥有量，之后，两者逐渐重叠。

如图 5 - 11（b）所示，电视机拥有总量呈上升趋势，到 2040 年达到1964 百万台，是 1992 年的 7 倍左右。

2040 年，电视机报废总量将达到 1.4209 亿台，大约是 2012 年的 4.2 倍〔如图 5 - 12（a）所示〕。1992 ~ 2040 年，中国累计电视机报废总量超过

2.562 亿台。

如图 5-12（b）所示，2012 年，CRT 电视机报废量达到峰值，为 72.3 万吨，然后开始逐渐下降；2017 年，FPD 电视机报废量为 49.8 万吨，几乎等于 CRT 电视机的报废量（51.6 万吨）。2040 年，FPD 电视机的报废量将达到 440 万吨，1992～2040 年，FPD 电视机累计报废量为 579 万吨。因此，报废 FPD 电视机将成为报废电视机的主要组成部分。

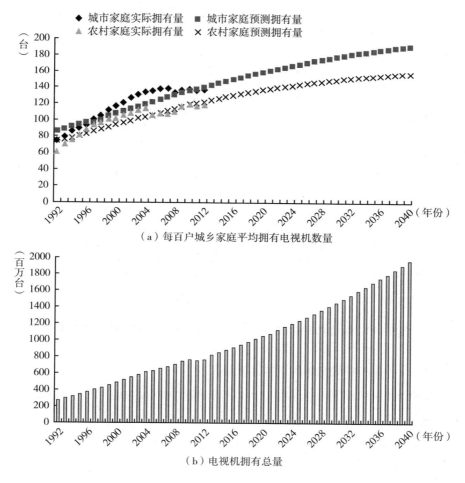

（a）每百户城乡家庭平均拥有电视机数量

（b）电视机拥有总量

图 5-11　每百户城乡家庭平均拥有电视机数量和电视机拥有总量

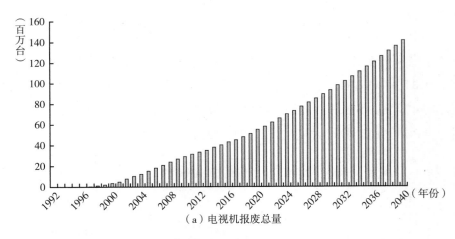

（a）电视机报废总量

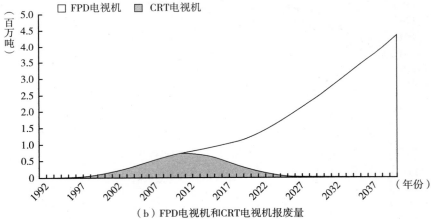

（b）FPD电视机和CRT电视机报废量

图 5 – 12　中国电视机报废总量及 FPD 电视机和 CRT 电视机报废量

（二）电视机中的金属和塑料含量情况

根据表 5 – 10 中的相关数据，可以计算得到每年废弃电视机中的金属和塑料含量（如图 5 – 13、图 5 – 14、图 5 – 15、图 5 – 16 所示）。

报废 FPD 电视机中的贵金属含量多于报废 CRT 电视机，随着时间推移，报废 FPD 电视机中金、银和钯的含量会逐渐增加。对于普通金属，随着废弃电视机的增加，铁、铝、锌、锡的含量也会增加，铜和镍的含量则呈现先下降后上升的趋势。2040 年，FPD 电视机中的铁含量将达到 22.53 万吨。

对于有毒金属，汞、钡和锑等的含量随着报废电视机的增加呈现上升趋势，随着人们逐渐认识到铅对环境的不利影响，FPD 电视机中铅的含量有所下降，并在将来逐渐被淘汰。起初，报废 CRT 电视机中的塑料含量多于报废 FPD 电视机中的塑料含量，2040 年，报废电视机中的塑料含量将达到 120 万吨。

（三）不确定性分析

平均寿命、重量、物质含量、市场份额等是使用的主要参数，所有这些参数都可能导致结果具有不确定性。由于物质含量数据来源于不同文献，因此可能具有较高的不确定性，另外，随着技术发展，它们也可能会改变，而

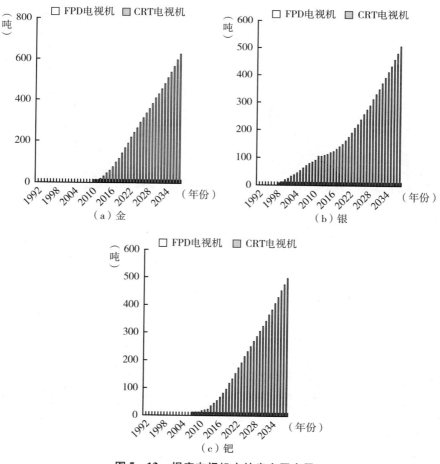

图 5 - 13　报废电视机中的贵金属含量

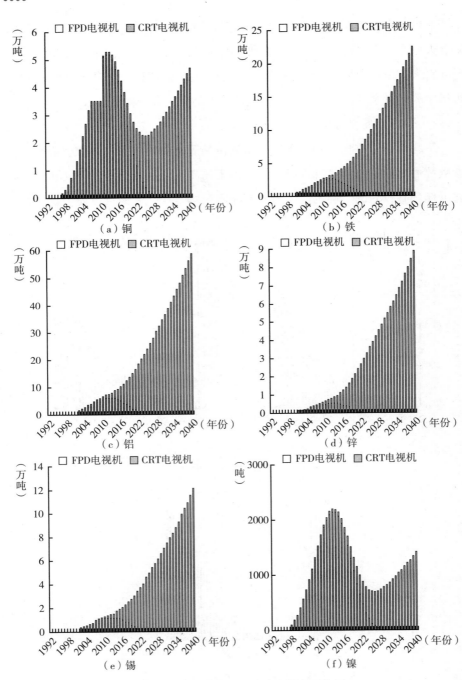

图 5-14　报废电视机中的普通金属含量

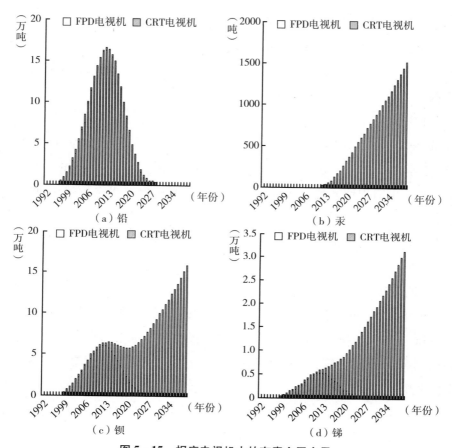

图5-15　报废电视机中的有毒金属含量

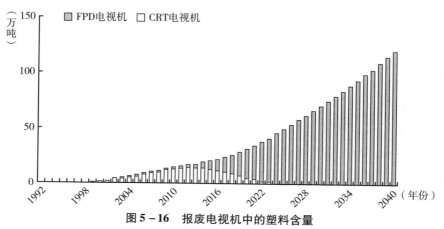

图5-16　报废电视机中的塑料含量

且由于缺乏信息，很难定量考虑相关改变。图5-17（a）显示了1992~2040年报废电视机中铜、铁、铝含量的变化。高水平和低水平铜、铁、铝含量之间存在很大差距，例如，2040年，铜、铁和铝在高水平时分别是低水平时的53.76倍、31.88倍和158.72倍。

本节参考相关文献，使用韦伯分布函数计算电视机的使用寿命（Habuer et al.，2014；Gu，Wu，Xu，Mu，Zuo，2016；Parajuly et al.，2016），在不确定性分析中，我们只改变了电视机的平均使用寿命，研究发现，生命周期增加一年或减少一年将使每年电视机报废量增加11%或减少11%［如图5-17（b）所示］。如图5-17（c）所示，电视机保有量基准水平增加10%或减少10%将使每年电视机报废量增加6%或减少6%。

（四）政策影响及建议

研究结果表明，我国城乡居民的电视机拥有量将继续增长，但增速会有所下降。FPD电视机成为主要报废对象。报废电视机中的贵金属（金、银和钯）、普通金属（铁、铝、锌和锡等）含量将大大增加，有毒金属含量也会发生变化。

研究结果为中国电视机行业进行废物管理、制定回收策略提供一定信息。首先，废弃电视机含有大量金、银、铁、铝等金属资源，通过合理回收利用可以缓解人类面临的资源压力。其次，应特别关注废弃电视机中的有毒金属，进行适当处理，保障环境安全，确保人类健康。

回收废弃电视机包括回收、检测与分类、再处理、再分配和废物处理五个阶段。回收阶段主要有两种渠道，即正式渠道和非正式渠道，目前，它们的占有率均为50%（Wang et al.，2013）。为了提高废弃电视机的回收利用率，价值链上的不同利益相关者应该共同努力。消费者可以将废弃电视机送往专业回收机构（正式渠道），而不是通过非正式渠道丢弃或转售。电视机生产企业应树立绿色生产理念，减少不必要的浪费，贯彻生产者责任延伸理念，如回收自己所生产的电视机（Gu，Wu，Xu，Wang，Zuo，2016）。从监管角度来看，应该出台适当的补贴政策，鼓励消费者和制造商积极进行回收利用（通过正式渠道）。

需要指出的是，本节分析的废弃电视机中的金属和塑料含量只涉及理论上的回收潜力。实际的回收潜力还取决于其他一些参数，如成本、技术选择（收集、分类和回收技术选择）和整个链条的效率等。

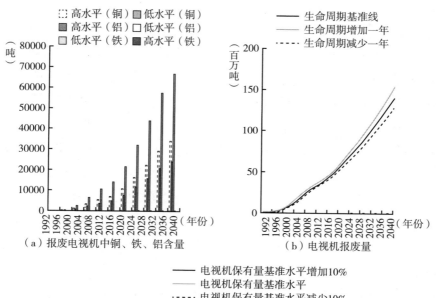

（a）报废电视机中铜、铁、铝含量

（b）电视机报废量

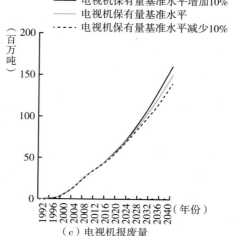

（c）电视机报废量

图5-17　报废电视机中铜、铁、铝含量（高水平和低
水平）及电视机报废量（基于生命周期基准线和
电视机保有量基准水平视角）

第三节　中国家庭废弃电冰箱循环利用分析

一　引言

随着电子产品更新换代，越来越多的电子垃圾开始产生，这已成为全球面临的主要环境问题之一（Salhofer et al.，2016）。根据联合国发布的数据，2017 年，全球电子废物增至 4700 万吨。欧盟的电子废物年增长率为 3% ~ 5%（Schwarzer et al.，2005）。据估计，日本每年将生产 2 亿个电子废物和170 万吨废弃电子产品（Oguchi et al.，2008）。在丹麦，1990 ~ 2015 年，每年产生的电子废物量从 4.5 万吨增至 8.1 万吨（Parajuly et al.，2016）。中国的电子产品正以较快的速度生产和报废，中国是世界上重要的电冰箱生产国和消费国，废弃电冰箱处理问题成为日益严重的问题。一方面，电子废弃物拥有丰富的可再生资源，这是"城市矿产"最重要的组成部分（Wang，Chen，Zhou，Li，2017；van Eygen et al.，2016）；另一方面，电子废弃物含有有毒物质，可能会产生严重的人类健康风险，造成环境污染（Tsydenova，Bengtsson，2011；Kiddee et al.，2013；Zhang，Wu，Simonnot，2012）。电子废弃物中含有像金和银一样可回收的贵金属（Cayumil et al.，2016；Zhang et al.，2017）、有害物质（如镉、铅、锑、汞）（Holgersson et al.，2018）和塑料（Vazquez，Barbosa，2016；Martinho et al.，2012）。如何回收相关气体，如 CFC – 11 或 CFC – 12（一种破坏臭氧层的物质）也是一个重要问题（Lambert，Stoop，2001；Yazici et al.，2014；EPA，2012b）。本节将研究的含氟气体统称为 CFCs（Zhao et al.，2011）。2007 年，中国政府已经禁止使用含氟电冰箱，并开始引进新的制冷剂。

截至 2016 年底，中国电冰箱产量已达 8480 万台，较 10 年前增长 140%（中华人民共和国国家统计局，2017）。随着家用电器产量增加，预计电冰箱的产量和消费量将进一步增加。作为一个发展中国家，中国目前对电子废物的管理仍处于初级阶段，尚未建立完整的回收系统。此外，大量电子废物被非正式渠道收集和处理（Chung，Zhang，2011；Yu et al.，2014）。中国面临如何处理大量电子垃圾的问题（Bakhiyi et al.，2018；Zeng et al.，2017）。根据有关预测，到2030年，中国五种家用电器（电视机、电冰箱、电脑、洗衣机、空调）的保有量将超过31亿台，2010～2030年，累计4.8亿～5.1亿台五种家用电器将被淘汰（Habuer et al.，2014），其中含有巨大的再生资源潜力，我们有必要对它们进行定量分析，并确定其中含有多少可再生利用资源。作为一个人口众多的国家，中国的区域发展极不平衡，因此，对电子废物进行研究时应从国家层面和区域层面一起分析，例如，相关研究通过建立相互作用模型描述电子废物的区域间流动情况，这种流动可以定量地说明空间格局变化的影响（Tong et al.，2018）。

本节使用物质流分析方法和韦伯分布函数等进行预测。1990～2016年中国电冰箱的销售量和生命周期的相关数据均来自相关文献和统计年鉴等（Habuer et al.，2014；Petridis et al.，2016）。与以往使用的研究方法相比，本节更加注重进行存量驱动预测以提高准确性。研究表明，存量比其他质量守恒模型中的参数表达得更准确（Hatayama et al.，2010；Yin，Chen，2013；Pauliuk et al.，2013），其中，使用阶段的情况更加突出（Xiao et al.，2015）。另外，1990～2016年，中国城乡之间的电子垃圾存量存在巨大差距（Zhang et al.，2011；Nowakowski，Mrówczyńska，2018），因此，本节也进行有关中国城乡家庭使用电冰箱情况的研究。

二　材料和方法

（一）系统边界

废弃电冰箱中含有大量可再生资源。如果这些资源能够被有效利用，那么它们将是"城市矿产"的重要来源（Ghosh et al.，2015）；如果处理不当，就会造成环境污染。因此，本节将从电冰箱的产品层面和材料层面进行分析，研究区域是中国大陆。由于1990年以前的统计数据较难获取，本节选择的时间段是1990～2035年。在产品层面，涉及从生产、销售、使用/储存到最终回收电冰箱。在材料层面，主要介绍电冰箱不同部位所含的金属和塑料情况，并总结具有共同特征的金属和塑料的数量。研究的系统边界如图 5－18 所示。

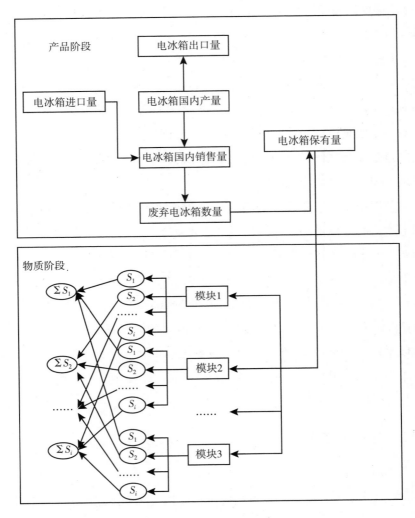

图 5－18 研究的系统边界

组件方面，电冰箱由五个部分组成，即机柜、门体、通用制冷系统、电器控制系统和其他配件。通用制冷系统包括压缩机、冷凝器、制冷剂、蒸发器。电器控制系统由恒温器、电动机和保护装置、灯和开关等组成。其他配件包括货架、门架、水果盒、冰柜抽屉等。

材料方面，电冰箱主要包括金属、塑料和制冷剂。金属和塑料具有很大的回收潜力。制冷剂含有污染环境的物质，因此必须回收利用。金属在电冰箱的机柜和门架中所占的比例较大，包括贵金属［即银（Ag）和金（Au）］、普通金属［即锡（Sn）、铁（Fe）、铜（Cu）和铝（Al）］和有毒金属［即汞（Hg）、锑（Sb）、镉（Cd）、铅（Pb）］。金属和塑料的含量因电冰箱类型不同而存在差异。

（二）电冰箱销售量和国内存量预测

产量、进口量和出口量等相关统计数据来源于中华人民共和国海关总署和中华人民共和国国家统计局。根据这些数据以及市场库存变化（由于缺乏相关数据，本节假设为0）可估计电冰箱的历史销售量（Habuer et al.，2014），即：

$$
\begin{aligned}
Domestic sales\ S(t) = &Domestic output(t) + Import(t) \\
&- Export(t) + MStock(t-1) - MStock(t)
\end{aligned}
\tag{5-29}
$$

本节利用我国电冰箱的产量和出口量计算国内销售量，并利用式（5-30）和式（5-31）进一步预测我国城乡电冰箱的占有量（Wang et al.，2018；Tasaki et al.，2004；Liu et al.，2006），电冰箱国内存量可以通过式（5-32）计算得出，具体如下：

$$
\bar{P}_u(t) = \frac{\bar{P}_{\max\_u}}{[1 - \alpha_u \cdot e^{-\beta_u(t-t_0)}]}
\tag{5-30}
$$

$$
\bar{P}_r(t) = \frac{\bar{P}_{\max\_r}}{[1 - \alpha_r \cdot e^{-\beta_r(t-t_0)}]}
\tag{5-31}
$$

$$
P(t) = \frac{\bar{P}_u(t)}{100} \cdot H_u(t) + \frac{\bar{P}_r(t)}{100} \cdot H_r(t)
\tag{5-32}
$$

其中，$\bar{P}_u(t)$ 和 $\bar{P}_r(t)$ 分别表示中国每100户城市和农村家庭的平均电冰箱数量，相关数据来自中华人民共和国国家统计局。$\bar{P}_{\max\_\mu}$ 和 $\bar{P}_{\max\_r}$ 分别表示每100户城市和农村家庭的电冰箱最高水平。α_u、α_r、β_u 和 β_r 是参数：α_u

和 α_r 分别表示城市和农村电冰箱保有量的增长率；β_u 和 β_r 是国内电冰箱保有量的增长率，根据 1990～2016 年城乡每百户家庭电冰箱的拥有率趋势结合式（5-30）和式（5-31）计算得出。$P(t)$ 表示 t 年电冰箱的总拥有量；$H_u(t)$ 和 $H_r(t)$ 分别表示 t 年城市和农村的家庭数量。据估计，每 100户城市和农村家庭的电冰箱的最高水平均是 102 台（Tasaki et al.，2004；Habuer et al.，2014）。

（三）模拟分析未来中国家庭废弃电冰箱的数量

本节基于统计数据和一些参数结合韦伯分布函数进行模拟，在假设加工技术不变的情况下，分析未来中国家庭废弃电冰箱的数量。t 年国内产生的废弃电冰箱的数量可以根据第 i 年的电冰箱销售量和电冰箱的寿命分布情况计算得到（Oguchi et al.，2008；Tasaki et al.，2004），计算公式为：

$$G(t) = \sum_{i=1}^{t} \left[M(t-i) \cdot f(i) \right] \qquad (5-33)$$

其中，$M(t-i)$ 表示 $t-i$ 年国内电冰箱的销售量；$f(i)$ 是寿命分布函数，即：

$$f(i) = w(i) - w(i-1) \qquad (5-34)$$

$$w_t(y) = 1 - \exp\left\{ -\left[\frac{y}{y_a} \right]^b \cdot \left[\Gamma\left(1 + \frac{1}{b} \right) \right]^b \right\} \qquad (5-35)$$

其中，$w(i)$ 为累计韦伯分布函数。

式（5-35）中，y 表示每台电冰箱的使用寿命；y_a 为电冰箱的平均使用寿命；b 是韦伯分布函数的一个参数，表示分布的偏差；Γ 是伽马函数。根据已有研究，b 设为 2.8，y_a 设为 10.7 年。

基于以上分析可以得到中国电冰箱的使用寿命分布（如图 5-19 所示）。其中，第 10 年出现峰值。

未来，电冰箱国内销售量 $M_f(t)$ 为：

$$M_f(t) = P(t) - P(t-1) + G(t) \qquad (5-36)$$

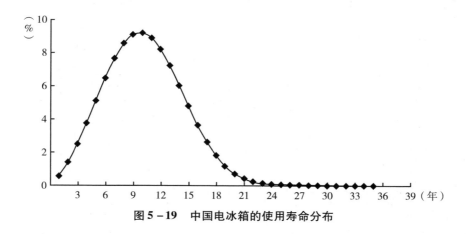

图5-19　中国电冰箱的使用寿命分布

（四）废弃电冰箱中的金属和塑料

$W_m(i)$ 表示废弃电冰箱组件 i 的重量，$SC_m(i)$ 表示废弃电冰箱组件 i 中的相关物质含量。

其中，SC_f 表示废弃电冰箱在第 t 年时的物质含量，即：

$$SC_f = \sum_i W_m(i) \times SC_m(i) \qquad (5-37)$$

另外，废弃电冰箱组件的重量为：

$$W_m(i) = B_f \times \overline{W}_f \times M_c \qquad (5-38)$$

其中，B_f 表示废弃电冰箱的数量，$\overline{W}_f$ 表示废弃电冰箱的平均重量，M_c 表示模块组成比重。

三　结果与讨论

（一）电冰箱的产量、进口量、出口量及相关参数分析

本部分的数据主要来自中华人民共和国海关总署和中华人民共和国国家统计局，如我国电冰箱的产量、进口量、出口量。数据收集时间段为1990~2016年，1990~2016年中国电冰箱的产量、出口量以及进口量如图5-20所示。

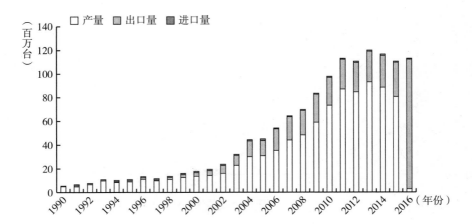

图 5 - 20 1990 ~ 2016 年中国电冰箱的产量、出口量以及进口量

电冰箱中其他参数如使用年限、质量等如表 5 - 12 所示。

表 5 - 12 已发表文献与本节研究有关参数的范围/浓度

参数	范围/浓度	参考文献
b	2.8	Oguchi et al. ,2008；Habuer et al. ,2014
	1.7 ~ 3.5	Tasaki et al. ,2004；Oguchi et al. ,2008
	2.8	本节（This Study）
使用年限（年）	8 ~ 10	He et al. ,2006
	9	Yang et al. ,2008
	9 ~ 10	Zhang et al. ,2011
	10	Dwivedy，Mittal，2012
	11.8	Oguchi et al. ,2008
	16 ~ 19	Laner，Rechberger，2007
	10.7	本节（This Study）
质量（千克）	59	Habuer et al. ,2014；Yang et al. ,2008
	35	Robinson，2009
	50	Truttmann，Rechberger，2006
	61	Xiao et al. ,2015
	52	Xiao et al. ,2015
	60	Tian et al. ,2012
	59	本节（This Study）

参数	范围/浓度	参考文献
$\bar{P}_{max\_u}$ $\bar{P}_{max\_r}$	143 148	中国能源中长期发展战略研究项目组,2011
	96 53	Zhang,Yuan,Bi,Huang,2012
	102 102	Habuer et al. ,2014
	103 103	Kim et al. ,2012
	100 100	Zhou et al. ,2011
	102 102	本节(This Study)

（二）中国电冰箱保有量情况

中国城乡在电子废弃物的占有水平上存在较大差距（Zhang et al. ，2011；Nowakowski，Mrówczyńska，2018），图 5 - 21 显示了 1990～2016 年中国每百户城市和农村家庭平均电冰箱保有量，相关数据可以从中华人民共和国国家统计局得到。1990 年，中国每百户城市家庭平均电冰箱保有量远多于农村。2008 年之后，每百户农村家庭平均电冰箱保有量迅速增长，与城市之间的差距不断缩小。1990～2016 年，每百户城市和农村家庭平均电冰箱保有量分别增长了 7.6% 和 23.2%。因此，根据式（5 - 30）、式（5 - 31）和式（5 - 32），我们得到 $\beta_u = 0.08$，$\beta_r = 0.23$，$\alpha_u = -1.16$，$\alpha_r = -103.5$。

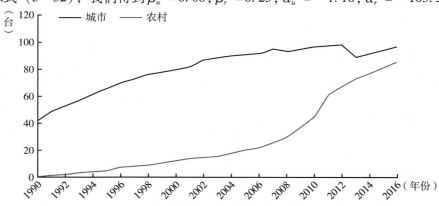

图 5 - 21　1990～2016 年中国每百户城市和农村家庭平均电冰箱保有量

如图 5 - 22 所示，1990 ~ 2030 年，每百户农村家庭平均电冰箱保有量少于城市（无论是实际保有量还是预测保有量）。2008 年之后，每百户农村家庭平均电冰箱增长率高于城市（无论是实际保有量还是预测保有量）。随着我国城乡收入差距缩小，农村的电冰箱保有量越来越多。2030 年之后，每百户城市和农村家庭平均电冰箱保有量趋同。

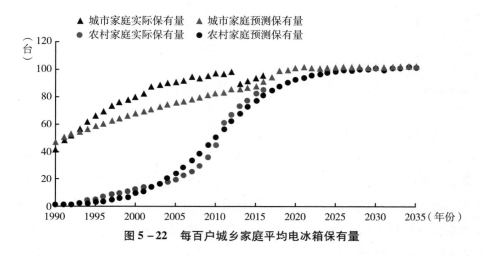

图 5 - 22　每百户城乡家庭平均电冰箱保有量

如图 5 - 23 所示，2035 年，家庭拥有电冰箱总量将达到 504 万台，是1990 年的 10 倍。

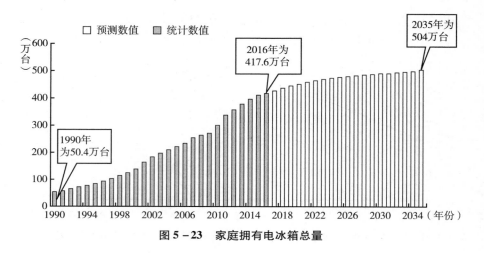

图 5 - 23　家庭拥有电冰箱总量

（三）废弃电冰箱物质流分析

1990 年后的十年里，城市的电冰箱保有量远远多于农村。市场上的大多数废弃电冰箱来源于城市。城市电冰箱的报废率也高于农村。2008 年，农村的废弃电冰箱所占比例迅速上升（如图5－24 所示）。无论是在农村还是在城市，未来，废弃电冰箱都会越来越多。

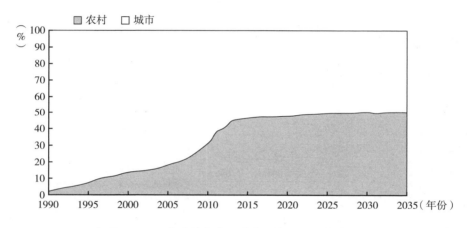

图 5－24　电冰箱在中国城市和农村的分布情况

据预测，1990～2035 年，废弃电冰箱的数量将累计超过 10 亿台。之前的研究表明，每台电冰箱的平均重量约为 59 千克，废弃电冰箱的总重量在不断增加。在本部分进行分析时，使用参数的范围见表 5－13。

废弃电冰箱中普通金属、贵金属、有毒金属、塑料和制冷剂的含量如图 5－25、图 5－26、图 5－27 和图 5－28 所示。

电冰箱主要由铁、铁合金、铜、铜合金、塑料等组成。铁、铝、铜、锡等合金主要存在于薄板零件、压缩机、印刷电路板等电冰箱零件中。2035 年，废弃电冰箱中的铁、铝和锡的含量将分别达到 126.33 万吨、5.31 万吨和 159 吨。废弃电冰箱中的铜先增加，然后随着时间的推移而减少，2035 年，废弃电冰箱中的铜将达到 2.76 万吨。

废弃电冰箱印刷电路板中贵金属的含量很高，特别是金、银、钯等。随着废弃电冰箱数量增加，其中的金、银含量也开始增加。如果这些金属能够被合理有效地回收利用，则它们将成为"城市矿产"的重要来源（Ghosh et al.，2015）。有毒金属如铅、锑、镉和汞的含量也会随着废弃电冰箱数量的增加而增加。废弃电冰箱中塑料的含量也在增加，2035 年达到 93.01 万吨。通过引入新型制冷剂，氟利昂的含量逐渐减少。

表 5 – 13　使用参数的范围

参数		范围	原因
普通金属	铁	43% ~47.6%	不同类型的电冰箱具有不同的参数范围 电冰箱的组成部分可能会随技术发展而改变 电冰箱的价值可能会随制造商对材料的选择和行业标准的变化而变化
	铝	1.3% ~2%	
	锡	1.6% ~2%	
	铜	2% ~4.1%	
	镍	—	
	钴	—	
贵金属	金	0.0044% ~0.045%	
	银	0.0042% ~0.045%	
	钯	—	
有毒金属	铅	0.021% ~2.5%	
	镉	0.036% ~1.9%	
	汞	—	
	锑	0.1% ~0.32%	
塑料		30.3% ~44%	
制冷剂	氟利昂	1.1% ~8.5%	
	其他	—	
电路板		0.3% ~0.5%	
其他		0.7% ~5%	

资料来源：Oguchi et al.，2011，2013；Habuer et al.，2014；Tian et al.，2012；Ruan，Xu，2011；Kida et al.，2009；Cui，Zhang，2008；Yang et al.，2008；Zhao et al.，2011；Cui，Forssberg，2003。

（四）不确定性分析

由于相关数据来源不统一，可能存在一定的不确定性。随着科学技术发展，电冰箱的平均寿命和销售量会不断变化。本部分对这两个因素进行不确定性分析，通过增加或减少一年生命周期，报废电冰箱数量减少或增加 8%；通过增加或减少 5% 销售量，报废电冰箱数量减少或增加 5%（见图 5 – 25）。

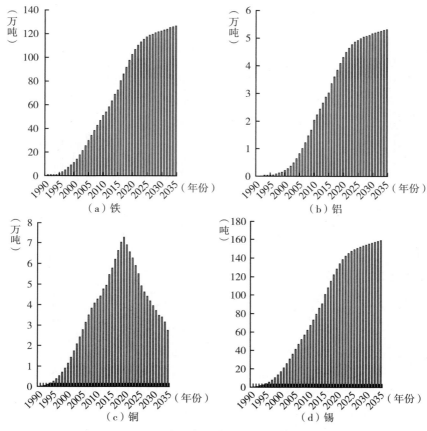

图 5－25　废弃电冰箱中普通金属的含量

四　结论

本节对我国城乡家庭电冰箱在使用过程中的物质流情况进行动态分析。根据相关统计数据预测报废电冰箱数量，主要结论如下。

随着个人收入的增加和生活水平的提高，中国电冰箱的保有量将继续增加。很长一段时间内，每百户城市家庭平均电冰箱保有量多于农村。未来，城市和农村的电冰箱保有量将趋同。因此，对于中国来说，对废弃电冰箱的回收利用应在不同的地区采取不同的策略。在加大对城市电子废弃物回收设施进行布局和建设的力度的同时，也应更加关注农村地区废弃物回收设施的设置情况。

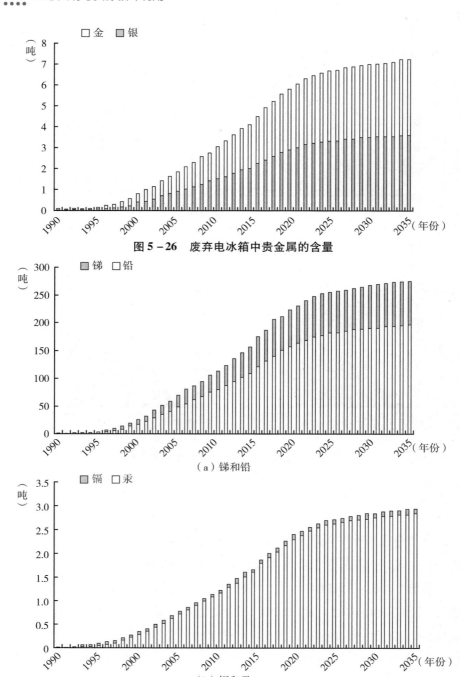

图 5－26　废弃电冰箱中贵金属的含量

（a）锑和铅

（b）镉和汞

图 5－27　废弃电冰箱中有毒金属的含量

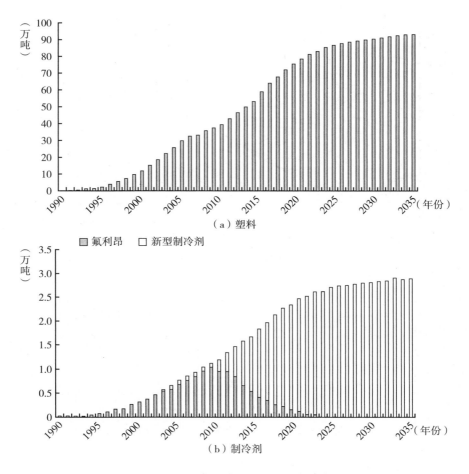

图 5 - 28 废弃电冰箱中塑料和制冷剂的含量

由对电冰箱中相关金属的含量的分析可知，废弃电冰箱中的普通金属如铁、铝、锡，贵金属如金、银等都将增加，有毒金属也在增加，不过，增长速度不快。

了解中国电冰箱的可用性以及废弃电冰箱中包含的各种可回收资源，对于积极应对当前国内和国外资源短缺问题至关重要。本节进行的相关研究可以为中国监管部门和企业制定回收资源目标和制定相关融资策略提供一定信息，有助于缓解资源和环境压力。

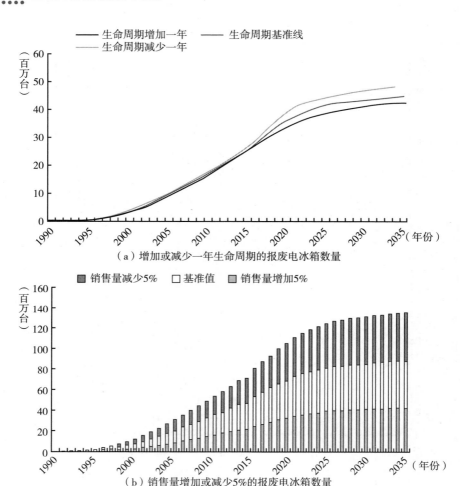

（a）增加或减少一年生命周期的报废电冰箱数量

（b）销售量增加或减少5%的报废电冰箱数量

图 5 - 29　基于生命周期及销售量角度的报废电冰箱数量变化情况

　　这种时间序列的物质流分析也可以被用于对其他废旧电子产品的分析中。本节进行模拟时对于废旧电冰箱中的金属和塑料含量的分析只涉及理论潜力，实际上，影响回收潜力的因素还有很多。不过，我们很难预测未来的变化，比如技术的发展情况、新材料的转化利用情况。本节只对我国电冰箱在使用阶段的相关情况进行分析，未对我国电冰箱在其他阶段的回收再利用情况进行深入研究。相关问题有待之后进行研究。

第六章
典型行业金属资源循环利用分析

第一节　中国建筑行业钢铁存量和回收潜力分析

一　引言

新中国成立以后，中国的经济不断发展，改革开放的 40 多年间，我国快速实现了工业化，建立了完善的工业体系。钢铁是工业化国家发展的物质基础，更是衡量国家经济实力和综合实力的重要标志。2000 年后，房地产业快速发展，基础设施建设大力推进，其中，建筑部门中的钢铁消费量占建筑及其他基础设施的钢铁总消费量的 65% 以上（张艳飞，2014）。钢铁作为建筑行业中常用的材料，具有重要地位。中国建筑行业消耗超过 50% 的钢铁，用于建造摩天大楼、小型住宅、多层建筑和预制建筑等。

本节中的建筑是指供人类生活和生产的房屋建筑。新中国成立后，中国的建筑行业经历了计划经济体制阶段、准军事化管理体制阶段、企业承包经营管理阶段、项目法施工阶段、"法人管项目"阶段以及现在的向高质量发展转型阶段（鲁贵卿，2019）。中国建筑行业在发展过程中，不断吸取教训、总结经验：从 1949 年开始，中国建筑行业进行了大规模、有规划的投资建设，为 1978 年改革开放以后国民经济快速发展奠定了基础；在经济从大规模、高速度发展向高质量发展转型的过程中，中国建筑行业的法律法规不断完善，内部结构不断优化，地区结构逐步均衡、多业共同协调发展的格局已经形成。中国的房屋建筑数量仍在增长，中国的钢铁产量跃居世界前列，废钢铁回收利用备受关注，废钢铁是一种可循环利用的环保资源，用废钢铁炼钢比用矿石炼钢节约 60% 的能源和 40% 的水资源，因此，研究中国建筑行业钢铁存量和回收潜力对未来中国有效回收利用铁资源具有重要意义。

二 中国建筑中铁物质流模型

中国建筑中铁物质流模型涉及建筑生命周期函数确定、中国建筑的铁存量和理论报废量模型、中国建筑寿命参数的确定。根据中国的实际情况和不同时期中国建筑的特点，本节将中国建筑划分为四类（不包括基础设施），分别是农村住宅房屋建筑、农村其他房屋建筑（除农村住宅用途外的房屋建筑）、城镇住宅房屋建筑和城镇其他房屋建筑（除城镇住宅用途外的房屋建筑）（韩中奎，2019）。通过查找年鉴等获得 1949～2035 年中国 31 个省区市四类建筑的竣工面积；对于难以统计的数据，通过利用指数函数进行拟合或预测得到。

（一）系统边界划分

本节以 1949～2035 年中国四类建筑（不包括基础设施）为研究对象，得到 1949～2019 年中国四类建筑的竣工面积（见图 6-1），估计 2020～2035 年中国四类建筑的竣工面积（见图 6-2），计算中国不同时期建筑的铁存量，确定 1949～2033 年中国四类建筑的铁存量（见图 6-3）、1949～2019 年中国建筑的总铁存量（见图 6-4）及人均铁存量（见图 6-5）、1949～2019 年中国城镇和农村建筑的人均铁存量（见图 6-6）、1949～2035 年中国建筑的铁资源报废量（见图 6-7）；利用韦伯分布函数计算 1949～2035 年中国粗钢消费量、铁资源报废量及建筑的铁资源报废量（见图 6-8）。

如图 6-1 所示，中国四类建筑的竣工面积从 1949 年的 0.972 亿平方米增至 2019 年的 28.19 亿平方米。其中，2019 年，农村住宅房屋建筑的竣工面积为 7.51 亿平方米，农村其他房屋建筑的竣工面积为 0.637 亿平方米，城镇住宅房屋建筑的竣工面积为 8.88 亿平方米，城镇其他房屋建筑的竣工面积为 11.16 亿平方米。

如图 6 - 2 所示，2035 年，中国四类建筑的竣工面积达 52.32 亿平方米，较 2019 年增长 85.6%。2020～2035 年，城镇住宅房屋建筑和城镇其他房屋建筑的竣工面积持续增加，达到 45.12 亿平方米，城镇其他房屋建筑的竣工面积增长率大于城镇住宅房屋建筑的竣工面积增长率；农村住宅房屋建筑和农村其他房屋建筑的竣工面积在 2019 年之后开始下降，到 2035 年降到 7.2 亿平方米。

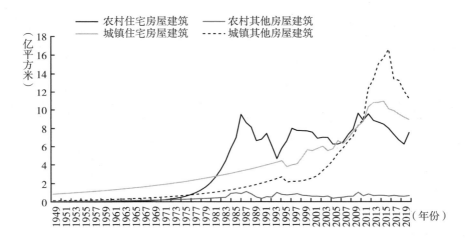

图 6 - 1　1949～2019 年中国四类建筑的竣工面积

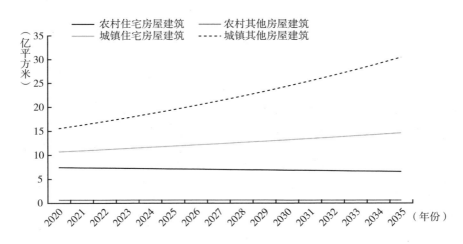

图 6 - 2　2020～2035 年中国四类建筑的竣工面积

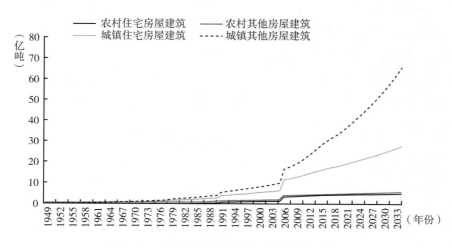

图 6 – 3　1949～2033 年中国四类建筑的铁存量

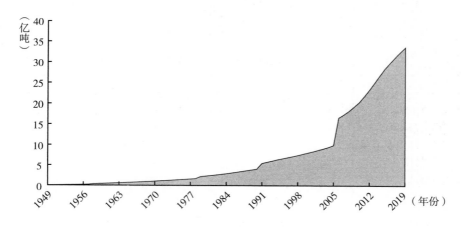

图 6 – 4　1949～2019 年中国建筑的总铁存量

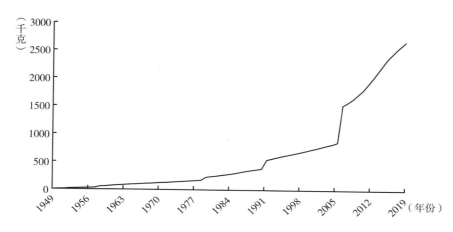

图 6 - 5　1949 ~ 2019 年中国建筑的人均铁存量

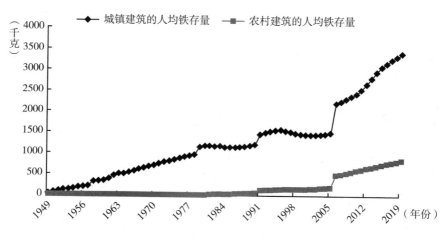

图 6 - 6　1949 ~ 2019 年中国城镇和农村建筑的人均铁存量

图 6-7　1949～2035 年中国建筑的铁资源报废量

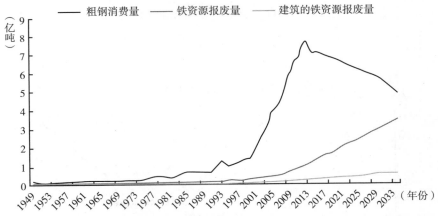

图 6-8　1949～2035 年中国粗钢消费量、铁资源报废量及建筑的铁资源报废量

（二）建筑生命周期函数确定

不同工艺和使用范围决定金属产品的使用年限，建筑中使用的钢铁的含碳量和金属含量直接影响建筑的耐用性和生命周期（王昶等，2017；Davis et al.，2007）。在金属产品达到最长使用年限后，人们通常会根据金属的种类和金属产品的质量进行分类处理，可维修的金属产品经过处理后进入二手市场，而不可维修的金属产品则被回炉处理并转化为二次金属（文博杰、韩中奎，2018）。目前，主要有四种生命周期函

数可以用于计算各个时期金属产品的社会存量和金属资源的理论报废量，分别是指数分布、对数分布、高斯分布和韦伯分布。不过，四种生命周期函数对同一金属的社会存量和同一金属资源的理论报废量的统计或预测存在一定差异（王俊博等，2016）。机械设备、交通运输设备和电子设备等含铁产品的生命周期较为固定，但是建筑的报废时间具有较大的不确定性（李新等，2017），如可能由于政策因素等无法预知使用年限。本节选取双参数韦伯分布函数作为房屋建筑生命周期函数，由于四类房屋建筑在不同情况下的函数参数不同，我们分别利用韦伯分布函数对四类建筑的报废量进行估算。房屋建筑生命周期函数的表达式为：

$$T(t) = 1 - e^{\left[-\left(\frac{t}{a}\right)\right]^{b}} \qquad (6-1)$$

其中，$T(t)$ 为建筑生命周期函数；t 为测算的建筑生命周期内的任意一年；a 为尺度参数；b 为形状参数。

（三）中国建筑的铁存量和理论报废量模型

在建筑达到理论使用年限无法继续使用或被强制拆除后，废钢供应部门按照炼钢生产要求，把不同种类和不同规格的废钢铁加工成直接生产用料，提高废钢铁的利用价值，例如，拆除建筑中的废钢材、废钢筋及其他废弃金属材料可直接再利用或回炉加工，其他部分则通过填埋等方式被处理。中国建筑的铁存量包含拆迁建筑中的铁含量和正在使用建筑中的铁含量。其中，第 n 年拆迁建筑的废旧钢铁含量等于 $n-1$ 年竣工建筑中的铁存量乘以第 n 年的建筑报废率。建筑生命周期符合双参数韦伯分布函数。本节利用动态物质流分析方法计算 1949 ~ 2035 年中国建筑的铁存量。

假设某种建筑第 n 年的累计报废率为 $T(n)$，则该年建筑报废率为 $T(n)$ 到 $T(n-1)$，即 $T'(n)$，计算公式为：

$$T'(n) = e^{\left[-\left(\frac{n-1}{b}\right)^{a}\right]} - e^{\left[-\left(\frac{n}{b}\right)^{a}\right]} \qquad (6-2)$$

$S_i(n)$ 是第 n 年第 i 种类型建筑的竣工面积，$Q_i(t)$ 是第 t 年第 i 种类型建筑单位面积的钢铁强度；$L_i(n)$ 是第 n 年第 i 种类型建筑的铁资源理论报废量；$R_i(n)$ 是第 n 年第 i 种类型建筑的铁存量，则：

$$L_i(1) = S_i(0) \times T'(1) \times Q_i(0)$$

$$L_i(2) = S_i(0) \times T'(2) \times Q_i(0) + S_i(1) \times T'(1) \times Q_i(1)$$

$$L_i(3) = S_i(0) \times T'(3) \times Q_i(0) + S_i(1) \times T'(2) \times Q_i(1) + S_i(2) \times T'(1) \times$$

$$Q_i(2)$$

……

$$L_i(n) = \sum_{i=0}^{n-1} S_i(t) \times T'(n-t) \times Q_i(t) \tag{6-3}$$

由式（6-3）可得：

$$R_i(n) = \sum_{i=0}^{n-1} S_i(n-t) \times Q_i(n-t) - \sum_{i=1}^{n} L_i(t) \tag{6-4}$$

综上所述，第 n 年中国建筑的铁存量 $R(n)$ 为：

$$R(n) = \sum_i R_i(n) \tag{6-5}$$

第 n 年中国建筑的铁资源理论报废量 $L(n)$ 为：

$$L(n) = \sum_i L_i(n) \tag{6-6}$$

（四）中国建筑寿命参数的确定

本节通过参考相关文献（Fay et al.，2000；Müller et al.，2006；Moynihan，Allwood，2012；Condeixa et al.，2017；李新等，2017），根据建筑物的使用年限和平均生命周期，运用韦伯分布函数参数求解方法（Lockhart，Stephens，1994；胡恩平等，2000）确定韦伯分布函数的尺度参数和形状参数。

普通城镇民用房屋的理论设计寿命为 50 年，具有纪念意义的或特别重要的实验室、体育场、博物馆等建筑的理论设计寿命为 100 年或以上。农村民用建筑的理论设计寿命一般为 20 年左右，较大型的或者整改维修较好的农村民用建筑的理论设计寿命为 40 年或以上。通常情况下，建筑在达到理论设计寿命后并不意味着建筑无法继续使用，如通过鉴定建筑结构的有效性和安全性，确保建筑整体功能和内部结构部件能够继续满足使用者的需求，则建筑仍可继续使用。21 世纪初，我国城市规划和住房建设体系不够完善，大量房屋建筑被反复拆建，提升了房屋建筑拆迁的不确定性，大部分房屋建筑的使用年限远低于理论设计寿命。本节参考相关文献，利用建筑生命周期函数，得到如表 6－1 所示的参数（韩中奎，2019）。

表 6－1 中国建筑韦伯分布函数相关参数

时间段	农村住宅房屋建筑		农村其他房屋建筑		城镇住宅房屋建筑		城镇其他房屋建筑	
	α	β	α	β	α	β	α	β
1949～1957 年	3.36	15.83	3.86	15.60	6.52	30.33	7.09	30.25
1958～1978 年	3.56	15.30	4.06	15.80	6.12	30.56	6.65	29.75
1979～1990 年	3.76	20.60	3.58	15.00	6.89	28.56	6.65	29.75
1991～2005 年	4.72	25.60	3.26	15.36	6.83	30.72	6.88	31.20
2006～2035 年	5.21	30.17	4.33	30.3	7.21	50.00	7.25	50.65

注：α 是韦伯分布函数的形状参数，β 是韦伯分布函数的尺度参数。

三 中国建筑中铁资源存量变化趋势分析

（一）中国四类房屋建筑的铁存量变化趋势分析

1981 年，中国共产党第十一届六中全会指出，中国社会的主要矛盾是人民日益增长的物质文化需要同落后的社会生产之间的矛盾。在中国共产党的领导下，中国城镇化进程不断推进，城乡建筑数量开始增加，建筑中的铁存量实现了从快速增长到稳定增长。对于城镇其他房屋建筑，1949 年，铁存量较低；2001～2005 年的增速较为缓慢，从 8.35 亿吨增至接近 9.87 亿吨；2006 年增至 16.5 亿吨，较 2005 年增加 6.63 亿吨；预计 2035 年为 68.42 亿吨。2006～2035 年，城镇住宅房屋建筑的铁存量的增长率约为 65.29%，城镇其他房屋建筑的铁存量的增长率约为 87.6%，农村住宅房屋建筑的铁存量的增长率和农村其他房屋建筑的铁存量的增长率分别为 32.19% 和 48.26%。

中国人民不断增长的物质需求推动物质存量消耗和更新，庞大的市场为建筑行业的蓬勃发展提供了条件。从图 6 - 4 可以看出，1991 年，中国建筑的总铁存量开始缓慢增长；2005 ~ 2006 年，中国建筑的总铁存量呈现爆发式增长；2019 年，中国建筑的总铁存量进入快速增长阶段，为 33.49 亿吨。

（二）中国建筑的人均铁存量变化趋势分析

本节根据累计铁存量的增长率变化情况，将 1949 ~ 2019 年中国建筑的人均铁存量变化分为三个阶段并进行相关分析。

第一阶段：缓慢增长期（1949 ~ 1990 年）。1949 年，中国的工业基础薄弱，人均物质资源匮乏，中国建筑行业没有形成完善的体系。随着钢铁行业和建筑行业不断发展，中国建筑的人均铁存量从 1949 年的 3.617 千克增至 1990 年的 385.26 千克。

第二阶段：稳定增长期（1991 ~ 2006 年）。1997 年，《中华人民共和国建筑法》通过，在这一阶段，城镇化全面推进，小城镇数量快速增加，大城市规模不断扩大。其中，1991 年，中国建筑的人均铁存量为 544.37 千克；2000 年为 738.25 千克；2006 年为 1526.54 千克。

第三阶段：快速增长期（2007 ~ 2019 年）。2008 年，北京夏季奥运会举办、全球金融危机发生、房地产业飞速发展等，掀起了中国房屋建筑和其他基础设施的投资热潮。2007 年，中国建筑的人均铁存量为 1581.23 千克；2012 年为 2023.67 千克；2019 年为 2724.69 千克。

（三）城镇和农村建筑的人均铁存量变化趋势分析

1949 ~ 2019 年，中国城镇和农村建筑的人均铁存量显著增长，并且差距不断拉大（如图 6 - 6 所示）。这既是因为政策倾斜和行政性垄断造成地区和行业发展不协调，也与自然地理因素不利于生产力与生产方式发展有关。1991 年，农村建筑的人均铁存量超过 100.0 千克，城镇建筑的人均铁存量为 1468.63 千克；2007 年，农村建筑的人均铁存量超过 500.0 千克，城镇建筑的人均铁存量约为 2375.40 千克。2003 ~ 2007 年，基础产业和基础设施基本建设投资总额为 182703 亿元，是 1978～2002 年基础产业和基础设施基本建设投资总额的 1.6 倍。2000～2007 年，中国对能源和基础原材料的需求不断增加，重点扶持中西部地区基础产业发展、基础设施建设。"十一五"规划纲要指出，"优先发展交通运输业""积极发展信息服务业""加强农村公路建设""积极发展电力"。在这一背景下，房地产业快速发展，中国建筑的人均铁存量在 2007 年实现跳跃式增长，并在"十二五"和"十三五"期间持续、快速增长。2019 年，中国农村建筑的人均铁存量为 843.6 千克，城镇建筑的人均铁存量为 3399.24 千克。

通过对比可以发现，城镇和农村建筑的人均铁存量存在显著差距，这主要与城镇和农村的经济发展水平、人口聚集程度、生活服务功能以及生态环境水平息息相关。虽然城镇和农村综合发展水平逐渐提高，但是由于文化、教育、医疗以及交通等基础设施分布不均，收入差距明显拉大。城镇具有更优质的生活条件，因此能够吸引更多劳动力，有利于工业、服务业以及新兴产业发展，高 200 米及以上的建筑数量不断增加，钢结构作为主要建筑结构被应用于大型场馆、厂房和超高层建筑中；早期农村建筑结构主要为砖混结构，为了缩小城乡差距，同时随着中国人民整体生活条件改善，精准扶贫政策实施，部分收入水平提高的农村居民会建造具有轻钢结构的房屋建筑。

四 未来建筑中铁二次资源回收潜力

（一）中国建筑的铁资源报废量

本节利用铁资源理论报废量模型计算 1949～2035 年中国建筑的铁资源报废量。1949～2035 年中国建筑的铁资源报废量的年均增速为 23%；2008 年后，中国建筑的铁资源报废量的增速加快。1949～1978 年，中国建筑的铁资源累积报废量为 0.07 亿吨；2000 年，中国建筑的铁资源报废量为 0.63 亿吨，累积报废量为 1.21 亿吨；由于房地产业快速发展，2019 年，中国建筑的铁资源报废量达到 2.57 亿吨，累积报废量达到 4.99 亿吨（见图 6-7）。

（二）建筑的铁资源报废量的地位

随着我国钢铁蓄积量逐年增加，粗钢产量呈持续增加态势：2017 年，中国粗钢产量的全球占比首次超过50%。未来，中国报废的钢铁或铁资源将成为粗钢生产的重要来源。如图6-8所示，1949~2016年，中国建筑的铁资源报废量累计为3.3亿吨，年均增速为30%；2017年，中国建筑的铁资源报废量为2亿吨；2035年，中国建筑的铁资源报废量约为3.4亿吨。钢铁需求量最大的是房地产业，随着新房交易规模缩小，中国建筑的铁资源报废量的增速或将放缓。

2035年，中国铁资源理论报废量占粗钢需求量的71%，建筑的铁资源理论报废量为0.6亿吨，占粗钢需求量的12%。中国钢铁行业的迅猛发展为全球钢铁工业注入新活力，不过，中国粗钢产量或在2020~2030年见顶，年粗钢产量将在8.8亿~10亿吨的平台区浮动。随着中国钢铁蓄积量增加、建筑增速逐渐放缓以及国家对固废回收利用的强劲支持，2020年后，中国社会建筑存量激增，废铁资源的再利用进入激增期，废钢铁的发展空间巨大，因此，研究建筑行业中铁资源的代谢情况对满足中国铁资源需求具有重要的支撑作用。

未来，建筑的铁资源报废量的地位会提升，回收利用废钢铁能够有效减少碳排放，减少对铁矿石的依赖，有利于突破资源约束瓶颈，推动中国循环经济发展，而这正是生态文明建设的必然要求。

第二节　中国机械行业铁资源代谢过程分析

一　引言

中国是全球排名第一的钢铁消费国和生产国，中国通过对铁制品的消费累积形成了一定规模的钢铁社会存量（卜庆才等，2016；董丽伟等，2011）。钢铁社会存量中铁制品的生命周期决定铁的报废折旧状态、可回收数量，如果能够提高废旧铁制品的循环再生效率，就可以减少中国对原生铁矿石的依赖，也可以减少开采铁矿石和冶炼钢铁对生态环境造成的负面影响（Brunner，Rechberger，2004）。因此，科学分析铁资源在不同消费领域的代谢过程、铁资源的循环路径，客观地表征铁资源在生命周期各个阶段的流量、流向和蓄积状态，具有重要的学术价值。物质流分析方法常常被用于分析特定系统中的物质在一定时空范围内的流动和存储状态，即基于质量守恒定律追踪物质在系统中的循环过程（李肖龙、燕凌羽，2017）。将动态物质流与静态物质流相结合，可以对以往时间范围内的物质流情况进行动力学分析（Park et al.，2011）。通过建立有关产品生命周期的动态物质流模型，模拟物质系统的循环代谢过程（岳强，2006），可以研究铝等资源的流动情况并探索对其进行回收管理的有效方法（陈伟强等，2008）。耶鲁大学的 Graedel 等（2002，2004）使用物质流分析方法中的 STAF 框架对铜在社会经济系统中的代谢过程进行了系统动力学研究。在此基础上，Johnson 等（2005）采用多层次方法对银的代谢过程进行分析，得到相同的动力学机理。岳强和陆忠武（2005）使用有关铜循环的 STAF 模型获得有关中国铜社会存量的变化情况及有关流量状态的"铜流图"，并使用其计算了一些重要经济指标，例如使用废杂铜的比例、铜工业的原料自给率、铜资源效率、矿石指数和废铜指数。Wang 等（2007）利用多层次的物质流分析了 68 个国家、地区的铁循环代谢过程和 52 个国家、地区的镍循环代谢过程，通过对生产、制造、使用、废物管理和再循环等不同周期阶段铁循环和镍循环的代谢情况的分析，勾勒了铁元素和镍元素的循环代谢动力学流图，清晰刻画了代谢中的过程联系及再循环的作用机理与潜力。陈伟强等（2009a）、石磊等（2011）国内学者从三个角度比较了原铝、二次铝和铝加工业对环境的影响，这三个角度分别是铝金属的生命周期物质流、铝工业的产业共生以及铝生命周期评估。原始铝工业对环境的影响大于再生铝工业和铝加工工业对环境的影响。通过熔解新的铝废料生产再生铝对环境的影响小于重新利用旧的铝废料生产再生铝对环境的影响。王昶等（2017）综合使用生命周期分析和物质流分析方法，揭示"城市矿产"的成矿机理；王高尚、韩梅（2002）把物质流分析方法应用于对中国重要矿产资源循环补偿机制下的实际需求进行预测；沈镭（2005）通过进行动态物质流分析，为资源型城市实现在资源承载力受到约束背景下的转型发展提供理论参考；成金华（2005）把物质流分析模型应用于对中国矿产资源（铁）的经济学研究中，提出了资源与环境的经济学耦合机理；李强峰等（2017）运用动态物质流分析方法，从国家层面对中国的铁存量进行核算，为测算二次铁的回收潜力提供了进行定量分析的基础。他们在探索金属资源循环代谢的科学性和技术性方面做了大量基础性工作，偏重于进行"自上而下"的"流分析"和动力学机理分析，但对具体行业（如机械行业）"自下而上"的金属资源代谢过程及流量、流向和存量的应用型分析较少，无法提高分析金属资源循环代谢路径的精度。本节希望通过对中国机械行业铁资源代谢过程进行物质流分析，提高测算铁资源在具体行业中的循环利用潜力的精度，为中国生态文明建设和金属资源循环利用提供进行应用性定量分析的理论依据（李新等，2017）。

二 研究方法与数据来源

（一）研究思路

本节主要对 1949~2016 年中国机械行业铁资源代谢过程进行分析，这一过程包括生产、加工制造、使用、报废与再生等主要阶段。中国铁资源全生命周期代谢过程如图 6-9 所示。

机械行业铁资源代谢过程对应机械产品生命周期的各个阶段，包含多类产品的物质流以及不同阶段相互交错的回路流，它们形成复杂的存量和流量系统，因此，机械行业铁资源代谢系统具有动态非线性的变化特征。铁资源全生命周期代谢过程主要分为四个阶段：生产阶段、加工制造阶段、使用阶段和报废与再生阶段。其中，生产阶段包括采矿、选矿、炼铁和炼钢等环节；加工制造阶段包括铸件、锻造、冲压与拉伸等环节；使用阶段包括产品（农业机械产品、内燃机等）的消费和使用等环节；报废与再生阶段包括回收、分类处理等环节（李新等，2017）。

（二）研究方法

1. 机械行业产品服务年限模型的确定

已有研究成果对含铁产品理论报废量的计算方法主要有：正态分布、对数正

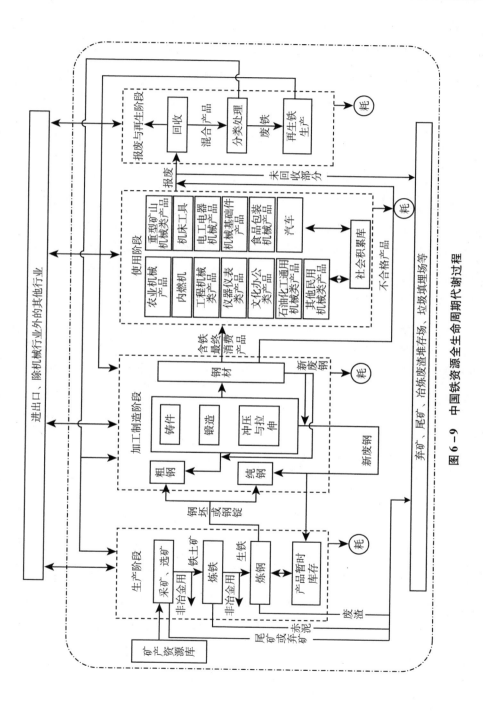

图 6-9 中国铁资源全生命周期代谢过程

态分布和韦伯分布等。与其他传统的分布函数相比，韦伯分布函数更适合用于对机械产品、原材料等更加广泛的产品进行偏态分布模拟（Park et al.，2011；王俊博等，2016；Spatari et al.，2005）。本节利用双参数韦伯分布模型表征机械行业产品的寿命分布情况，并使用 Minitab 软件制作密度函数曲线，计算公式为：

$$F(t) = 1 - \exp\left[- \left(\frac{t}{\lambda} \right)^{\mu} \right] \tag{6-7}$$

其中，$F(t)$ 是生命周期分布函数（$F(t) > 0$）；t 是产品平均寿命（$t > 0$）；μ、λ 分别为形状参数和尺度参数（$\mu > 0$ 且 $\lambda > 0$）。中国机械行业 13 类机械产品使用年限的确定是由相关企业长期从事一线工作的人员和资源方面的专家通过座谈和交流、打分评估，并结合政府部门颁布的应用指南和条例得到的。根据式（6-7）以及 13 类机械产品的使用年限可以计算出 μ、λ（李新等，2017）。

2. 机械行业铁产品的报废量计算

通过借鉴相关文献（王俊博等，2016）对中国铜资源进行研究时使用的方法，本节采用韦伯分布模型对机械行业铁产品的理论报废量进行预测，计算公式为：

$$G(t) = F(t) - F(t-1) = \exp\left[- \left(\frac{t-1}{\lambda} \right)^{\mu} \right] - \exp\left[- \left(\frac{t}{\lambda} \right)^{\mu} \right] \tag{6-8}$$

接着计算第 t 年机械行业铁产品的报废总量，计算公式为：

$$P(t) = \sum_{a=0}^{t-1} T(t) \cdot G(n-t) \tag{6-9}$$

式（6-8）、式（6-9）中，$G(t)$ 表示第 t 年机械行业铁产品的理论报废量；$T(t)$ 表示第 t 年的销售量；$P(t)$ 表示第 t 年机械行业铁产品的报废总量。

根据质量守恒定律，在进行物质流分析过程中，总输入流量等于总输出流量，即机械产品生命周期的各个阶段遵循质量守恒定律，计算方法参考相关文献（卜庆才，2005；黄宁宁等，2013；陈伟强等，2009b，2009c），则：

$$\sum M = \sum P + \sum R + \sum D \tag{6-10}$$

其中，$\sum M$ 表示向系统输入的物料总量；$\sum P$ 表示从系统输出的产品总量；$\sum R$ 表示从系统中回收的物料总量；$\sum D$ 表示系统中消耗的物料总量。

（三）数据来源与处理

1. 数据来源

本节涉及的 13 类机械产品（见表 6-3）根据《中国机械工业年鉴》（中国机械工业年鉴编辑委员会，1984~2017）中对子类产品进行的分类确定，并参考相关统计年鉴的数据、国家统计数据、产业年报等中的数据及其他数据（见表 6-2）。

表 6-2 本节计算过程中参考的主要初始数据类型及来源

数据类型	数据来源
中国粗钢产量、消费量、贸易量，废钢消费量，铁矿石原矿产量、进口量，生铁产量，钢铁社会库存量，废钢进出口量，废钢回收量	《中国统计年鉴》 《中国机械工业年鉴》(1983~2016) 《中国钢铁工业年鉴》(1986~2017) 《中国再生资源回收行业发展报告 2017》
机械产品消费量，13 类机械产品及其使用年限	《中国统计年鉴》 《中国机械工业年鉴》(1983~2016) 《〈政府会计准则第 3 号——固定资产〉应用指南（征求意见稿）》 《中华人民共和国企业所得税实施条例》 对相关企业的实地调研等
中国铁流量、报废率以及报废量	燕凌羽，2013
铁矿石品位、连铸比、平均回采率，废钢折旧率，废钢直接利用率，自产废铁率	《中国钢铁工业年鉴》(1986~2017) 卜庆才，2005；燕凌羽，2013

表 6-3 中国机械行业 13 类机械产品范围

机械产品类型	产品范围
农业机械产品	大、中、小型拖拉机，收获机械，农产品初加工机械，饲料生产设备，农业运输机械，烟草加工机械，种植机械，中小农具，农田基本建设机械，施肥机，机动插秧、脱粒、植保机械，牧草(料)收获机械，畜禽饲料机械，其他畜牧机械，渔业机械等
内燃机	车用内燃机、摩托车内燃机、船用内燃机、农用机械用内燃机、园林机械用内燃机、工程机械用内燃机等

机械产品类型	产品范围
工程机械类产品	挖掘机械、铲土运输机械、起重机械、压实机械、桩工机械、钢筋混凝土机械、路面机械、凿岩机械、架桥机气动工具等
仪器仪表类产品	电工仪器仪表、工业自动调节仪表与控制系统、分析仪器及装置、光学仪器、试验机、汽车仪器仪表、环境监测专用仪器仪表等
文化办公类产品	照相机、复印和胶版印刷设备等
石油化工通用机械类产品	石油钻采设备、海洋工程设备、炼油化工设备、制冷空调设备、环保设备、塑料加工专用设备、橡胶加工机械、固体废弃物处理设备、环境污染防治专用设备、气体压缩机等
重型矿山机械类产品	冶炼设备、炼焦设备、炼铁设备、炼钢设备、有色金属冶炼设备、矿山专用设备、采矿设备、金属冶炼设备、起重机、输送机械、给料机械、装卸机械、金属轧制设备、石油钻采设备、压裂固井设备、破碎设备、修井设备、研磨设备、建材设备、水泥设备等
机床工具	金属切割机床、齿轮加工机床、螺纹加工机床、电加工机床、组合机床、金属成形机床、车床、钻床、镗床、刨床、铣床、数控系统设备、锻压设备、机床数控装置、金属切削工具、铸造机械等
电工电器机械产品	发电机组、锅炉类、轮机类、交流电动机、直流电机、变压器、互感器、高压开关设备、电焊机、电动手提式工具等
机械基础件产品	轴承、齿轮、紧固件、链条、弹簧、传动联结件等
食品包装机械产品	包装机械、食品机械等
汽车	牵引车、自卸车、叉车、搬运车等
其他民用机械类产品	其他以上未列出的机械产品

2. 数据处理

根据中国机械行业 13 类机械产品使用年限和相关参数，利用 Minitab 软件和韦伯分布函数可以计算出中国机械行业 13 类机械产品在 1949 ~ 2016 年铁资源的理论报废量；结合质量守恒定律和相关计算方法，可以进一步计算出中国机械行业铁资源在生命周期各阶段的流量情况。中国机械行业 13 类机械产品使用年限和韦伯分布模型的形状参数、尺度参数如表 6 - 4 所示。其中，使用年限通过对回收拆解企业的调研获取，平均报废年限通过对使用年限加权计算得到，韦伯分布模型的形状参数、尺度参数通过 Minitab 软件计算得到（李新等，2017）。

表6－4　中国机械行业13类机械产品使用年限和韦伯分布模型的形状参数、尺度参数

机械产品类型分组	使用年限（年）	平均报废年限（年）	形状参数（μ）	尺度参数（λ）
农业机械产品	10～30	25	3.76	22.21
内燃机	16～18	17	23.90	17.39
工程机械类产品	10～20	18	5.43	16.29
仪器仪表类产品	8～20	15	4.27	15.43
文化办公类产品	4～10	8	3.99	7.75
石油化工通用机械类产品	8～15	12	5.75	12.44
重型矿山机械类产品	12～25	20	5.25	20.13
机床工具	16～35	28	5.06	27.81
电工电器机械产品	12～35	30	3.87	26.06
机械基础件产品	10～20	18	5.43	16.29
食品包装机械产品	12～25	20	5.25	20.13
汽车	8～20	15	4.27	15.43
其他民用机械类产品	6～12	10	5.15	9.80

三　结果分析

（一）中国机械行业铁资源代谢分析

为了对1949～2016年中国13类机械产品进行动态物质流分析，本节首先选取8个时间点，分别是1956年、1966年、1976年、1986年、1996年、2006年、2012年和2016年，对这些时间点中国13类机械产品在机械行业的消费占比进行分析（如图6－10所示）。结果显示，每一类机械产品在不同年份的消费结构不同。

本节通过查阅文献资料（中国机械工业年鉴编辑委员会，1984～2017；龙宝林、叶锦华，2010），经过计算得到1949～2016年中国的累计粗钢消费量，为100亿吨，累计回收废钢（含铁）量为17.60亿吨，其中，回收的机械产品中的废钢达2.80亿吨。根据式（6－8）和式（6－9）可以计算得到1949～2016年中国机械行业13类机械产品中的铁的理论报废量（李新等，2017）。1949～2016年，中国含铁产品的理论报废量为21.2亿吨，其中，含铁机械产品的理论报废量为4.10亿吨；中国含铁产品的平均报废回收效率为83.0%，其中，含铁机械产品的报废回收效率为68.3%，低于中国含铁产品的平均报废回收效率。

由于1949年前的资源消耗量较小，故可以忽略不计，基于生命周期分

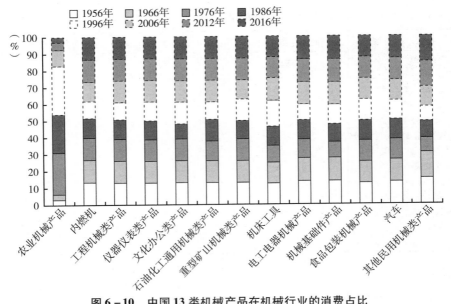

图 6-10　中国 13 类机械产品在机械行业的消费占比

布特征，1949～1956 年，中国机械行业 13 类机械产品中的铁的理论报废量很少，1966 年以后明显增加。通过选取 1956 年、1966 年、1976 年、1986 年、1996 年、2006 年、2012 年和 2016 年 8 个时间点进行动态物质流分析，可知中国机械行业中农业机械产品、石油化工通用机械类产品、电工电器机械产品、机械基础件产品、汽车和其他民用机械类产品中的铁的理论报废量变化较大。

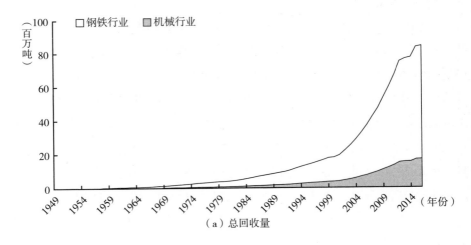

（a）总回收量

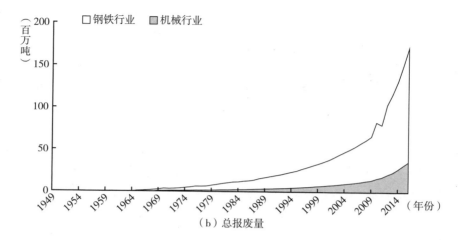

（b）总报废量

图 6 – 11　1949～2016 年中国钢铁与机械行业铁资源总回收量与总报废量

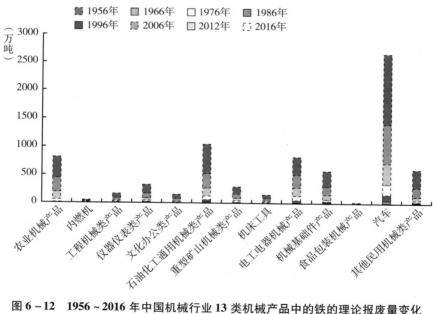

图 6 – 12　1956～2016 年中国机械行业 13 类机械产品中的铁的理论报废量变化

为直观地表征机械行业 13 类机械产品中铁资源的变化，绘制 1956 年、1966 年、1976 年、1986 年、1996 年、2006 年、2012 年、2016 年中国机械行业 13 类产品理论报废"铁流图"（如图 6 – 13 所示）。

农业机械产品：0.01

内燃机：0.02

工程机械类产品：0.41

仪器仪表类产品：0.01

文化办公类产品：0.10

石油化工通用机械类产品：1.60

重型矿山机械类产品：0.32

机床工具：0.03

电工电器机械产品：0.86

机械基础件产品：0.48

食品包装机械产品：0.02

汽车：0.01

其他民用机械类产品：0.30

机械行业报废量：4.17

（a）1956年

农业机械产品：0.17

内燃机：0.02

工程机械类产品：0.41

仪器仪表类产品：1.08

文化办公类产品：1.01

石油化工通用机械类产品：4.60

重型矿山机械类产品：0.32

机床工具：0.03

电工电器机械产品：0.86

机械基础件产品：1.48

食品包装机械产品：0.02

汽车：9.20

其他民用机械类产品：5.13

机械行业报废量：24.33

（b）1966年

农业机械产品：1.66

内燃机：1.62

工程机械类产品：3.59

仪器仪表类产品：5.79

文化办公类产品：1.74

石油化工通用机械类产品：15.86

重型矿山机械类产品：5.23

机床工具：1.65

电工电器机械产品：12.20

机械基础件产品：13.04

机械行业报废量：122.71

食品包装机械产品：0.34

汽车：49.11

其他民用机械类产品：10.88

（c）1976年

农业机械产品：6.64

内燃机：1.91

工程机械类产品：6.92

仪器仪表类产品：12.30

文化办公类产品：3.70

石油化工通用机械类产品：37.37

重型矿山机械类产品：12.09

机床工具：6.40

电工电器机械产品：40.11

机械基础件产品：24.50

机械行业报废量：270.78

食品包装机械产品：0.80

汽车：102.18

其他民用机械类产品：15.86

（d）1986年

219

农业机械产品：47.38

内燃机：5.54

工程机械类产品：13.64

仪器仪表类产品：23.35

文化办公类产品：5.17

石油化工通用机械类产品：67.34

重型矿山机械类产品：25.86

机床工具：13.43

电工电器机械产品：78.37

机械基础件产品：35.00

食品包装机械产品：1.72

汽车：185.84

其他民用机械类产品：29.95

机械行业报废量：532.59

（e）1996年

农业机械产品：135.86

内燃机：9.02

工程机械类产品：25.05

仪器仪表类产品：43.10

文化办公类产品：17.78

石油化工通用机械类产品：141.53

重型矿山机械类产品：45.62

机床工具：25.13

电工电器机械产品：148.75

机械基础件产品：80.71

食品包装机械产品：3.26

汽车：371.04

其他民用机械类产品：60.88

机械行业报废量：1107.73

（f）2006年

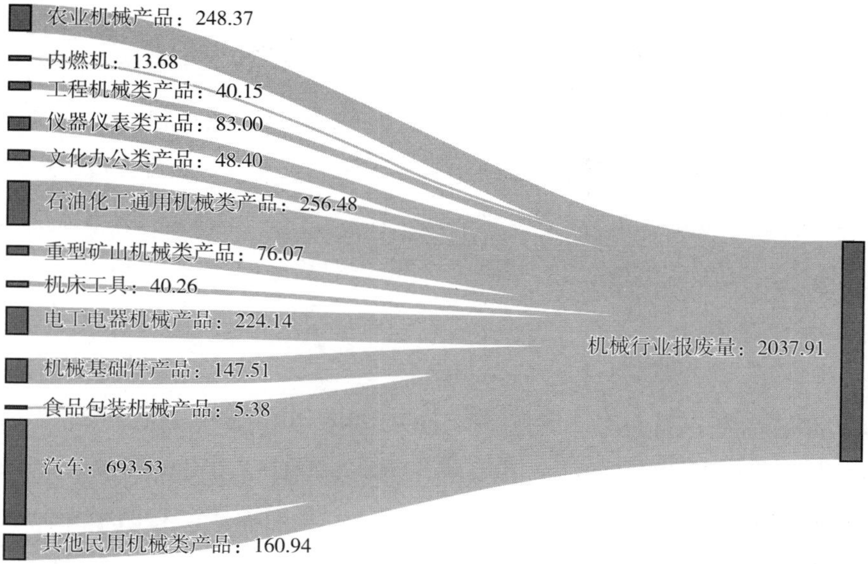

农业机械产品：248.37

内燃机：13.68

工程机械类产品：40.15

仪器仪表类产品：83.00

文化办公类产品：48.40

石油化工通用机械类产品：256.48

重型矿山机械类产品：76.07

机床工具：40.26

电工电器机械产品：224.14

机械基础件产品：147.51

食品包装机械产品：5.38

汽车：693.53

其他民用机械类产品：160.94

机械行业报废量：2037.91

（g）2012年

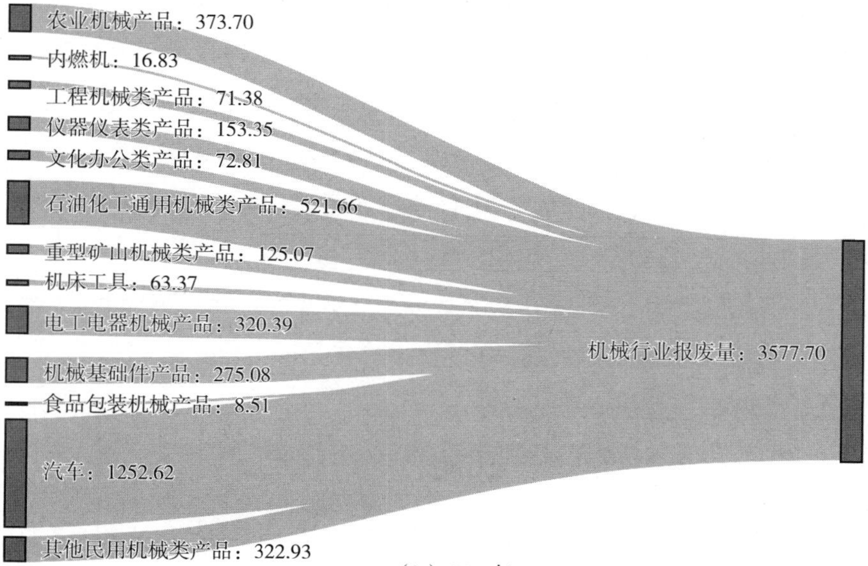

农业机械产品：373.70

内燃机：16.83

工程机械类产品：71.38

仪器仪表类产品：153.35

文化办公类产品：72.81

石油化工通用机械类产品：521.66

重型矿山机械类产品：125.07

机床工具：63.37

电工电器机械产品：320.39

机械基础件产品：275.08

食品包装机械产品：8.51

汽车：1252.62

其他民用机械类产品：322.93

机械行业报废量：3577.70

（h）2016年

图 6 - 13　1956～2016 年中国机械行业 13 类机械产品理论报废"铁流图"

注：图中数据单位是万吨。

（二）机械行业铁资源物质流过程

中国机械行业铁资源在整个生命周期中的流动情况较为复杂，涉及的数据较多，计算量较大，故本节采用"定点观察法"进行研究（陆钟武，2006）：以2016年中国机械行业铁资源为研究对象进行物质流分析，观察这一年内铁资源的流动情况，并分别从四个阶段（生产阶段、加工制造阶段、使用阶段、报废与再生阶段）描述铁资源代谢过程（李新等，2017）。

1. 生产阶段

2016年，中国铁矿石的产量为13.3亿吨，进口量为10亿吨，粗钢产量为8.22亿吨，生铁产量为7.52亿吨。本节忽略2016年中国铁矿石出口量，是因为2016年中国铁矿石出口量较小。2016年，中国进口铁矿石的平均品位为64.0%，进口铁矿石的铁含量为6.4万吨。2016年，中国国内铁矿石的平均品位为35.0%（卜庆才，2005），国产铁矿石中的铁含量为3.8亿吨（李新等，2017）。

根据已有文献（孙莹等，2014）可知，自产废钢收得率 = 1 − (1 + 0.205 × 连铸比)/1.3。2016年，中国的平均自产废钢收得率为5.0%，则自产废钢量（含铁量）为0.38亿吨。由质量守恒定律可知，在采矿、选矿，炼铁和炼钢阶段损失的铁含量分别为0.75亿吨、2.3亿吨和0.4亿吨，进入加工制造阶段的铁资源为7.31亿吨（如图6-14所示）。

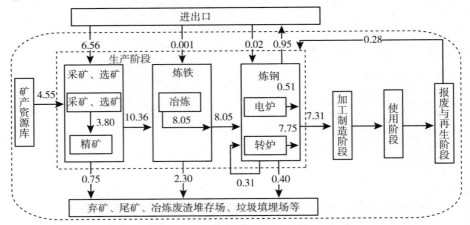

图6-14 2016年中国机械行业生产阶段铁资源流

注：图中数据单位是亿吨。

2. 加工制造阶段

在加工制造阶段，钢材等铁制品的制作过程较为复杂，在统计与钢材有关的数据时往往存在重复计算的问题，故本节用粗钢（主要来自生产阶段）代替钢材来统计钢材的产量、消费量及进出口量。2016 年，中国国内钢铁社会库存量为 0.12 亿吨（中国机械工业年鉴编辑委员会，1984 ~ 2017），由生产阶段进入加工制造阶段的铁资源为 7.31 亿吨，其中，出口量为 1.13 亿吨（中国机械工业年鉴编辑委员会，1984 ~ 2017），产生的固体废弃物中的铁资源含量为 0.58 亿吨，根据质量守恒定律，2016 年，中国进入消费领域的铁资源为 5.48 亿吨（如图 6 - 15 所示）。

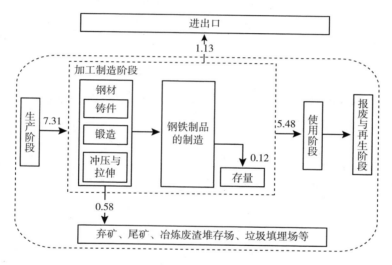

图 6 - 15 2016 年中国机械行业加工制造阶段铁资源流

注：图中数据单位是亿吨。

3. 使用阶段

由生产阶段进入使用阶段的铁资源为 5.48 亿吨，其中，进口量为 0.02 亿吨，出口量为 0.13 亿吨，净出口量为 0.11 亿吨。进入机械行业的铁资源为 1.10 亿吨。2016 年，报废机械产品为 0.35 亿吨，0.75 亿吨机械产品成为社会存量（如图 6 - 16 所示）。

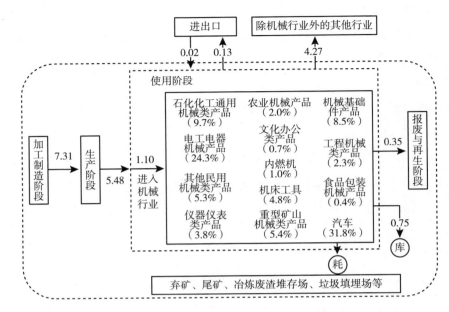

图 6 - 16　2016 年中国机械行业 13 类机械产品使用阶段铁资源流

注：图中数据单位是亿吨。

4. 报废与再生阶段

2016 年，净进口机械产品废料 0.02 亿吨，如果按折旧废钢的直接利用率 76.0% 计算的话（卜庆才，2005），则中国回收的废旧机械产品的直接利用量为 0.28 亿吨，废钢消耗量为 0.09 亿吨（如图 6 - 17 所示）。

本节从生命周期角度对生产、加工制造、使用、报废与再生四个阶段的铁资源代谢情况进行分析，得到机械行业全生命周期铁资源流量（如图 6 - 18 所示）。2016 年，新增机械产品社会存量 0.75 亿吨，出现 0.28 亿吨的回收循环利用量和 0.09 亿吨的损失。

四　结论与讨论

（一）结论

本节对中国钢铁在机械行业的相关情况进行研究，分析新中国成立以来中国机械行业铁资源代谢过程，得出的主要结论如下。

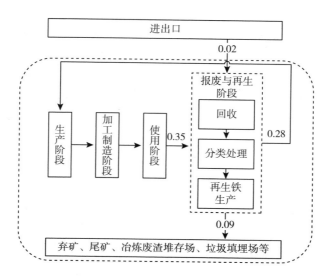

图 6 - 17　2016 年中国机械行业 13 类机械产品报废
与再生阶段铁资源流

注：图中数据单位是亿吨。

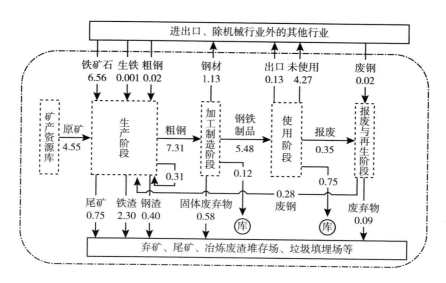

图 6 - 18　2016 年中国机械行业全生命周期铁资源流量

注：图中数据单位是亿吨。

（1）1949～2016 年，中国的累计粗钢消费量为 100 亿吨，中国含铁产品的理论报废量为 21.2 亿吨，其中，含铁机械产品的理论报废量为 4.10 亿吨；中国累计回收废钢（含铁）量为 17.60 亿吨，其中，回收的机械产品中的废钢达 2.80 亿吨；中国含铁产品的平均报废回收效率为 83.0%，其中，含铁机械产品的报废回收效率为 68.3%。未来，废钢的回收潜力巨大。农业机械产品、石油化工通用机械类产品、电工电器机械产品和汽车等中的铁的理论报废量变化较大。

（2）2016 年，中国的平均自产废钢收得率为 5.0%，在采矿、选矿、炼铁，炼钢阶段损失的铁含量分别为 0.75 亿吨、2.3 亿吨和 0.4 亿吨；在加工制造阶段产生的固体废弃物中的铁资源含量为 0.58 亿吨。铁资源损失主要发生在生产阶段，面对巨大的废钢资源二次利用潜力，一方面应在生产阶段加快电炉改造进程，为废钢资源二次利用提供产能保障；另一方面应大力支持企业进行技术创新，改进钢铁加工技术和生产工艺，减少资源损失和对环境造成的不利影响（李新等，2017）。

（二）讨论

本节展示了中国机械行业铁资源代谢情况，生产阶段的铁资源损失量较大，这为中国提高铁资源利用效率提供了重要依据。预计 2025 年中国将进入存量铁制品的快速报废期，中国钢铁产业应侧重进行生产阶段的技术创新，减少资源损失和对环境的不利影响，通过进行供给侧结构性改革提高钢铁资源二次循环利用效率，解决一系列资源环境问题。相对于一些研究侧重于在宏观层面对金属资源进行价值流和物质流分析，本节更侧重于对具体行业的铁资源代谢过程进行分析。由于铁制品种类繁多，数据获取难度较大，本节只对中国机械行业 13 类机械产品进行物质流分析。此外，本节存在未对生产阶段产生的尾矿和废渣进行深入分析、未对加工制造阶段的钢材进行细分等问题，这有待以后改进。

第七章
生态文明与资源循环利用的耦合关系

　　生态文明建设关系中华民族的永续发展，要自觉把经济社会发展同生态文明建设统筹起来。自改革开放以来，中国长期用 GDP 考核经济社会发展水平，资源的大量投入和消耗导致环境面临的压力增加（何克东、邓玲，2013）。2010 年，全球生态足迹是生态承载力的 1.5 倍，中国的生态足迹是生态承载力的 2.4 倍（张玉林、郭辉，2020），人类未来的生存和发展受到威胁。资源循环利用系统从资源开采、流通、回收的全生命周期角度建立，资源循环利用系统同循环经济和生态环境保护紧密相关（姚海琳、张翠虹，2018）。生态文明系统不仅强调生态环境保护，也重视资源保护对经济社会发展的影响（诸大建，2015）。探究资源在经济社会中的流动情况以及对经济、社会、生态系统产生的影响，不仅是解决生态文明建设过程中资源浪费和环境污染两个关键问题的有效途径，还有利于推动资源高效节约利用，这对提高生态文明建设水平具有重要意义。资源循环利用与生态文明两个系统相互独立但息息相关，本章将探究生态文明与资源循环利用的耦合关系，找出制约生态文明与资源循环利用的耦合关系的主要因素，从不同角度对资源管控、优化、回收利用提出建议，为促进生态文明与资源循环利用的协调发展提供一定参考。

第一节　引言

　　对于生态文明和资源循环利用，国外的研究偏重分析某一行业的物质流或评价该行业的全生命周期，量化某一行业的发展对环境的影响以及该行业的可持续发展情况，如对皮革行业（Joseph，Nithya，2008）、成衣工厂（Herva et al.，2012）等的研究。国内的相关研究的特点如下。第一，有利于用物质流分析方法评价循环经济的发展情况，对资源投入、使用以及产出情况进行管控，国内构建循环经济评价指标时会利用国际上常用的物质流分析方法判断资源利用情况（诸大建、黄晓芬，2005；刘滨等，2006），例如，在分析日本的相关情况时，基于物质流理论，将循环经济评价指标划分为输入、循环、输出三个维度（刘滨等，2005）。在中国，物质流分析方法被广泛用于研究各类有关循环经济的产业园区，相关研究根据不同园区的物质代谢特点，建立物质流分析指标体系，物质流分析方法能够辨别和直接反映工业园区的资源消耗、物质循环以及废物产生情况，有利于定量分析园区生态、经济效益，以使园区转变资源利用方式（石垚等，2010；员学锋等，2018；董芳青等，2019）。在区域层面，部分学者利用物质流模型对山东省和黑龙江省的循环经济发展情况进行评价，提出加速转变发展方式，节约一次性能源，重视清洁生产，降低资源消耗强度，实现循环经济较快发展（于波涛，2008；耿殿明、刘佳翔，2012）。第二，借助物质流分析方法，对区域和城市的经济、社会与环境的协调关系进行研究，根据物质流账户构建相关指标体系，对中国31个省区市的经济系统对资源利用效率的影响进行分析，计算经济社会系统与环境的耦合程度，有利于利用环境库兹涅茨曲线分析各省区市使用的物质对生态环境的影响（夏艳清、李书音，2017；Fan et al.，2019）；还有研究针对不同经济区域并对其发展情况做出评价，以京津冀地区为例，考虑到区域内资源投入、废物排放指标，京津冀协同发展后，既能实现经济增长，又能减轻生态环境压力（戴铁军等，2018；李健等，2019）；以城市为例，学者以上海市、唐山市、广州市南沙区、北京市为例，利用物质流分析方法，研究物质投入、废弃物排放与物质代谢效率对生态环境的影响，提出通过完善生产方式、推动技术变革，缓解环境面临的压力（黄晓芬、诸大建，2007；韩瑞玲等，2015；彭焕龙等，2017；戴铁军等，2017）。第三，以城市或区域为研究对象，探究区域经济社会发展情况与生态文明建设的耦合关系，利用相关指标分析经济社会与资源环境的耦合关系，将耦合演化过程分为三个阶段，即失调阶段、过渡阶段和耦合阶段（王羽、王宪恩，2018），根据不同阶段的特征，可以判断城市或区域的经济社会发展情况与生态文明建设情况（刘松、石宝军，2018）。除此之外，学者还从不同角度对旅游产业与生态文明建设的耦合关系进行评价（舒小林等，2015；时朋飞等，2018；程慧等，2019），对不同区域的新型城镇化情况与生态文明建设的耦合关系进行评价（邓宗兵等，2019；杨立、黄涛珍，2019）。

通过梳理相关文献发现，近年来，学者注重以区域、城市为单位展开对生态文明建设的研究，虽然对资源循环利用的研究开始增加，并通过控制资源输入端和输出端构建物质流指标体系，但是缺少对资源循环利用评价指标的构建，本章通过探究生态文明与资源循环利用的耦合机理，构建生态文明与资源循环利用评价指标体系、耦合协调度模型并进行相关分析。

第二节　生态文明与资源循环利用的耦合机理

生态文明与资源循环利用是互利共生、相辅相成的，生态文明与资源循环利用之间存在耦合关系。

资源循环利用是对开采、加工、流通和消费等环节产生的各类有用废物再利用的过程，资源循环利用中的资源仅指物质资源，循环利用一般涉及矿产资源综合利用、产业废物综合利用、农林废物综合利用以及再生资源回收利用。在《中国环境年鉴》中，将前两种称为一般工业固体废物综合利用，在开采、加工、运输等过程中会产生废渣、废水、废气等，通过对它们的循环利用，可以为建材行业、农业、林业、渔业等提供原材料。从消费环节回收的废弃物，从开采、加工、使用环节回收的废弃设备，以及其他可再利用的产品经过再生处理后，可以作为其他行业的原料实现再利用（刘维平，2017）。资源循环利用是"资源—产品—使用—废弃物排放—再资源化"的封闭式的反馈流程，能够获得较大的经济效益与社会效益，减少资源消耗与浪费。资源循环利用遵循 3R 原则，减少资源消耗量和废弃物排放量，利用先进技术对可使用的废弃物进行再生处理，构建资源循环利用系统，提倡反复使用相关产品及包装容器（张墨等，2014）。物质流账户分析框架见图7－1。

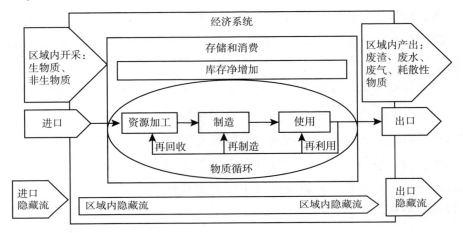

图7－1 物质流账户分析框架

资料来源：笔者自制。

生态文明是人与自然和谐发展的体现，包括人类文明和自然文明。20世纪以来，环境问题频发，工业文明给地球带来较大的环境负担，资源过度消耗、生态环境恶化、物种数量减少等要求我们必须从人类命运共同体视角出发，倡导绿色生产、绿色消费等，应从政府、企业、公民层面落实循环发展、低碳发展和绿色发展方式，推动生态文明建设。这三大发展方式都实现了生产力和生产关系在物质资料生产过程中的统一，主张在生态环境可承受范围内开采自然资源和排放废弃物，推动资源从自然到经济系统都高效循环利用以及环境友好，实现用发展科技、完善制度以及优化资源配置方式等推动生产、生活观念和方式变革。党的十七大报告首次提出"生态文明建设"；党的十八大报告提出，"大力推进生态文明建设"，"努力建设美丽中国"，加大环境污染治理力度，政府及相关部门加快完善生态文明体系，增加环境基础设施方面的投入；党的十九大报告勾勒了生态文明建设的新格局。从党的十七大到党的十九大，生态文明建设在经济政策、法律法规和相关制度等方面的体系基本建立，合理开发和利用国土空间和国土资源，不断促进产业技术提升和产业结构升级，努力引导社会形成绿色低碳的生产、生活方式。在党的十九大报告中，"节约资源"是生态文明建设的重要部署，应实现资源的高效利用和重复利用，降低资源消耗水平，发展循环经济，推动资源节约和环境保护。从这一角度看，广义的资源循环利用包括物质资源的投入和产出，因为资源投入量和废弃物排放量能够体现资源循环利用程度，只关注资源循环利用量，而忽视资源在开采阶段和处置阶段的情况，难以实现有效的资源循环利用。

生态文明对资源循环利用的最直接影响为政府颁布相关政策，推动循环经济规模化，加速产业结构优化，从而推动转变经济发展方式，形成企业、园区、废物回收以及社会四个层面的循环经济发展模式及绿色生活方式。在生态文明思想的指导下，应率先发展先进的战略性新兴产业，努力实现经济发展方式转变，激发企业的创新活力，推动企业利用资源的技术水平提升，如通过与科研院所合作研究开发新技术、新产品、新工艺、新设备，淘汰落后产能；通过广告宣传、公益活动等方式培养公民节约资源的习惯，增强公民进行资源再生利用的意识，并转化为具体的行动，使绿色生活内化为自觉行为（邓玲等，2014）。生态文明通过政策支持、资源利用技术生态化以及内生动力生态化三个方面对资源循环利用产生影响。生态文明建设必须融入经济建设、政治建设、文化建设、社会建设各方面和全过程，提升社会成员建设生态文明的自觉性。根据资源循环利用3R原则中的"减量化原则"，应严守资源环境生态红线，减少资源消耗，加强资源管控，通过避免生态系统退化防范环境风险，根据3R原则中的"再使用原则"与"再循环原则"，督促各行业放弃高消耗、高排放、低效率的经济增长方式，主动承担相应责任，大力发展绿色产业，推广环保产品，推进绿色消费，通过分析资源循环利用对防范环境风险、推广绿色消费模式以及提高生态认知程度的作用，可将资源循环利用对生态文明的影响归纳为对生态环境的影响、对生态经济与社会的影响、对生态意识的影响（见图7-2）。

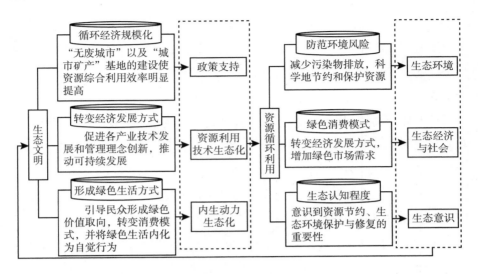

图 7-2　生态文明与资源循环利用的耦合机理

资料来源：笔者自制。

第三节　评价指标的选取和解释

一　评价指标的选取

　　政策支持、资源利用技术生态化以及内生动力生态化虽然能够表现出生态文明对资源循环利用的影响，但是依据它们设置指标难以准确描述资源循环利用的特点，因此，借助生态文明对资源循环利用的影响，基于物质流分析框架，构建生态文明与资源循环利用评价指标体系（见表 7-1）。资源循环利用是循环经济的核心，物质流分析是评价循环经济发展水平的重要手段，能够量化经济活动中资源的消耗和流动情况，方便学者或普通民众直观地分析和判断经济活动中的资源可持续性，并且具有较强的政策导向性（毕军等，2009）。开展国家、区域的物质流研究可以帮助我们了解社会经济系统与生态环境系统之间的物质交换情况，开展产业部门的物质流分析能够针对出现的问题进行改进，如更换旧设备、探索提高资源利用效率的新技术等（徐瑾等，2018）。

分析生态文明与资源循环利用的耦合关系，应遵循科学性、完备性原则。本章选取《中国环境年鉴》、《中国农村统计年鉴》和《中国循环经济年鉴》中的数据，利用中国物质流基本物质资源成分（见表7-2）进行研究。

表7-1　生态文明与资源循环利用评价指标体系

一级指标	二级指标	三级指标	权重	指标性质
资源循环利用（R）	资源投入（R_1）	直接物质输入（DMI）（R_{11}）	0.1132	负向
		国内物质隐藏流（HF）（R_{12}）	0.0931	负向
		物质总投入（TMI）（R_{13}）	0.0955	负向
		直接物质使用强度（R_{14}）	0.0940	负向
	废物排放（R_2）	直接物质输出（DMO）（R_{21}）	0.1196	负向
		物质总输出（TMO）（R_{22}）	0.0932	负向
		库存净增加（NAS）（R_{23}）	0.1143	负向
		物质直接排放强度（R_{24}）	0.0620	负向
	资源循环（R_3）	废旧资源综合利用量（R_{31}）	0.0111	正向
		物质综合利用效率（R_{32}）	0.0431	正向
		资源产出率（R_{33}）	0.1611	正向
生态文明（E）	生态环境（E_1）	能源消耗总量（E_{11}）	0.1717	负向
		二氧化硫排放总量（E_{12}）	0.1928	负向
		河流达到或好于Ⅲ类水质比例（E_{13}）	0.0962	正向
		地级以上城市空气质量达标（达到或优于二级标准）比例（E_{14}）	0.0904	正向
		水土流失面积占国土面积比例（E_{15}）	0.3019	负向
		森林覆盖率（E_{16}）	0.1472	正向
	生态经济与社会（E_2）	国内生产总值（E_{21}）	0.1107	正向
		研究与试验发展经费支出占GDP比重（E_{22}）	0.0834	正向
		第三产业增加值比重（E_{23}）	0.1803	正向
		绿色出行比重（E_{24}）	0.0475	正向
		农村厕所普及率（E_{25}）	0.0545	正向
		新能源汽车保有量市场占比（E_{26}）	0.4378	正向
		生活垃圾无害化处理率（E_{27}）	0.0858	正向

续表

一级指标	二级指标	三级指标	权重	指标性质
生态文明 （E）	生态意识 （E_3）	环境污染治理投资占 GDP 比重（E_{31}）	0.2308	正向
		受理环境行政复议案件数（E_{32}）	0.3262	正向
		各类环保培训人次（E_{33}）	0.2602	正向
		开展污染源监督性监测的重点企业数（E_{34}）	0.1828	正向

二　评价指标的解释

在资源循环利用方面，资源投入是经济发展的保证，产品产出能够衡量环境的承载力。从中国物质流基本物质资源成分来看，资源投入涉及生物质、非生物质等；废物排放涉及液体废物、气体废物、固体废物以及耗散性物质。资源投入隐藏流涉及进口量和区域内隐藏流，可以利用不同国家或相关文献给出的隐藏流系数进行估算；废物排放隐藏流可以借助《基于物质投入产出表视角下的循环经济统计测度问题研究》得到。另外，库存净增加可以通过"库存净增加（NAS）＝直接物质输入（DMI）－直接物质输出（DMO）"得到，在物质资源利用全周期的每个环节都存在库存净增加，通常指的是建筑物、机械等（王红，2019）。资源循环包括一般工业固体废物综合利用、农林废物综合利用以及再生资源综合利用，其中，农林废物综合利用中秸秆的综合利用量较大，相关数据容易收集，因此只考虑秸秆。

表 7 － 2　中国物质流基本物质资源成分

指标	物质类别		物质流账户内容	数据来源
资源投入	生物质	粮食类	粮食、茶叶、水果、油料、棉花、蔬菜、糖类	《中国统计年鉴》 《中国矿业年鉴》
		水产品	海水产品、淡水产品	
		畜产品	肉类、牛奶、羊绒、禽蛋、蜂蜜	
		林产品	木材	
	非生物质	化石燃料	煤、石油、天然气	
		金属矿物质	铜、铁、铝、铅、锌、镍、锡、锑、镁、钛、汞等	
		非金属矿物质	水泥、石灰石、大理石、石膏	
	进口量		生物质与非生物质进口量	系数根据相关文献推算
	区域内隐藏流		生物质与非生物质隐藏流	

续表

指标	物质类别	物质流账户内容	数据来源
废物排放	液体废物	氨氮排放量、总磷排放量	《中国统计年鉴》《中国循环经济年鉴》
	气体废物	SO_2 排放量、NO_x 排放量、烟尘排放量	
	固体废物	工业固废处置量、生活垃圾清运量、粪便清运量	相关文献及各省区市统计年鉴
	耗散性物质	化肥、农膜、农药	《中国农村统计年鉴》
	出口量	生物质与非生物质出口量	《中国统计年鉴》
	隐藏流	生物质与非生物质隐藏流	《基于物质投入产出表视角下的循环经济统计测度问题研究》
	库存净增加	库存净增加（NAS）= 直接物质输入（DMI）- 直接物质输出（DMO）	—
资源循环	一般工业固体废物综合利用	尾矿、粉煤灰、煤矸石、冶炼废渣、炉渣	《中国循环经济年鉴》《全国农作物秸秆资源调查与评价报告》《秸秆资源评价与利用研究》
	农林废物综合利用	秸秆	
	再生资源综合利用	废钢铁、废有色金属、废塑料、废纸、废轮胎、废弃电器电子产品、报废汽车、废旧纺织品、废玻璃、废电池	《中国再生资源回收行业发展报告》《中国循环经济年鉴》

2014 年，环保部公布的《全国生态文明意识调查研究报告》显示，"公众对生态文明的总体认同度、知晓度、践行度得分分别为 74.8 分、48.2 分、60.1 分，呈现'高认同、低认知、践行度不够'的特点"，此外，由于不同地区、不同受教育水平的公民的生态保护意识参差不齐，因此，对公民的生态文明的宣传教育非常重要。2018 年，在全国生态环境保护大会上，习近平强调，"要把解决突出生态环境问题作为民生优先领域。坚决打赢蓝天保卫战是重中之重，要以空气质量明显改善为刚性要求，强化联防联控，基本消除重污染天气，还老百姓蓝天白云、繁星闪烁。要深入实施水污染防治行动计划，保障饮用水安全，基本消灭城市黑臭水体，还给老百姓清水绿岸、鱼翔浅底的景象。要全面落实土壤污染防治行动计划，突出重点区域、行业和污染物，强化土壤污染管控和修复，有效防范风险，让老百姓吃得放心、住得安心。要持续开展农村人居环境整治行动，打造美丽乡村，为老百

姓留住鸟语花香田园风光"。从经济社会角度看，经济发展必须与生态文明相协调，形成节约资源和保护环境的空间格局、产业结构、生产方式。

第四节　研究方法及评价模型

一　熵值法

熵是热力学中表征物质状态的参量之一，能够度量体系的混乱程度，熵越大，系统内的信息越少且越混乱，反之亦然。熵值法是客观赋权法，能够避免人的主观性，更加准确。资源循环利用和生态文明的原始数据矩阵分别为 $X = \{x_{ij}\}$，$Y = \{y_{ij}\}$，其中，x_{ij} 为第 i 年的第 j 个资源循环利用中的评价指标样本值，y_{ij} 为第 i 年的第 j 个生态文明中的评价指标样本值。

（一）数据的标准化和非负化处理

由于各指标的量纲、数量级均存在差异，且正向指标和负向指标对评价结果具有不确定性，因此为了保证各指标具有可比性，通过分析各个指标的性质，对资源循环利用和生态文明的各个指标进行标准化和非负化处理。

在指标越大对系统发展越有益时，该指标为正向指标，计算公式为：

$$x_{ij}' = \frac{x_{ij} - \min(x_{1j}, x_{2j}, x_{3j}, \cdots, x_{nj})}{\max(x_{1j}, x_{2j}, x_{3j}, \cdots, x_{nj}) - \min(x_{1j}, x_{2j}, x_{3j}, \cdots, x_{nj})} \qquad (7-1)$$

在指标越小对系统发展越有益时，该指标为负向指标，计算公式为：

$$x_{ij}' = \frac{\max(x_{1j}, x_{2j}, x_{3j}, \cdots, x_{nj}) - x_{ij}}{\max(x_{1j}, x_{2j}, x_{3j}, \cdots, x_{nj}) - \min(x_{1j}, x_{2j}, x_{3j}, \cdots, x_{nj})} \qquad (7-2)$$

（二）熵值法指标赋权

（1）第 j 项第 i 年的样本值占该指标的比重 T_{ij} 为：

$$T_{ij} = \frac{x_{ij}}{\sum_{i=1}^{M} x_{ij}} \qquad 0 \leqslant T_{ij} \leqslant 1 \qquad (7-3)$$

（2）第 j 项指标的信息熵值 P_{ij} 为：

$$P_{ij} = -\frac{1}{\ln M} \sum_{i=1}^{M} T_{ij} \ln T_{ij} \qquad (7-4)$$

（3）计算评价指标权重。结合上文，得到资源循环利用第 j 个评价指标的权重 w_j：

$$w_j = \frac{D_j}{\sum_{j=1}^{n} D_j} \qquad (7-5)$$

（4）U_i、U_k 分别代表资源循环利用和生态文明的综合发展评价指数，U_i、U_k 的计算公式为：

$$U_i = \sum_{j=1}^{n} w_j x_{ij} \qquad (7-6)$$

$$U_k = \sum_{k=1}^{m} w_k x_{ik} \qquad (7-7)$$

二　构建耦合协调度模型

本章基于耦合协调度模型分析资源循环利用和生态文明的相互关系，即：

$$C = \left[\frac{U_i \times U_k}{(U_i + U_k) \times (U_i + U_k)} \right]^{\frac{1}{2}} \qquad (7-8)$$

其中，C 为耦合协调度，C 的取值区间为 ［0，1］，C 越大表明两者之间的耦合协调度越高，相互作用和相互影响越强。利用耦合协调度模型，通过计算可以反映资源循环利用与生态文明之间的协调发展水平。计算公式为：

$$T = \alpha U_i + \beta U_k \qquad (7-9)$$

$$D = \sqrt{C \times T} \qquad (7-10)$$

其中，D 为资源循环利用和生态文明的耦合协调度，T 为两者之间的综合评价指数，α、β 为待定系数，本章认为资源循环利用与生态文明的重要程度相同，因此，$\alpha = \beta = 0.5$，另外，本章对资源循环利用和生态文明的耦合协调度进行等级划分（如表 7-3 所示）。

表 7-3　耦合协调度等级划分

耦合协调度	耦合协调度等级	耦合协调度	耦合协调度等级
0.0 ~ 0.099	极度失调	0.5 ~ 0.599	勉强协调
0.1 ~ 0.199	严重失调	0.6 ~ 0.699	初级协调
0.2 ~ 0.299	中度失调	0.7 ~ 0.799	中级协调
0.3 ~ 0.399	轻度失调	0.8 ~ 0.899	良好协调
0.4 ~ 0.499	濒临失调	0.9 ~ 1.000	优质协调

第五节　结果分析

根据耦合协调度模型，本章计算出 2007 ~ 2017 年中国资源循环利用与生态文明的综合发展评价指数 U_i、U_k 及耦合协调度，并据此划分耦合协调度等级（如表 7-4、图 7-3 所示）。

表 7-4　资源循环利用与生态文明综合发展评价指数、耦合协调度及等级

年份	U_i	U_k	C	T	D	耦合协调度等级
2007	0.6433	0.4159	0.4454	0.7623	0.5827	勉强协调
2008	0.6004	0.8488	0.4983	0.9244	0.6787	初级协调
2009	0.5587	0.9400	0.5000	0.9288	0.6814	初级协调
2010	0.4715	1.2012	0.4869	0.9784	0.6902	初级协调
2011	0.3355	1.1338	0.4688	0.8413	0.6280	初级协调
2012	0.3200	1.3410	0.4438	0.9182	0.6384	初级协调
2013	0.2239	1.3773	0.3976	0.8574	0.5839	勉强协调
2014	0.1947	1.4371	0.3607	0.8491	0.5534	勉强协调
2015	0.7249	1.9930	0.4635	1.4496	0.8197	良好协调
2016	0.4299	1.8959	0.4040	1.1930	0.6942	初级协调
2017	0.3768	2.3137	0.3471	1.3452	0.6833	初级协调

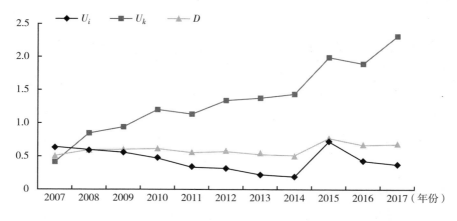

图 7 – 3　资源循环利用与生态文明的综合发展评价指数及耦合协调度

一　资源循环利用与生态文明的发展水平

从表 7 – 4 和图 7 – 3 可以看出，2007～2017 年，中国资源循环利用综合发展评价指数 U_i 的变化较为平稳，生态文明综合发展评价指数 U_k 稳步提高。具体来看，资源循环利用综合发展评价指数 U_i 在 2007 年较高，为0.6433。随着 2008 年金融危机等的发生，中国增加了对基础设施建设方面的投资，资源投入不断增加，2014 年，U_i 降到谷底，为 0.1947，但 2015 年迅速反弹，达到 0.7249。2015 年是"十二五"收官之年，结合政府在"十二五"期间陆续出台的一系列有关资源循环利用、环境污染防治的政策，一般工业固体废物和农林废物的综合利用水平得到提高，同时，鼓励企业淘汰落后产能，更换老旧设备，大量老旧船舶和工业设备退出市场。另外，2015 年，网购发展处于上升趋势，废纸箱、废纸板的回收量明显增加，全年回收总量为 4832 万吨，同比增长 9.3%。2017 年，U_i 再一次下滑，但是资源循环利用的二级指标中的资源循环的综合发展评价指数比资源投入、废物排放都高（见图 7 – 4），与 2015 年前相比，资源循环利用政策略显成效。自 2012 年以来，受国内外经济形势（大宗商品价格下降、经济下行压力增加等）的影响，中国再生资源行业的企业面临的经营困难增加，虽然大量企业能够平稳运行，但是资源循环利用综合水平没有得到显著提升。

生态文明综合发展评价指数 U_k 在 2007 年仅为 0.4159，之后几年内稳步提高，党的十七大报告提出生态文明后，第三产业发展迅猛，各个省会城市及区首府积极参与建设生态文明示范区，从中央到地方通过颁布政策支持相关企业发展，增加环境保护培训人员，大力推进生态文明建设。U_k 从 2012 年的 1.3410 增长到 2017 年的 2.3137，生态文明建设快速发展。党的十八大报告首次将"生态文明建设"单独列为一部分并进行详细阐述；2014 年，《国务院关于支持福建省深入实施生态省战略加快生态文明先行示范区建设的若干意见》颁布，福建省作为示范区发挥自身优势，率先进行生态文明建设；2015 年，《中共中央　国务院关于加快推进生态文明建设的意见》出台，进一步表明中国建设生态文明的决心，为未来出台相关政策提供了指引。

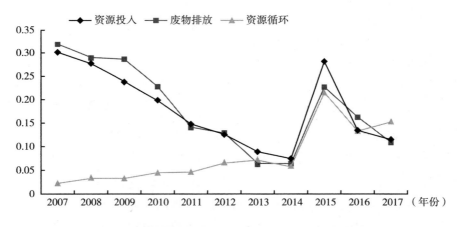

图 7-4　资源循环利用的二级指标的综合发展评价指数

二　资源循环利用与生态文明的耦合协调度

2007～2017 年，中国资源循环利用和生态文明的耦合协调发展趋势相对平缓，两者的相互作用虽然不断加强，但是并不明显，耦合协调度等级从 2007 年的勉强协调发展为 2017 年的初级协调。整体来看，两者的耦合协调度的发展可以分为三个阶段：2007～2010 年的耦合改善、2010～2014 年的耦合降低、2014～2017 年的耦合改善。2007～2010 年耦合协调度由 0.5827

发展为 0.6902。2007～2008 年，产业结构优化水平稳步提升，2008 年金融危机发生后，高耗能、高污染的传统产业快速发展，对两者的耦合协调度造成不利影响。2008 年，国家完成多项环境保护工作，继续加强环保基础能力建设，提出"以奖促治、以奖代补"等措施。2009 年，环保部办公厅印发的《2009－2010 年全国污染防治工作要点》指出，"加快实施重点流域海域污染防治规划""全面推进大气污染防治工作""加强上市公司环保核查与监管"等。从 2010 年起，环境污染治理投资占 GDP 比重高达 1.84%，部分环境质量指标持续好转，减排任务超额完成，中央加大财政投入力度，支持矿山治理，农村环境治理投资继续增加，"以奖促治"和"以奖代补"措施带来的环境综合整治效果明显，因此，两者的耦合协调度缓慢提升。2011～2014 年，两者的耦合协调度由 0.6280 降至 0.5534。其间，2011 年，中国城镇人口比例达到 51.27%；2013 年出现大范围雾霾；为了满足城市的基础设施需求，2009 年后，PPP（政府和社会资本合作）工程迅猛发展，经济社会发展对资源的需求量明显增加。《环境空气质量标准》（GB 3095—2012）增设了颗粒物（粒径小于等于 2.5μm）浓度限值。党的十八大将生态文明建设正式纳入中国特色社会主义"五位一体"总布局；党的十八届三中全会提出探索编制自然资源资产负债表，但这一政策的作用存在一定的滞后性，未在这一阶段及时显现。虽然资源循环利用综合发展评价指数在这一阶段降低，但是图 7－4 中的资源循环综合发展评价指数出现过增加，生态文明建设稳步推进。2015 年，两者的耦合协调度等级为良好协调，耦合协调度为 0.8197，达到峰值；2016 年和 2017 年，耦合协调度降低，但是较为稳定，分别为 0.6942 和 0.6833。2010 年，《国务院关于加快培育和发展战略性新兴产业的决定》发布；2011 年，节能环保资源循环利用产业成为战略性新兴产业；各类循环经济试点在"十二五"期间不断增加；2015 年末，资源循环利用产业产值超过 1.5 万亿元，由于绿色金融规模在 2008～2017 年持续扩大，为资源循环利用产业的发展提供有力支持；2015 年后，节能环保资源循环利用产业对生态文明建设的作用显著。2015 年 9 月，《生态文明体制改革总体方案》印发，有效推动资源投入与排放减量化，资源循环利用在良好的政策环境下稳步发展，生态文明建设理念的统领作用逐渐明显。

第六节　主要结论及建议

通过对资源循环利用与生态文明的耦合协调度的研究，本章得出以下主要结论。

（1）中国资源循环利用综合发展评价指数增长缓慢，生态文明综合发展评价指数稳定提高。虽然生态文明机制逐步完善，但是由于中国的资源循环利用仍然处于不成熟的发展阶段，资源循环利用的效果不明显，资源全生命周期的管理体系不完善。资源的投入以及消耗较大，排放的废弃物中可循环利用的资源较多，但实际上被有效利用及循环利用的资源相对较少。

（2）中国资源循环利用和生态文明耦合协调度等级由 2007 年的勉强协调逐步发展为 2017 年的初级协调，两者之间的优化趋势不明显，相互促进作用不大，耦合协调发展趋势不明显。生态文明建设受低水平资源循环利用的牵制较大，两者的耦合协调度受资源投入与废物排放的影响较大。

本章根据以上主要结论提出以下建议。

（1）控制资源投入，资源的过量投入会对两者的耦合协调度产生较大的影响。政府应牵头完善生态环境监管体制，严厉打击非法开采矿山等活动；加大科研投入力度，研究各类金属全生命周期对环境造成的影响，有针对性地采取控制措施；通过立法推动生产者责任延伸制度落实；利用经济手段使生产者主动承担相关责任；推动相关技术发展，如生产、设计、物流以及回收等技术；鼓励生产者从产品设计阶段就采用对生态环境造成的压力较小的材料。

（2）控制废物排放，废物过量排放会导致两者的耦合协调度降低。通过编写相关报告，进一步明确各类产品的使用年限，如建筑、电器电子产品、塑料等；提高废物使用率，避免浪费；借鉴欧盟、日本、美国等对废物的管理措施；采用一定经济手段控制废物填埋量，让相关企业承担废物管理责任。

（3）由科技主导资源循环利用技术发展，推动大宗固体废物综合利用，实现再生资源行业转型，加大对循环利用技术的研发、创新和应用力度。近年来，中国的资源循环利用行业虽然逐步发展，但是在国际上仍处于落后水平，如可以对汽车拆解、废旧轮胎无害化以及废弃电器电子产品的分解回收技术等进行进一步研究。

参考文献

《马克思恩格斯选集》（第二卷），人民出版社，2012，第 169 页。

《马克思恩格斯选集》（第三卷），人民出版社，2012，第 998 页。

《毛泽东文集》（第七卷），人民出版社，1999，第 373 页。

《毛泽东文集》（第八卷），人民出版社，1999，第 326 页。

邓小平：《建设有中国特色的社会主义（增订本）》，人民出版社，1987，第 12 页。

《2012 年再生资源行业分析报告》，中华人民共和国商务部网站，2013，http：//ltfzs. mofcom. gov. cn/article/date/201306/20130600172833. shtml。

《2013 年我国循环经济发展指数为 137.6》，中华人民共和国国家统计局网站，2015，http：//www. stats. gov. cn/tjsj/zxfb/201503/t20150318_ 696673. html。

毕军等：《物质流分析与管理》，科学出版社，2009。

毕于运：《秸秆资源评价与利用研究》，中国农业科学院博士学位论文，2010。

卜庆才：《物质流分析及其在钢铁工业中的应用》，东北大学博士学位论文，2005。

卜庆才等：《2020—2030 年中国废钢资源量预测》，《中国冶金》2016 年第 10 期。

卜庆才、陆钟武：《中国和主要产钢国铁资源效率的对比分析》，《中国冶金》2005 年第 8 期。

陈德敏：《循环经济的核心内涵是资源循环利用——兼论循环经济概念的科学运用》，《中国人口·资源与环境》2004 年第 2 期。

陈华：《基于生态—公平—效率模型的中国低碳发展研究》，同济大学出版社，2012。

陈莎等：《动态生命周期评价的研究与应用现状》，《中国环境科学》2018年第12期。

陈伟强等：《铝的生命周期评价与铝工业的环境影响》，《轻金属》2009a年第5期。

陈伟强等：《1991年~2007年中国铝物质流分析（Ⅰ）：全生命周期进出口核算及其政策启示》，《资源科学》2009b年第11期。

陈伟强等：《1991年~2007年中国铝物质流分析（Ⅱ）：全生命周期损失估算及其政策启示》，《资源科学》2009c年第12期。

陈伟强等：《国家尺度上铝的社会流动过程解析》，《资源科学》2008年第7期。

陈效述、乔立佳：《中国经济—环境系统的物质流分析》，《自然资源学报》2000年第1期。

陈学明：《"生态马克思主义"对于我们建设生态文明的启示》，《复旦学报》（社会科学版）2008年第4期。

陈炎：《"文明"与"文化"》，《学术月刊》2002年第2期。

成金华：《中国矿产经济学研究现状和前景展望》，《理论月刊》2005年第5期。

程春艳：《经济转型背景下中国铝产业发展战略研究》，中国地质大学（北京）博士学位论文，2013。

程会强：《再生资源行业升级创新促进绿色发展》，《环境保护》2016年第17期。

程慧等：《我国旅游资源开发与生态环境耦合协调发展的时空演变》，《经济地理》2019年第7期。

崔细雨：《胡锦涛生态文明建设思想探析》，陕西师范大学硕士学位论文，2019。

戴铁军等：《基于物质流分析的京津冀生态质量空间耦合演化研究》，

《生态经济》2018年第5期。

戴铁军等：《物质流分析视角下北京市物质代谢研究》，《环境科学学报》2017年第8期。

单淑秀：《我国氧化铝成本的竞争力分析》，《轻金属》2006年第10期。

邓玲等：《我国生态文明发展战略及其区域实现研究》，人民出版社，2014。

邓宗兵等：《长江经济带生态文明建设与新型城镇化耦合协调发展及动力因素研究》，《经济地理》2019年第10期。

董芳青等：《适用于静脉产业园物质流分析的指标体系建设探讨及案例分析》，《未来与发展》2019年第4期。

董丽伟等：《我国社会废钢回收量预测》，《环境科学研究》2011年第11期。

方浩范：《中国共产党领导人对生态文明建设理论的贡献》，《延边大学学报》（社会科学版）2013年第5期。

耿殿明、刘佳翔：《基于物质流分析的区域循环经济发展动态研究——以山东省为例》，《华东经济管理》2012年第6期。

郭薇：《循环经济是解决污染的根本之路——访全国人大环资委主任委员曲格》，《再生资源研究》2001年第1期。

郭晓倩等：《基于改进logistic模型的天津市电子废弃物产生量预测》，《环境科学与技术》2014年第3期。

郭学益、田庆华编著《有色金属资源循环理论与方法》，中南大学出版社，2008。

《国际标准化组织环境管理标准化技术委员会（ISO/TC207）简介》，《世界标准信息》1997年第5期。

国家发展和改革委员会宏观经济研究院、我国循环经济发展战略研究课题组编《我国循环经济发展战略研究报告》，高等教育出版社，2005。

国家发展和改革委员会资源节约和环境保护司编《废弃电器电子产品回收处理研究与实践》，社会科学文献出版社，2012。

国家信息中心、中国信息协会主办《中国信息年鉴》（1991～2014），中国信息年鉴期刊社，1992～2015。

韩瑞玲等：《基于物质流分析方法的唐山市经济与环境关系的协整检验和分解》，《应用生态学报》2015 年第 12 期。

韩中奎：《中国建筑中铁物质流研究》，中国地质大学（北京）硕士学位论文，2019。

韩中奎等：《中国房屋建筑中钢铁存量的时空变化》，《资源科学》2018 年第 12 期。

何国萍：《江泽民生态文明思想及其实践路径探析》，《兰州文理学院学报》（社会科学版）2016 年第 3 期。

何克东、邓玲：《我国生态文明建设的实践困境与实施路径》，《四川师范大学学报》（社会科学版）2013 年第 6 期。

何萍等：《中国碳税政策实施效应研究综述》，《林业经济问题》2018 年第 3 期。

侯萍等：《中国资源能源稀缺度因子及其在生命周期评价中的应用》，《自然资源学报》2012 年第 9 期。

胡鞍钢等：《供给侧结构性改革——适应和引领中国经济新常态》，《清华大学学报》（哲学社会科学版）2016 年第 2 期。

胡长生、胡宇喆：《习近平新时代生态文明观的理论贡献》，《求实》2018 年第 6 期。

胡恩平等：《三参数 Weibull 分布几种常用的参数估计方法》，《沈阳工业学院学报》2000 年第 3 期。

郇庆治：《改革开放四十年中国共产党绿色现代化话语的嬗变》，《云梦学刊》2019a 年第 1 期。

郇庆治：《生态马克思主义的中国化：意涵、进路及其限度》，《中国地质大学学报》（社会科学版）2019b 年第 4 期。

郇庆治：《生态文明建设与可持续发展的融通互鉴》，《可持续发展经济导刊》2020 年第 Z1 期。

黄和平：《生命周期管理研究述评》，《生态学报》2017 年第 13 期。

黄和平、毕军：《基于物质流分析的区域循环经济评价——以常州市武进区为例》，《资源科学》2006 年第 6 期。

黄宁宁等：《中国汽车行业钢铁物质流代谢研究》，《环境科学与技术》2013 年第 2 期。

黄晓芬、诸大建：《上海市经济—环境系统的物质输入分析》，《中国人口·资源与环境》2007 年第 3 期。

黄志斌等：《绿色发展理论基本概念及其相互关系辨析》，《自然辩证法研究》2015 年第 8 期。

霍丽娜：《世界各国电子垃圾的回收处理概况》，《世界有色金属》2011 年第 11 期。

贾文博：《基于 ERP 的逆向物流企业采购成本系统研究——以废铝再生企业为例》，《物流科技》2016 年第 6 期。

《坚定不移沿着中国特色社会主义道路前进　为全面建成小康社会而奋斗——在中国共产党第十八次全国代表大会上的报告》，中国文明网，2012，http：//www. wenming. cn/specials/zxdj/kxfzcjhh/jj/201211/t20121118_ 940065. shtml。

江小珍：《略谈循环经济背景下再生资源产业的发展》，《商讯》2019 年第 19 期。

姜宏伟等：《废铝再生技术分析与对策》，《轻金属》2017 年第 12 期。

姜雪等：《LCA 在产品生命周期环境影响评价中的应用》，《中国人口·资源与环境》2014 年第 S2 期。

郎铁柱主编《低碳经济与可持续发展》，天津大学出版社，2015。

雷萌萌：《绿色发展的内涵及实现路径探析》，《教育现代化》2019 年第 89 期。

冷峥峥：《试论我国碳排放峰值目标下的低碳政策》，《科技资讯》2019 年第 29 期。

李丰：《低碳经济战略视角下碳排放交易市场研究》，《四川轻化工大学学报》（社会科学版）2020 年第 2 期。

李刚：《基于可持续发展的国家物质流分析》，《中国工业经济》2004年第11期。

李健等：《京津冀区域经济发展与资源环境的脱钩状态及驱动因素》，《经济地理》2019年第4期。

李强峰等：《1949~2015年中国铁存量分析》，《中国矿业》2017年第12期。

李肖龙、燕凌羽：《中国铁物质流研究评述》，《生态经济》2017年第7期。

李新等：《中国金属矿产的消费强度与回收潜力分析》，《中国人口·资源与环境》2017年第7期。

李阳：《邓小平生态思想的内容研究》，《文化学刊》2017年第12期。

李裕伟：《矿产品使用强度与矿业发展新阶段》，《中国国土资源经济》2016年第9期。

梁晓辉等：《上海市电子废弃物产生量预测与回收网络建立》，《环境科学学报》2010年第5期。

凌江等：《我国废弃电器电子产品处理对策研究》，《环境保护》2016年第13期。

刘滨等：《试论以物质流分析方法为基础建立我国循环经济指标体系》，《中国人口·资源与环境》2005年第4期。

刘滨等：《以物质流分析方法为基础核算我国循环经济主要指标》，《中国人口·资源与环境》2006年第4期。

刘畅：《中国省域循环经济绩效评价》，《中国环境管理干部学院学报》2016年第6期。

刘凤义等：《论资本逻辑下的资本主义生态危机》，《当代经济研究》2019年第7期。

刘敬智：《中国的物质流账户及资源效率革命》，东北大学硕士学位论文，2004。

刘庆山：《开发利用再生资源缓解自然资源短缺》，《再生资源研究》

1994 年第 10 期。

刘思华：《坚持和加强生态文明的马克思主义研究——我是如何构建社会主义生态文明创新理论的》，《毛泽东邓小平理论研究》2014 年第 5 期。

刘思华：《中国特色社会主义生态文明发展道路初探》，《马克思主义研究》2009 年第 3 期。

刘松、石宝军：《生态文明视域下雄安新区及其周边区域生态经济耦合协调分析》，《生态经济》2018 年第 11 期。

刘维平主编《资源循环概论》，化学工业出版社，2017。

刘毅、陈吉宁：《中国磷循环系统的物质流分析》，《中国环境科学》2006 年第 2 期。

柳群义等：《中国铜需求趋势与消费结构分析》，《中国矿业》2014 年第 9 期。

龙宝林、叶锦华：《我国钢铁及铁矿石需求预测》，《中国矿业》2010 年第 11 期。

卢风、曹小竹：《论伊林·费切尔的生态文明观念——纪念提出"生态文明"观念 40 周年》，《自然辩证法通讯》2020 年第 2 期。

卢勇：《废铝资源再生研究现状》，《四川有色金属》2020 年第 2 期。

鲁贵卿：《回望七十年来时路，共创建筑业高质量未来》，《建筑》2019 年第 2 期。

陆钟武：《钢铁产品生命周期的铁流分析——关于铁排放量源头指标等问题的基础研究》，《金属学报》2002 年第 1 期。

陆钟武：《物质流分析的跟踪观察法》，《中国工程科学》2006 年第 1 期。

陆钟武、岳强：《钢产量增长机制的解析及 2000—2007 年我国钢产量增长过快原因的探索》，《中国工程科学》2010 年第 6 期。

陆钟武、岳强：《物质流分析的两种方法及应用》，《有色金属再生与利用》2006 年第 2 期。

孟赤兵等编著《人类的共同选择　绿色低碳发展》，冶金工业出版社，2012。

彭焕龙等：《区域物质流的资源环境效率分析评价方法及应用研究——以广州市南沙区为例》，《生态经济》2017 年第 1 期。

彭绪庶、瞿会宁：《城市典型废弃物循环利用体系建设——日本的实践与启示》，《技术经济与管理研究》2012 年第 7 期。

平卫英：《基于物质投入产出表视角下的循环经济统计测度问题研究》，经济科学出版社，2018。

朴玉：《日本家电废弃物回收处理状况分析》，《现代日本经济》2012 年第 1 期。

秦琦等：《我国再生铝产业现状》，《轻合金加工技术》2019 年第 3 期。

邱定蕃、徐传华编著《有色金属资源循环利用》，冶金工业出版社，2006。

阮朝辉：《习近平生态文明建设思想发展的历程》，《前沿》2015 年第 2 期。

《三部委关于加快推进再生资源产业发展的指导意见》，中华人民共和国中央人民政府网，2016，http：//www. gov. cn/xinwen/2017 - 01/26/content_5163680. htm。

《商务部发布〈中国再生资源回收行业发展报告（2018）〉》，《资源再生》2018 年第 6 期。

沈广明、钟明华：《习近平生态文明思想的政治经济学解读》，《马克思主义研究》2019 年第 8 期。

沈镭：《我国资源型城市转型的理论与案例研究》，中国科学院研究生院博士学位论文，2005。

石磊等：《中国铝工业的产业共生模式分类及其特征》，《环境科学研究》2011 年第 10 期。

石敏俊：《十九大报告：生态文明建设和绿色发展的路线图》，中国网，2017，http：//www. china. com. cn/opinion/think/2017 - 10/20/content_ 41765709. htm。

石垚等：《基于 MFA 的生态工业园区物质代谢研究方法探析》，《生态学报》2010 年第 1 期。

时朋飞等：《区域美丽中国建设与旅游业发展耦合关联性测度及前景预测——以长江经济带 11 省市为例》，《中国软科学》2018 年第 2 期。

舒小林等：《旅游产业与生态文明城市耦合关系及协调发展研究》，《中国人口·资源与环境》2015 年第 3 期。

宿丽霞、王兆华、杨忠敏等：《基于物质流分析的闭环供应链循环效率研究》，《工业工程》2012 年第 4 期。

孙莹等：《中国钢铁资源与生产流程结构的长期预测——基于动态物质流与 ARIMA-Logistic 组合模型》，《资源科学》2014 年第 3 期。

王长波等：《生命周期评价方法研究综述——兼论混合生命周期评价的发展与应用》，《自然资源学报》2015 年第 7 期。

王昶等：《城市矿产理论研究综述》，《资源科学》2014 年第 8 期。

王昶等：《城市矿产研究的理论与方法探析》，《中国人口·资源与环境》2017 年第 12 期。

王成彦、王忠编著《铜的再生与循环利用》，中南大学出版社，2010。

王东：《再生铝项目环境影响评价重点》，《北方环境》2011 年第 4 期。

王高尚、韩梅：《中国重要矿产资源的需求预测》，《地球学报》2002 年第 6 期。

王海芹、高世楫：《我国绿色发展萌芽、起步与政策演进：若干阶段性特征观察》，《改革》2016 年第 3 期。

王红：《物质流核算与分析：理论方法与实际应用》，经济管理出版社，2019。

王金南等：《国家绿色发展战略规划的初步构想》，《环境保护》2006 年第 6 期。

王俊博等：《基于物质流方法的中国铜资源社会存量研究》，《资源科学》2016 年第 5 期。

王薇：《对深化发展我国绿色金融体系的思考》，《福建金融》2018 年第 7 期。

王喜满：《福斯特的〈马克思的生态学：唯物主义与自然〉》，《学习时报》2007 年 12 月 18 日。

王雪松、许景峰主编《房屋建筑学》，重庆大学出版社，2013。

王羽、王宪恩：《基于生态文明理念的区域经济社会与资源环境耦合协调发展》，《环境保护》2018 年第 6 期。

王玉涛等：《中国生命周期评价理论与实践研究进展及对策分析》，《生态学报》2016 年第 22 期。

王兆华：《逆向物流管理理论与实践——以电子废弃物回收为研究对象》，科学出版社，2013。

王祝堂：《世界再生铝工业风云》，《世界有色金属》2017 年第 2 期。

韦漩等：《废旧铝合金回收利用的研究现状》，《过程工程学报》2019 年第 1 期。

魏岩：《废弃电器电子产品处理基金政策实施情况及下一步工作安排》，《再生资源与循环经济》2014 年第 1 期。

温宗国、季晓立：《中国铜资源代谢趋势及减量化措施》，《清华大学学报》（自然科学版）2013 年第 9 期。

文博杰、韩中奎：《2015 年中国钴物质流研究》，《中国矿业》2018 年第 1 期。

吴英姿：《中国工业低碳发展中金融的贡献与效率研究》，复旦大学出版社，2015。

伍迪、王守清：《PPP 模式在中国的研究发展与趋势》，《工程管理学报》2014 年第 6 期。

《习近平谈绿色：保护生态环境就是保护生产力》，《人民日报》2016 年 3 月 3 日。

夏艳清、李书音：《基于物质流分析的区域经济系统环境效率评价》，《资源科学》2017 年第 9 期。

向宁等：《德国电子废弃物回收处理的管理实践及其借鉴》，《中国人口·资源与环境》2014 年第 2 期。

肖汉雄、杨丹辉：《基于产品生命周期的环境影响评价方法及应用》，《城市与环境研究》2018 年第 1 期。

熊慧：《未来五年我国废铝供应预测》，《资源再生》2009 年第 9 期。

徐瑾等：《以天津市为例的城市水代谢系统安全评价研究》，《中国给水排水》2018 年第 1 期。

徐明、张天柱：《中国经济系统中化石燃料的物质流分析》，《清华大学学报》（自然科学版）2004 年第 9 期。

徐一剑等：《贵阳市物质流分析》，《清华大学学报》（自然科学版）2004 年第 12 期。

徐珍等：《欧盟重金属污染防治制度研究》，《环境污染与防治》2014 年第 8 期。

许广月：《中原经济区绿色发展及其绩效提升研究》，中国经济出版社，2017。

许先春：《习近平生态文明思想的科学内涵与战略意义》，《人民论坛》2019 年第 33 期。

燕芳敏：《现代化视域下的生态文明建设研究》，山东人民出版社，2016。

燕凌羽：《中国铁资源物质流和价值流综合分析》，中国地质大学（北京）博士学位论文，2013。

阳盼盼等：《我国西部地区循环经济发展机制与路径研究》，四川大学出版社，2015。

杨大燕：《论邓小平生态文明建设思想及其蕴含的四大思维》，《邓小平研究》2018 年第 3 期。

杨东等：《基于生命周期评价的风力发电机碳足迹分析》，《环境科学学报》2015 年第 3 期。

杨富强等：《我国再生铝产业现状及发展方向》，《新材料产业》2019 年第 8 期。

杨立、黄涛珍：《基于耦合协调度模型的生态文明与新型城镇化作用机理及关系研究》，《生态经济》2019 年第 12 期。

姚海琳、张翠虹：《中国资源循环利用产业政策演进特征研究》，《资源科学》2018 年第 3 期。

殷瑞钰：《绿色制造与钢铁工业——钢铁工业的绿色化问题》，《科技和产业》2003 年第 9 期。

尹霖、张平淡：《科普资源的概念与内涵》，《科普研究》2007 年第 5 期。

〔英〕大卫·李嘉图：《政治经济学及赋税原理》，郭大力、王亚南译，译林出版社，2014。

〔英〕马尔萨斯：《人口原理》，黄立波编译，陕西人民出版社，2007。

〔英〕约翰·斯图亚特·穆勒：《政治经济学原理》，金镝、金熠译，华夏出版社，2013。

于波涛：《黑龙江省发展循环经济的资源消耗强度分析与预测》，《商业研究》2008 年第 2 期。

余德辉、王金南：《循环经济 21 世纪的战略选择》，《再生资源研究》2001 年第 5 期。

员学锋等：《基于物质流和能量流分析的循环农业园产业链优化》，《农业工程学报》2018 年第 15 期。

岳强：《物质流分析、生态足迹分析及其应用》，东北大学博士学位论文，2006。

岳强、陆钟武：《中国铜循环现状分析（Ⅰ）——"STAF"方法》，《中国资源综合利用》2005 年第 4 期。

《再生资源回收管理办法》，《中国财经审计法规选编》2007 年第 13 期。

《再生资源回收体系建设中长期规划（2015～2020 年）》，《中国资源综合利用》2015 年第 1 期。

曾现来：《典型电子废物部件中有色金属回收机理及技术研究》，清华大学博士学位论文，2014。

翟巍：《德国循环经济法律制度精解》，中国政法大学出版社，2017。

张成利：《中国特色社会主义生态文明观研究》，中共中央党校博士学位论文，2019。

张盾：《马克思与生态文明的政治哲学基础》，《中国社会科学》2018年第 12 期。

张皓月等：《征收碳税对山西省煤炭开采行业的影响及应对措施》，《煤炭经济研究》2019 年第 6 期。

张华：《我国废钢铁资源的可持续利用政策》，《中国人口·资源与环境》2003 年第 2 期。

张纪录：《湖北省经济系统的物质流分析》，华中科技大学硕士学位论文，2009。

张科静、魏珊珊：《国外电子废弃物再生资源化运作体系及对我国的启示》，《中国人口·资源与环境》2009 年第 2 期。

张墨等：《基于生态文明观的循环经济发展思路》，《生态经济》2014年第 1 期。

张雪：《我国社会主义生态文明建设研究》，四川大学出版社，2015。

张艳飞：《中国钢铁产业区域布局调整研究》，中国地质科学院硕士学位论文，2014。

张玉林、郭辉：《消费社会的资源—环境代价——"2019 中国人文社会科学环境论坛"研讨综述》，《南京工业大学学报》（社会科学版）2020 年第 1 期。

赵贺春、张立娜：《我国铝业生产的物质流分析——基于 2010 年我国铝行业的数据》，《北方工业大学学报》2014 年第 4 期。

中共中央文献研究室编《邓小平年谱 一九七五——九九七（下）》，中央文献出版社，2004。

中共中央文献研究室编《毛泽东年谱 一九四九——九六七 第三卷》，中央文献出版社，2013。

中共中央文献研究室、国家林业局编《新时期党和国家领导人论林业与生态建设》，中央文献出版社，2001。

《中国钢铁工业年鉴》编辑委员会编《中国钢铁工业年鉴》（1986 ～

2017），冶金工业出版社，1986～2017。

中国国际经济交流中心课题组：《中国实施绿色发展的公共政策研究》，中国经济出版社，2013。

中国机械工业年鉴编辑委员会编《中国机械工业年鉴》（1983～2016），中国机械工业出版社，1984～2017。

中国家用电器研究院：《中国废弃电器电子产品回收处理及综合利用行业白皮书2017》，第十一届电器电子产品回收处理技术及生产者责任延伸制度国际会议，2018。

"中国可持续发展矿产资源战略研究"项目组编著《中国可持续发展矿产资源战略研究》，科学出版社，2006。

《中国矿业年鉴》编辑部编《中国矿业年鉴》（2009～2018），地震出版社，2010～2019。

中国能源中长期发展战略研究项目组编《中国能源中长期（2030、2050）发展战略研究　综合卷》，科学出版社，2011。

《中国信息产业年鉴》编辑委员会编《中国信息产业年鉴》（1992～2015），中国工信出版集团、电子工业出版社，1992～2015。

《中国有色金属工业年鉴》社编《中国有色金属工业年鉴2015》，中国有色金属工业协会，2016。

中国有色金属工业协会编《中国有色金属工业年鉴》（1997～2015），中国有色金属工业年鉴出版社，1998～2016。

中国有色金属工业协会编《中国有色金属工业年鉴》（2008～2017），中国有色金属工业协会，2009～2018。

中华人民共和国海关总署编《中国海关统计年鉴》（1990～2019），1991～2020。

《中国再生资源回收行业发展报告（2016）》，《再生资源与循环经济》2016年第6期。

《中国再生资源回收行业发展报告（2019）》，中华人民共和国商务部网站，2019，http：//ltfzs. mofcom. gov. cn/article/ztzzn/an/201910/2019100290

6058. shtml。

《〈中国再生资源回收行业发展报告 2016〉（全文）》，搜狐网，2016，https：//www. sohu. com/a/77343298_ 131990。

《中国再生资源回收行业发展报告 2017（摘要）》，中华人民共和国商务部网站，2017，http：//ltfzs. mofcom. gov. cn/article/date/201705/201705025 68040. shtml。

《中国再生资源回收行业发展报告 2017》，《资源再生》2017 年第 5 期。

中国自然资源研究会编《自然资源研究的理论和方法》，科学出版社，1985。

中华人民共和国国家统计局编《中国统计年鉴（2015）》，中国统计出版社，2015。

中华人民共和国国家统计局编《中国统计年鉴（2016）》，中国统计出版社，2016。

中华人民共和国国家统计局编《中国统计年鉴（2017）》，中国统计出版社，2017。

中华人民共和国国土资源部编《2005 中国国土资源统计年鉴》，地质出版社，2005。

中华人民共和国国土资源部编《中国矿产资源报告》（2012～2015），地质出版社，2012～2015。

《中华人民共和国企业所得税法实施条例》，中华人民共和国国家税务总局网站，2008，http：//www. chinatax. gov. cn/n810341/n810765/n812176/n812748/c1193046/content. html。

《周宏春：生态文明建设的基本途径——绿色发展、循环发展、低碳发展》，宣讲家网，2016，http：//www. 71. cn/2016/0612/894225. shtml。

朱坦、高帅：《生态文明建设与再生资源产业》，《再生资源与循环经济》2014 年第 1 期。

朱智文、马大晋：《生态文明制度体系与美丽中国建设》，甘肃民族出版社，2015。

诸大建：《从可持续发展到循环型经济》，《世界环境》2000 年第 3 期。

诸大建：《解读生态文明下的中国绿色经济》，《环境保护科学》2015 年第 5 期。

诸大建：《绿色经济新理念及中国开展绿色经济研究的思考》，《中国人口·资源与环境》2012 年第 5 期。

诸大建、黄晓芬：《循环经济的对象－主体－政策模型研究》，《南开学报》2005 年第 4 期。

庄贵阳、丁斐：《新时代中国生态文明建设目标愿景、行动导向与阶段任务》，《北京工业大学学报》（社会科学版）2020 年第 3 期。

Achzet, B., Helbig, C., "How to Evaluate Raw Material Supply Risks——An Overview," *Resour. Policy* 38, 2013.

Agamuthu, P., Kasapo, P., Mohd Nordin, N. A., "E-waste Flow among Selected Institutions of Higher Learning Using Material Flow Analysis Model," *Resources, Conservation and Recycling* 105, 2015.

Angerer, G., Erdmann, L., Marscheider-Weidemann, F., Scharp, M., Lüllmann, A., Handke, V. et al., *Rohstoffe für Zukunftstechnologien-Einfluss des branchenspezifischen Rohstoffbedarfs in rohstoffintensiven Zukunftstechnologien auf die zukünftige Rohstoffnachfrage* (Fraunhofer IRB Verlag, 2009), http://www.isi.fhg.de/.

Ayres, R. U., *The Greening of Industrial Ecosystems, Industrial Metabolism: Theory and Policy* (National Academy Press, 1994).

Ayvaz, B., Bolat, B., Aydin, N., "Stochastic Reverse Logistics Network Design for Waste of Electrical and Electronic Equipment," *Resources Conservation & Recycling* 104, 2015.

Baccini, P., Brunner, P. H., *Metabolism of the Antroposphere* (Spinger, 1991).

Bakhiyi, B., Gravel, S., Ceballos, D., Flynn, M. A., Zayed, J., "Has the Question of E-waste Opened a Pandora's Box? An Overview of

Unpredictable Issues and Challenges," *Environ. Int.* 110, 2018.

Baldé, C., Wang, F., Kuehr, R., Huisman, J., *The Global E-waste Monitor – 2014* (United Nations University, IAS-SCYCLE, 2015).

Beers, D. V., Graedel, T. E., Graedel, T. E., "The Magnitude and Spatial Distribution of in-use Zinc Stocks in Cape Town, South Africa," *Afr. J. Environ. Assess. Manag.* 9, 2004.

Bertram, M., Graedel, T. E., Rechberger, H., Spatari, S., "The Contemporary European Copper Cycle: Waste Management Subsystem," *Ecol. Econ.* 42, 2002.

Bilee, M., *A Hybrid Life Cycle Assessment Model for Construction Process* (University of Pittsburgh, 2007).

Boin, U. M. J., Bertram, M., "Melting Standardized Aluminum Scrap: A Mass Balance Model for Europe," *J. Metals* 57, 2005.

Brunner, P. H., Rechberger, H., *Practical Handbook of Material Flow Analysis* (Lewis Publishers, 2004).

Bu, Q. C., Lu, J. B., Li, P. F. et al., "Forecast of China's Scrap Resources from 2020 to 2030," *China Metallurgy* 26 (10), 2016.

Buchner, H., Laner, D., Rechberger, H., Fellner, J., "Dynamic Material Flow Modeling: An Effort to Calibrate and Validate Aluminum Stocks and Flows in Austria," *Environment Science Technology* 49 (9), 2015.

Buchner, H., Laner, D., Rechberger, H., Fellner, J., "In-depth Analysis of Aluminum Flows in Austria as a Basis to Increase Resource Efficiency," *Resour. Conserv. Recycl.* 93, 2014.

Cayumil, R., Khanna, R., Rajarao, R., Mukherjee, P. S., Sahajwalla, V., "Concentration of Precious Metals during Their Recovery from Electronic Waste," *Waste Manag.* 57, 2016.

Charles, R. G., Douglas, P., Hallin, I. L., Matthews, I., Liversage, G., "An Investigation of Trends in Precious Metal and Copper Content of Ram

Modules in WEEE: Implications for Long Term Recycling Potential," *Waste Manag.* 60, 2017.

Chen, C., Habert, G., Bouzidi, Y. et al, "Environmental Impact of Cement Production: Detail of the Different Processes and Cement Plant Variability Evaluation," *Journal of Cleaner Production* 18 (5), 2009.

Chen, G. Q., Chen, M., "Carbon Emissions and Resources Use by Chinese Economy 2007: A 135-sector Inventory and Input-output Embodimemt," *Communications m Nonhnear Science and Numerical Sumnulanon* 15, 2010.

Chen, W., Wang, M., Li, X., "Analysis of Copper Fows in the United States: 1975 – 2012," *Resour. Conserv. Recycl.* 111, 2016.

Chen, W. Q., Graedel, T. E., "Dynamic Analysis of Aluminum Stocks and Flows in the United States: 1900 – 2009," *Ecological Economics* 81, 2012a.

Chen, W. Q., Graedel, T. E., "Anthropogenic Cycles of the Elements: A Critical Review," *Environ. Sci. Technol.* 46, 2012b.

Chen, W. Q., Graedel, T. E., "Improved Alternatives for Estimating in-use Material Stocks," *Environ. Sci. Technol.* 49, 2015.

Chen, W. Q., Shi, L., "Analysis of Aluminum Stocks and Flows in Mainland China from 1950 to 2009: Exploring the Dynamics Driving the Rapid Increase in China's Aluminum Production," *Resour. Conserv. Recycl.* 65, 2012.

Chen, W. Q., Shi, L., Chang, X. Y., Qian, Y., "Substance Flow Analysis of Aluminum in China for 1991 – 2007 (I): Trade of Aluminum from a Perspective of Life Cycle and Its Policy Implications," *Resour. Sci.* 31, 2009.

Chen, W. Q., Shi, L., Qian, Y., "Aluminum Substance Flow Analysis for Mainland China in 2005," *Resour. Sci.* 30, 2008a.

Chen, W. Q., Shi, L., Qian, Y., "Description of Anthropogenic Aluminum Cycles," *Resour. Sci.* 30, 2008b.

Chen, W. Q., Shi, L., Qian, Y., "Substance Flow Analysis of Aluminum in Mainland China for 2001, 2004 and 2007: Exploring Its Initial Sources, Eventual

Sinks and the Pathways Linking Them," *Resour. Conserv. Recycl.* 54, 2010.

Chen, W. Q., Wan, H. Y., Wu, J. N., Shi, L., "Life Cycle Assessment of Aluminum and the Environmental Impacts of Aluminum Industry," *Light Metal* 5, 2009.

Cheng, X., "The Forecast of China Copper Consumption and Production in 2000," *World Nonferrous Met.* 12, 1994.

China Industrial Information Network, 2015, http://www. chyxx. com/ industry/201510/352182. html.

China National Radio, 2016, http://china. cnr. cn/gdgg/20160125/ t20160125_ 521231828. shtml.

China Non-Ferrous Metals Industry Association (CNFMIA), 2016, http://www. chinania. org. cn/html/yaowendongtai/guoneixinwen/2016/0111/ 22952. html.

"China Waste Electrical and Electronic Equipment Recycling and Comprehensive Utilization Industry White Paper 2017," *The 11th International Conference on Recycling Technology and Producer Responsibility Extension of Electrical and Electronic Products* (China Household Electric Appliance Research Institute, 1990 – 2017).

Chung, S. S., Zhang, C., "An Evaluation of Legislative Measures on Electrical and Electronic Waste in the People's Republic of China," *Waste Manag.* 31 (12), 2011.

Condeixa, K., Haddad, A., Boer, D., "Material Flow Analysis of the Residential Building Stock at the City of Rio de Janeiro," *Journal of Cleaner Production* 149, 2017.

Cui, J., Forssberg, E., "Mechanical Recycling of Waste Electric and Electronic Equipment: A Review," *Journal of Hazardous Materials* 99 (3), 2003.

Cui, J., Zhang, L., "Metallurgical Recovery of Metals from Electronic

Waste: A Review," *J. Hazard Mater.* 158（2-3）, 2008.

Daigo, I., Iwata, K., Ohkata, I., Goto, Y., "Macroscopic Evidence for the Hibernating Behavior of Materials Stock," *Environ. Sci. Technol.* 49, 2015.

Davis, J., Geyer, R., Ley, J. et al., "Time-dependent Material Flow Analysis of Iron and Steel in the UK Part 2. Scrap Generation and Recycling," *Resources Conservation and Recycling* 51（1）, 2007.

Dhalström, K., Ekins, P., "Combining Economic and Environmental Dimensions: Value Chain Analysis of UK Aluminum Flows," *Resour. Conserv. Recycl.* 51, 2007.

Dong, L. W., Xing, Y., Liu, J. Y. et al., "Prediction of Social Steel Scrap Quantity in China," *Research of Environmental Sciences* 24（11）, 2011.

Duan, H., Hu, J., Tan, Q., Liu, L., Wang, Y., Li, J., "Systematic Characterization of Generation and Management of E-waste in China," *Environmental Science & Pollution Research* 23（2）, 2016.

Duan, H., Li, J., Liu, Y., Yamazaki, N., Wei, J., "Characterizing the Emission of Chlorinated/Brominated Dibenzo-p-dioxins and Furans from Low-temperature Thermal Processing of Waste Printed Circuit Board," *Environ. Pollut.* 161, 2012.

Dwivedy, M., Mittal, R. K., "An Investigation into E-waste Flows in India," *Journal of Cleaner Production* 37, 2012.

Elshkaki, A., "An Analysis of Future Platinum Resources, Emissions and Waste Streams Using a System Dynamic Model of Its Intentional and Non-intentional Flows and Stocks," *Resour. Policy* 38, 2013.

Elshkaki, A., van der Voet, E., Timmermans, V., van Holderbeke, M., "Dynamic Stock Modelling: A Method for the Identification and Estimation of Future Waste Streams and Emissions Based on Past Production and Product Stock Characteristics," *Energy* 30, 2005.

Environmental Protection Agency（EPA）, "Detining Life Cycle Assessment

（LCA），" 2012a.

Environmental Protection Agency （EPA），"Ozone Science: The Facts behind the Phaseout," 2012b, http://www.epa.gov/ozone/science/sc_fact.html.

Ester, van der Voct, Rene, Kleijn, Ruben, Hucle, "Predicting Future Emissions Based on Characteristics of Stocks," *Ecological Economics* 41 （2），2002.

European Commission, "Directive 2002/95/EC on the Restriction of the Use of Certain Hazardous Substances in Electrical and Electronic Equipment," 2002a.

European Commission, "Directive 2002/96/EC on Waste Electrical and Electronic Equipment," 2002b.

European Commission, "Directive 2005/32/EC on the Eco-design of Energy-using Products （EuP），" 2005.

Fan, Yupeng, Fang, Chuanglin, Zhang, Qiang, "Coupling Coordinated Development between Social Economy and Ecological Environment in Chinese Provincial Capital Cities-assessment and Policy Implications," *Journal of Cleaner Production* 229, 2019.

Fay, R., Treloar, G., Iyer, Raniga U., "Life-cycle Energy Analysis of Buildings: A Case Study," *Building Research & Information* 28 （1），2000.

Gesing, A., Wolanski, R., "Recycling Light Metals from End-of-life Vehicle," *JOM* 53, 2001.

Geyer, R., Davis, J., Ley, J., He, J., Clift, R., Kwan, A., Sansom, M., Jackson, T., "Time-dependent Material Flow Analysis of Iron and Steel in the UK Part 1: Production and Consumption Trends 1970－2000," *Resources Conservation and Recycling* 51 （1），2007.

Ghosh, B., Ghosh, M. K., Parhi, P., Mukherjee, P. S., Mishra, B. K., "Waste Printed Circuit Boards Recycling: An Extensive Assessment of Current Status," *Journal of Cleaner Production* 94, 2015.

Glöser, S. , Soulier, M. , Tercero, Espinoza, L. A. , "Dynamic Analysis of Global Copper Flows Global Stocks, Post-consumer Material Flows, Recycling Indicators, and Uncertainty Evaluation," *Environment Science Technology* 47 (12), 2013.

Gomez, F. , Guzman, J. I. , Tilton, J. E. , "Copper Recycling and Scrap Availability Resour. ," *Policy* 32, 2007.

Gordon, R. B. , Graedel, T. E. , Bertram, M. , "The Characterization of Technalogical Zinc Cycles," *Resources, Conservation and Recycling* 39 (2), 2003.

Gordon, R. B. , "Production Residues in Copper Technological Cycles," *Resour. Conserv. Recycl.* 36, 2002.

Graedel, T. , Bertram, M. , Fuse, K. , Gordon, R. , Lifset, R. , Rechberger, H. , Spatari, S. , "The Contemporary European Copper Cycle: The Characterization of Technological Copper Cycles," *Ecol. Econ.* 42, 2002.

Graedel, T. E. , Julian, A. , Jean-Pierre, B. et al. , "What Do We Know about Metal Recycling Rates?" *Journal of Industrial Ecology* 15 (3), 2011.

Graedel, T. E. , van Beers, D. , Bertram, M. , Fuse, K. , Gordon, R. B. , "The Multilevel Cycle of Anthropogenic Zinc," *J. Ind. Ecol.* 9, 2005.

Graedel, T. E. , van Beers, D. , Bertram, M. et al. , "Multilevel Cycle of Anthropogenic Copper," *Environmental Science & Technology* 38 (4), 2004.

Gruedel, T. E. , Allenby, B. R. , *Industrial Ecology* (Prentice Hall, 2003).

Gu, Y. F. , Wu, Y. F. , Xu, M. , Mu, X. Z. , Zuo, T. Y. , "Waste Electrical and Electronic Equipment (WEEE) Recycling for a Sustainable Resource Supply in the Electronics Industry in China," *J. Clean. Prod.* 127, 2016.

Gu, Y. F. , Wu, Y. F. , Xu, M. , Wang, H. D. , Zuo, T. Y. , "The Stability and Profitability of the Informal WEEE Collector in Developing Countries:

A Case Study of China," *Resour. Conserv. Recycl.* 107, 2016.

Guinee, J. B., J. C. J. M, Bergh, van den, Boclens, J., "Evaluation af Risks of Metal Flows and Accumulatian in Economy and Environment," *Ecological Economics* 30 (1), 1999.

Guo, X. Y., Zhong, J. Y., Song, Y., Tian, Q. H., "Substance Flow Analysis of Zinc in China," *Resour. Conserv. Recycl.* 54, 2010.

Ha, N. N., Agusa, T., Ramu, K., Tu, N. P., Murata, S., Bulbule, K. A., Parthasaraty, P., Takahashi, S., Subramanian, A., Tanabe, S., "Contamination by Trace Elements at E-waste Recycling Sites in Bangalore, India," *Chemosphere* 76 (1), 2009.

Habuer, Nakatani, J., Moriguchi, Y., "Time-series Product and Substance Flow Analyses of End-of-life Electrical and Electronic Equipment in China," *Waste Manag.* 34 (2), 2014.

Halvor, K., "The Aluminum Smelting Process," *J. Occup. Environ. Med.* 56, 2014.

Hansen, E., Lassen, C., "Experience with the Use of Substance Flow Analysis in Denmark," *Journal of Industrial Ecology* 6 (3, 4), 2002.

Hatayama, H., Daigo, I., Matsuno, Y., Adachi, Y., "Outlook of the World Steel Cycle Based on the Stock and Flow Dynamics," *Environmental Science & Technology* 44 (16), 2010.

Hatayama, H., Daigo, I., Tahara, K., "Tracking Effective Measures for Closed-loop Recycling of Automobile Fe in China," *Resources, Conservation and Recycling* 87, 2014.

Hatayama, H., Yamada, H., Daigo, I., Matsuno, Y., Adachi, Y., "Dynamic Substance Flow Analysis of Aluminum and Its Alloying Elements," *Mater. Trans.* 48, 2007.

Hattori, R., Horie, S., Hsu, F. C., Elvidge, C. D., Matsuno, Y., "Estimation of in-use Steel Stock for Civil Engineering and Building Using

Nighttime Light Images," *Resour. Conserv. Recycl.* 2, 2014.

He, C. T., Zheng, X. B., Yan, X., Zheng, J., Wang, M. H., Tan, X., Qiao, L., Chen, S. J., Yang, Z. Y., Mai, B. X., "Organic Contaminants and Heavy Metals in Indoor Dust from E-waste Recycling, Rural, and Urban Areas in South China: Spatial Characteristics and Implications for Human Exposure," *Ecotoxicol Environ. Saf.* 140, 2017.

He, W., Li, G., Ma, X., Hua, W., Huang, J., Min, X., Huang, C., "WEEE Ecovery Strategies and the WEEE Treatment Status in China," *Journal of Hazardous Materials* 136 (3), 2006.

Herva, M., Alvarez, A., Roca, E., "Combined Application of Energy and Material Flow Analysis and Ecological Footprint for the Environmental Evaluation of a Tailoring Factory," *Journal of Hazardous Materials* 237, 2012.

Hirato, T., Daigo, I., Matsuno, Y., Adachi, Y., "In-use Stock of Steel Estimated by Top-down Approach and Bottom-up Approach," *ISIJ Int.* 95, 2009.

Holgersson, S., Steenari, B. M., Björkman, M., Cullbrand, K., "Analysis of the Metal Content of Small-size Waste Electrical and Electronic Equipment (WEEE) Printed Circuit Boards—Part 1: Internet Routers, Mobile Phones and Smartphones," *Resources, Conservation and Recycling* 133, 2018.

Hoyle, G., "Recycling Opportunities in the UK for Aluminum-bodied Motor Cars," *Resour. Conserv. Recycl.* 15, 1995.

Hsu-Shih, Shih, "Policy Analysis on Recycling Fund Management for E-waste in Taiwan under Uncertainty," *Journal of Cleaner Production* 143, 2017.

Huang, C. L., Bao, L. J., Luo, P., Wang, Z. Y., Li, S. M., Zeng, E. Y., "Potential Health Risk for Residents around a Typical E-waste Recycling Zone via Inhalation of Size-fractionated Particle-bound Heavy Metals," *J. Hazard. Mater.* 317, 2016.

International Copper Study Group (ICSG), *The World Copper Factbook*

2016, 2016, http: //www. icsg. org.

ISO 14041: Environmental Management, "Life Cycle Assessment, Goal and Scope Definition and Inventory Analysis," Geneva, 1998.

Jain, K. P. , "Material Flow Analysis (MFA) as a Tool to Improve Ship Recycling," *Environmental Change & Security Project Report* 6, 2015.

Jaunky, V. C. , "A Cointegration and Causality Analysis of Copper Consumption and Economic Growth in Rich Countries," *Resour. Policy* 38, 2013.

Jensen, A. , Hoffman, L. , Moller, B. T. , "Life Cycle Assessment—A Guide to Approaches Experiences and Information Sources," *Environmental Issues Series No. 6* (European Environmental Agency, 1997).

Johnson, J. , Jirikowic, J. , Bertram, M. , van Beers, D. , Gordon, R. B. , "Contemporary Anthropogenic Silver Cycle: A Multilevel Analysis," *Environ. Sci. Technol.* 39, 2005.

Jolly, J. L. , "The US Copper-base Scrap Industry And Its By-products," *Technical Report* (Copper Development Association Inc. , 2012).

Joseph, K. , Nithya, N. , "Material Flows in the Life Cycle of Leather," *Journal of Cleaner Production* 17 (7), 2008.

Joshi, S. , "Product Environmental Life Cycle Ussessment Using Input-output Techniques," *Journal of Industrial Ecology* 3 (2/3), 2000.

Kameya, T. , Yagi, S. , Urano, K. , "Product Flow Analysis of Various Consumer Durables in Japan," *Resources, Conservation and Recycling* 52 (3), 2008.

Kapur, A. , "The Contemporary Copper Cycle of Asia," *Mater Cycles Waste Manage* 5, 2003.

Karlssan, S. , "Closing the Technospheric Flow of Toxic Metals: Modeling Lead Losses from a Lead Acid Battery System for Sweden," *Journal of Industrial Ecology* 3 (1), 1999.

Kida, A. , Shirahase, T. , Kawaguchi, M. , "Metal Contents Including

Precious Metals in Waste Personal Computers," *Material Cycles and Waste Management Research* 20 (2), 2009.

Kiddee, P., Naidu, R., Wong, M. H., "Electronic Waste Management Approaches: An Overview," *Waste Manag.* 33 (5), 2013.

Kim, S., Oguchi, M., Yoshida, A., Terazono, A., "Estimating the Amount of WEEE Generated in South Korea by Using the Population Balance Model," *Waste Management* 33, 2012.

Kleij, R., "The Trivial Central Porndigm of MFA," *Journal of Industrial Ecology* 3 (2, 3), 1999.

Kral, U., Lin, C. Y., Kellner, K., Ma, H. W., Brunner, P. H., "The Copper Balance of Cities: Exploratory Insights into a European and an Asian City," *J. Ind. Ecol.* 18, 2014.

Lambert, A. J. D., Stoop, M. L. M., "Processing of Discarded Household Refrigerators: Lessons from the Dutch Example," *Journal of Cleaner Production* 9, 2001.

Laner, D., Rechberger, H., "Treatment of Cooling Appliances: Interrelations between Environmental Protection, Resource Conservation, and Recovery Rates," *Resources, Conservation and Recycling* 52 (1), 2007.

Lenzen, M., "Errors in Conventional and Input-output-based Life-cycle Inventories," *Journal of Industrial Ecology* 4 (4), 2001.

Li, Q. F., Dai, T., Wang, G. S. et al., "Iron Material Flow Analysis for Production, Consumption, and Trade in China from 2010 to 2015," *Journal of Cleaner Production* 172, 2018.

Li, X., Minx, W., Shan, C., Wu, C., Liu, S. et al., *Secondary Resources Survey and Evaluation Report* (*Internal Report*), 2015.

Liu, G., Bangs, C. E., Müller, D. B., *Stock Dynamics and Emission Pathways of the Global Aluminium Cycle* (John Wiley & Sons, Inc., 2013).

Liu, G., Bangs, C. E., Müller, D. B., "Unearthing Potentials for

Decarbonizing the US Aluminum Cycle," *Environ. Sci. Technol.* 45, 2011.

Liu, G., Müller, D. B., "Centennial Evolution of Aluminum in-use Stocks on Our Aluminized Planet," *Environ. Sci. Technol.* 47, 2013.

Liu, G., Müller D. B., "Addressing Sustainability in the Aluminum Industry: A Critical Review of Lifecycle Assessments," *J. Clean. Prod.* 35, 2012.

Liu, X., Tanaka, M., Matsui, Y., "Generation Amount Prediction and Material Flow Analysis of Electronic Waste: A Case Study in Beijing, China," *Waste Management and Research* 24, 2006.

Lockhart, R. A., Stephens, M. A., "Estimation and Tests of Fit for the Three-Parameter Weibull Distribution," *Journal of the Royal Statistical Society* 56 (3), 1994.

Lu, A. L., Sun, Z. W., Zhang, H., "Availability Analysis of Copper Resource in China," *Resour. Ind.* 12, 2010.

Lu, C., Zhang, L., Zhong, Y., Ren, W., Tobias, M., Mu, Z., Ma, Z., Geng, Y., Xue, B., "An Overview of E-waste Management in China," *Journal of Material Cycles & Waste Management* 17 (1), 2015.

Luca, C., Chen, W. Q., Fabrizio, P., "Historical Evolution of Anthropogenic Aluminum Stocks and Flows in Italy," *Resour. Conserv. Recycl.* 72, 2013.

Malenbaum, W., *World Demand for Raw Materials in 1985 and 2000* (McGraw-Hill, 1978).

Mao, J., Graedel, T. E., "Lead in-use Stock," *J. Ind. Ecol.* 13, 2019.

Mao, J. S., Dong, J., Graedel, T. E., "The Multilevel Cycle of Anthropogenic Lead I. Methodology," *Resour. Conserv. Recycl.* 52, 2008a.

Mao, J. S., Dong, J., Graedel, T. E., "The Multilevel Cycle of Anthropogenic Lead Ⅱ. Results and Discussion," *Resour. Conserv. Recycl.* 52, 2008b.

Martin, Medina, "Border Scavenging—A Case Study of Aluminum Recycling in Laredo, TX and Nuevo Laredo, Mexico," *Resources, Conservation & Recycling* 3, 1998.

Martinho, G., Pires, A., Saraiva, L., Ribeiro, R., "Composition of Plastics from Waste Electrical and Electronic Equipment (WEEE) by Direct Sampling," *Waste Manag.* 32 (6), 2012.

Mathews, J. A., Tan, H., "Circular Economy: Lessons from China," *Nature* 531 (7595), 2016.

Mattila, T. J., Pakarinen, S., Sokka, L., "Quantifying the Total Environment Impacts of an Industry Symbiosis—A Comparison of Process, Hybrid and Input-output Life Cycle Assessment," *Environmental Science & Technology* 44, 2010.

McMillan, C. A., Moore, M. R., Keoleian, G. A., Bulkley, J. W., "Quantifying US Aluminum in-use Stocks and Their Relationship with Economic Output," *Ecol. Econ.* 69, 2010.

Melo, M., "Statistical Analysis of Metal Scrap Generation: The Case of Aluminium in Germany," *Resour. Conserv. Recycl.* 26, 1999.

Menikpura, S. N. M., Santo, A., Hotta, Y., "Assessing the Climate Co-benefits from Waste Electrical and Electronic Equipment (WEEE) Recycling in Japan," *Journal of Cleaner Production* 74, 2014.

Michael, P., Jackson, T., "Material and Energy Flow through the UK Iron and Steel Sector," Resources, *Conservation and Recycling* 29, 2000.

Michnel, D. F., "Tron and Steel Recycling in the United States in 1998," *Open File Report* (US Department of the Interior, 1999).

Müller, D. B., "Stock Dynamics for Forecasting Material Flows-case Study for Housing in the Netherland," *Ecol. Econ.* 59, 2006.

Müller, D. B., Wang, T., Duval, B., Graedel, T. E., "Exploring the Engine of Anthropogenic Iron Cycles," *Proceedings of the National Academy of*

Sciences of the United States of America 103, 2006.

Müller, D. B., Wang, T., Duval, B., "Patterns of Iron Use in Societal Evolution," *Environmental Science & Technology* 45, 2016.

Müller, E., Hilty, L. M., Widmer, R., Schluep, M., Faulstich, M., "Modeling Metal Stocks and Flows: A Review of Dynamic Material Flow Analysis Methods," *Environ. Sci. Technol.* 48, 2014.

Modaresi, R., Müller, D. B., "The Role of Automobiles for the Future of Aluminum Recycling," *Environ. Sci. Technol.* 46, 2012.

Moynihan, M. C., Allwood, J. M., "The Flow of Steel into the Construction Sector," *Resources Conservation & Recycling* 68 (6), 2012.

Muchova, L., Eder, P., Villanueva, A., "End-of-waste Criteria for Copper and Copper Alloy Scrap: Technical Proposals," *JRC Scientific and Technical Report*, *Scientific and Technical Research Series*, 2011.

National Bureau of Statistics (NBS), 2015, http://politics.people.com.cn/n/2015/0120/c70731-26417968.html.

NBSC (National Bureau of Statistics of the People's Republic of China), *China Statistical Yearbook 1990 - 2017* (China Statistic Press, 1990 - 2017), http://www.stats.gov.cn/tjsj/ndsj/.

NBSC (National Bureau of Statistics of the People's Republic of China), *China Statistical Yearbook 1992 - 2015* (China Statistic Press, 1992 - 2015), http://www.stats.gov.cn/tjsj/ndsj/.

Nowakowski, P., Mrówczyńska, B., "Towards Sustainable WEEE Collection and Transportation Methods in Circular Economy-Comparative Study for Rural and Urban Settlements," *Resources, Conservation and Recycling* 135, 2018.

Oguchi, M., Kameya, T., Tasaki, T., Tamai, N., Tanikawa, N., "Estimation of Lifetime Distributions and Waste Numbers of 23 Types of Electrical and Electronic Equipment," *Journal of the Japan Society of Waste Management*

Experts 17 (1), 2006.

Oguchi, M., Kameya, T., Yagi, S., Urano, K., "Product Flow Analysis of Various Consumer Durables in Japan," *Resources, Conservation and Recycling* 52 (3), 2008.

Oguchi, M., Murakami, S., Sakanakura, H., Kida, A., Kameya, T., "A Preliminary Categorization of End-of-life Electrical and Electronic Equipment as Secondary Metal Resources," *Waste Manag.* 31 (9 – 10), 2011.

Oguchi, M., Sakanakura, H., Terazono, A., "Toxic Metals in WEEE: Characterization and Substance Flow Analysis in Waste Treatment Processes," *Sci. Total Environ.* 463 – 464, 2013.

Parajuly, K., Habib, K., Liu, G., "Waste Electrical and Electronic Equipment (WEEE) in Denmark: Flows, Quantities and Management," *Resources, Conservation and Recycling*, 2016.

Park, J. A., Hong, S. J., Kim, I., Lee, J. Y., Hur, T., "Dynamic Material Flow Analysis of Steel Resources in Korea," *Resources Conservation & Recycling* 55 (4), 2011.

Pauliuk, S., Wang, T., Müller, D. B., "Fe All over the World: Estimating in-use Stocks of Iron for 200 Countries," *Resources, Conservation and Recycling* 71, 2013.

Pauliuk, S., Wang, T., Müller, D. B., "Moving toward the Circular Economy: The Role of Stocks in the Chinese Steel Cycle," *Environmental Science & Technology* 46 (1), 2012.

Perkins, D. N., Brune Drisse, M. N., Nxele, T., Sly, P. D., "E-waste: A Global Hazard," *Ann. Glob. Health* 80 (4): 2014.

Petridis, K., Petridis, N., Stiakakis, E., Dey, P., "Investigating the Factors That Affect the Time of Maximum Rejection Rate of E-waste Using Survival Analysis," *Computers & Industrial Engineering* 108, 2017.

Petridis, N. E., Stiakakis, E., Petridis, K., Dey, P., "Estimation of

Computer Waste Quantities Using Forecasting Techniques," *Journal of Cleaner Production* 112, 2016.

Quinkertz, R., Rombach, G., Liebig, D., "A Scenario to Optimise the Energy Demand of Aluminum Production Depending on the Recycling Quota," *Resour. Conserv. Recycl.* 33, 2001.

Rauch, J. N., "Global Mapping of Al, Cu, Fe, and Zn in-use Stocks and in-ground Resources," *Proc. Natl. Acad. Sci.* 106, 2009.

Rechberger, H., Graedel, T. E., "The Contemporary European Copper Cycle: Statistical Entropy Analysis," *Ecol. Econ.* 42, 2002.

Reck, B., Chambon, M., Hashimoto, S., Graedel, T., "Global Stainless Steel Cycle Exemplifies China's Rise to Metal Dominance," *Environmental Science & Technology* 44 (10), 2010.

Reck, B. K., Müller, D. B., Rostkowski, K. et al., "Anthropogenic Nickel Cycle: Insights into Use, Trade, and Recycling," *Environmental Science & Technology* 42 (9), 2008.

Reck, B. R., Bertram, M., Müller, D. B., Graedel, T. E., "Multilevel Anthropogenic Cycles of Copper and Zinc: A Comparative Statistical Analysis," *J. Ind. Ecol.* 10, 2006.

Rene, Kleijn, Ruben Huele Ester, van der Voet, "Dynamic Substance Flow Analysis: The Delaying Mechanism of Stocks, with the Case of PVC in Sweden," *Ecological Economics* 32 (2), 2000.

Robinson, B. H., "E-waste: An Assessment of Global Production and Environmental Impacts," *Sci. Total Environ.* 408 (2), 2009.

Rosenau-Tornow, D., Buchholz, P., Riemann, A., Wagner, M., "Assessing the Long-term Supply Risks Formineral Raw Materials – A Combined Evaluation of Past and Future Trends," *Resour. Policy* 34, 2009.

R. U., "Ayres, Metals Recycling: Economic and Enviromental Implications," *Resources, Conservation and Recycling* 21, 1997.

Ruan, J., Xu, Z., "Constructing Environment-friendly Return Road of Metals from E-waste: Combination of Physical Separation Technologies," *Renewable and Sustainable Energy Reviews* 54, 2016.

Ruan, J., Xu, Z., "Environmental Friendly Automated Line for Recovering the Cabinet of Waste Refrigerator," *Waste Manag.* 31 (11), 2011.

Ruhrberg, M., "Assessing the Recycling Efficiency of Copper from End-of-life Products in Western Europe," *Resour. Conserv. Recycl.* 48, 2006.

Salhofer, S., Steuer, B., Ramusch, R., Beigl, P., "WEEE Management in Europe and China—A Comparison," *Waste Manag.* 57, 2016.

Santella, C., Cafiero, L., de Angelis, D., La Marca, F., Tuffi, R., Vecchio Ciprioti, S., "Thermal and Catalytic Pyrolysis of a Mixture of Plastics from Small Waste Electrical and Electronic Equipment (WEEE)," *Waste Manag.* 54, 2016.

Schwarzer, S., De Bono, A., Giuliani, G., Kluser, S., Peduzzi, P., "The Hidden Side of IT Equipment's Manufacturing and Use," *E-waste*, 2005.

Scruggs, C. E., Nimpuno, N., Moore, R. B. B., "Improving Information Flow on Chemicals in Electronic Products and E-waste to Minimize Negative Consequences for Health and the Environment," *Resources, Conservation and Recycling* 113, 2016.

SETAC, *A Conceptual Framework for Life-Cycle Impact Assessment* (SETAC Press, 1993).

SETAC, *Evolution and Development of the Conceptual Framework and Methodology of Life-Cyele Impact Assessment* (SETAC Press, 1998).

Sharrard, A., *Greening Construction Processes with an Input-Output-Based Hybrid Life Cycle Assessment Model* (Camegie Mellon University, 2007).

Shi, J., Zheng, G. J., Wong, M. H., Liang, H., Li, Y., Wu, Y., Li, P., Liu, W., "Health Risks of Polycyclic Aromatic Hydrocarbons via Fish Consumption in Haimen Bay (China), Downstream of an E-waste Recycling Site

（Guiyu），" *Environ. Res.* 147，2016.

Singh，N.，Li，J.，Zeng，X.，"Global Responses for Recycling Waste Crts in E-waste," *Waste Manag.* 57，2016a.

Singh，N.，Li，J.，Zeng，X.，"Solutions and Challenges in Recycling Waste Cathode-ray Tubes," *Journal of Cleaner Production* 133，2016b.

Song，Q.，Li，J.，Zeng，X.，"Minimizing the Increasing Solid Waste through Zero Waste Strategy," *Journal of Cleaner Production* 104，2015.

Song，Q.，Wang，Z.，Li，J.，Zeng，X.，"Life Cycle Assessment of TV Sets in China: A Case Study of the Impacts of CRT Monitors," *Waste Manag.* 32（10），2012.

Sorme，L.，Lagerkvist，R.，"Sources of Heavy Metals in Urban Wastewater in Slockholm ," *The Science of The Total Environment* 29（1 – 3，21），2002.

Spatari，S.，Bertram，M.，Fuse，K.，"The Contemporary European Zinc Cycle: 1 Year Stocks and Flows," *Resources, Conservation and Recycling* 39（2），2003.

Spatari，S.，Bertram，M.，Gordon，R. B.，Henderson，K.，Graedel，T.，"Twentieth Century Copper Stocks and Flows in North America: A Dynamic Analysis," *Ecological Economics* 54（1），2005.

Takahashi，K. I.，Terakado，R.，Nakamura，J.，Adachi，Y.，Elvidge，C. D.，Matsuno，Y.，"In-use Stock Analysis Using Satellite Nighttime Light Observation Data," *Resour. Conserv. Recycl.* 55，2010.

Tanimoto，A. H.，Durany，X. G.，Villalba，G.，Pires，A. C.，"Material Flow Accounting of the Copper Cycle in Brazil," *Resour. Conserv. Recycl.* 55，2010.

Tasaki，T.，Oguchi，M.，Kameya，T.，Urano，K.，"A Prediction Method for the Number of Waste Durable Goods," *Journal of the Japan Society of Waste Management Experts* 12（2），2001.

Tasaki, T., Oguchi, M., Kameya, T., Urano, K., "Screening of Metals in Waste Electrical and Electronic Equipment Using Simple Assessment Methods," *Journal of Industrial Ecology* 11 (4), 2007.

Tasaki, T., Takasuga, T., Osako, M., Sakai, S., "Substance Flow Analysis of Brominated Flame Retardants and Related Compounds in Waste TV Sets in Japan," *Waste Manag.* 24 (6), 2004.

Tian, H., He, Y., Liu, T., Yao, Z., "Evaluation on Implementation of Chinese 'WEEE Catalog' Policy," *Procedia Environmental Sciences* 16, 2012.

Tilton, J. E., Lagos, G., "Assessing the Long-run Availability of Copper," *Resour. Policy* 32, 2007.

Tong, X., Wang, T., Chen, Y., Wang, Y., "Towards an Inclusive Circular Economy: Quantifying the Spatial Flows of E-waste through the Informal Sector in China," *Resources, Conservation and Recycling* 135, 2018.

Totten, G. E., MacKenzie, D., Sverdlin, A., "Introduction to Aluminum," in S. Marcel Dekker, ed., *Handbook of Aluminum* (New York, USA, 2003).

Truttmann, N., Rechberger, H., "Contribution to Resource Conservation by Reuse of Electrical and Electronic Household Appliances," *Resources, Conservation and Recycling* 48 (3), 2006.

Tsydenova, O., Bengtsson, M., "Chemical Hazards Associated with Treatment of Waste Electrical and Electronic Equipment," *Waste Manag.* 31 (1), 2011.

U. S. Geological Survey (USGS), "Aluminum Statistics and Information," 2016, http: //minerals. usgs. gov/minerals/pubs/commodity/aluminum/.

U. S. Geological Survey (USGS), "Mineral Commodity Summaries," 2015, http: //minerals. usgs. Gov/minerals/pubs/country/asia. html # ch.

van Eygen, E., De Meester, S., Tran, H. P., Dewulf, J., "Resource Savings by Urban Mining: The Case of Desktop and Laptop Computers in Belgium,"

Resources, Conservation and Recycling 107, 2016.

Vazquez, Y. V., Barbosa, S. E., "Recycling of Mixed Plastic Waste from Electrical and Electronic Equipment Added Value by Compatibilization," *Waste Manag.* 53, 2016.

Wallsten, B., Magnusson, D., Andersson, S., Krook, J., "The Economic Conditions for Urban Infrastructure Mining: Using GIS to Prospect Hibernating Copper Stocks," *Resour. Conserv. Recycl.* 103, 2015.

Wang, F., Kuehr, R., Ahlquist, D., Li, J., "E-waste in China—A Country Report," Bonn/Bejing, 2013.

Wang, G. S., Han, M., "The Prediction of the Demand on Important Mineral Resources in China," *Acta Geosci. Sin.* 23, 2002.

Wang, M., Chen, W., Li, X., "Substance Flow Analysis of Copper in Production Stage in the US from 1974 to 2012," *Resour. Conserv. Recycl.* 105, 2015.

Wang, M., Chen, W., Zhou, Y., Li, X., "Assessment of Potential Copper Scrap in China and Policy Recommendation," *Resources Policy* 52, 2017.

Wang, M., You, X., Li, X., Liu, G., "Watch More, Waste More? A Stock-driven Dynamic Material Flow Analysis of Metals and Plastics in TV Sets in China," *Journal of Cleaner Production* 187, 2018.

Wang, R., Xu, Z., "Recycling of Non-metallic Fractions from Waste Electrical and Electronic Equipment (WEEE): A Review," *Waste Manag.* 34, 2014.

Wang, T., Müller, D. B., Graedel, T. E., "Forging the Anthropogenic Iron Cycle," *Environ. Sci. Technol.* 41, 2007.

Wang, W., Tian, Y., Zhu, Q., Zhong, Y., "Barriers for Household E-waste Collection in China: Perspectives from Formal Collecting Enterprises in Liaoning Province," *Journal of Cleaner Production* 153, 2017.

Wang, X. B., Lei, Y. L., Ge, J. P., Wu, S. M., "Production

Forecast of China's Rare Earths Based on the Generalized Weng Model and Policy Recommendations," *Resour. Policy* 43, 2015.

Wen, Z., Ji, Xiao, "Copper Resource Trends and Use Reduction Measures in China," *Tsinghua Univ.* 53, 2013.

World Bureau of Metal Statistics (WBMS), 2016a, http://www. world - bureau. com/.

World Bureau of Metal Statistics (WBMS), *World Metal Statistics 2016 Yearbook*, 2016b, http://www. world - bureau. com/services - more. asp? owner = 10.

World Resources Institute (WRI), "The Weight of Nations: Material Outflows from Industrial Economies," Washington D. C., World Resources Institute, 2000.

Xiao, R., Zhang, Y., Liu, X., Yuan, Z., "A Life-cycle Assessment of Household Refrigerators in China," *Journal of Cleaner Production* 95, 2015.

Xu, C., Zhang, W., He, W., Li, G., Huang, J., "The Situation of Waste Mobile Phone Management in Developed Countries and Development Status in China," *Waste Management* 58, 2016.

Xue, Y. Z., "Forecast of Aluminum Consumption Based on GM (1, n) Mode 1," *Metal Mine* 11, 2012.

Yan, L., Wang, A., "Based on Material Flow Analysis: Value Chain Analysis of China Iron Resources," *Resources Conservation & Recycling* 91, 2014.

Yan, L. Y., Wang, A. J., Chen, Q. S., "Dynamic Material Flow Analysis of Zinc Resources in China," *Resources, Conservation and Recycling* 75 (2), 2013.

Yang, B., "Analysis and Discussion on Dependency of Overseas Market and Supply of Chinanon-ferrous Metals Resources," *Miner. Explor.* 4, 2013.

Yang, J., Lu, B., Xu, C., "WEEE Flow and Mitigating Measures in

China," *Waste Management* 28 (9), 2008.

Yazici, B., Can, Z. S., Calli, B., "Prediction of Future Disposal of End-of-life Refrigerators Containing CFC − 11," *Waste Manag.* 34 (1), 2014.

Yin, X., Chen, W., "Trends and Development of Fe Demand in China: A Bottom-up Analysis," *Resources Policy* 48, 2013.

Yu, L., He, W., Li, G., Huang, J., Zhu, H., "The Development of WEEE Management and Effects of the Fund Policy for Subsidizing WEEE Treating in China," *Waste Manag.* 34 (9), 2014.

Yue, Q., Wang, H., Gao, C., Du, T., Li, M., Lu, Z., "Analysis of Iron in-use Stocks in China," *Resour. Policy* 49, 2016.

Zeltner, C., Bader, H. P., Scheidegger, R., Baccini, P., "Sustainable Metal Management Exemplified by Copper in the USA," *Reg. Environ. Change* 1, 1999.

Zeng, X., Duan, H., Wang, F., Li, J., "Examining Environmental Management of E-waste: China's Experience and Lessons," *Renewable and Sustainable Energy Reviews* 72, 2017.

Zhai, P., Williams, E. D., "Dynamic Hybrid Life Cycle Usessment of Energy and Carbon of Multicrystalline Silicon Pholovoltic Systems," *Envtronmtental Science & Technology* 44, 2010.

Zhang, L., Cai, Z., Yang, J., Chen, Y., Yuan, Z., "Quantification and Spatial Characterization of in-use Copper Stocks in Shanghai," *Resour. Conserv. Recycl.* 93, 2014.

Zhang, L., "From Guiyu to a Nationwide Policy: E-waste Management in China," *Environmental Politics* 18 (6), 2009.

Zhang, L., Yang, J., Cai, Z., Yuan, Z., "Analysis of Copper Flows in China from 1975 to 2010," *Sci. Total Environ.* 478, 2014.

Zhang, L., Yang, J., Cai, Z., Yuan, Z., "Understanding the Spatial and Temporal Patterns of Copper in-use Stocks in China," *Environment Science*

Technology 49 (11), 2015.

Zhang, L., Yuan, Z., Bi, J., "Estimation of Copper in-use Stocks in Nanjing, China," *J. Ind. Ecol.* 16, 2012.

Zhang, L., Yuan, Z., Bi, J., Huang, L., "Estimating Future Generation of Obsolete Household Appliances in China," *Waste Management and Research*, 2012.

Zhang, L., Yuan, Z., Bi, J., "Predicting Future Auantities of Obsolete Household Appliances in Nanjing by a Stock-based Model," *Resources, Conservation and Recycling* 55 (11), 2011.

Zhang, S., Ding, Y., Liu, B., Chang, C. C., "Supply and Demand of Some Critical Metals and Present Status of Their Recycling in WEEE," *Waste Manag.* 65, 2017.

Zhang, W. H., Wu, Y. X., Simonnot, M. O., "Soil Contamination Due to E-waste Disposal and Recycling Activities: A Review with Special Focus on China," *Pedosphere* 22 (4), 2012.

Zhao, M., Zhao, C., Yu, L., Li, G., Huang, J., Zhu, H., He, W., "Prediction and Analysis of WEEE in China Based on the Gray Model," *Procedia Environmental Sciences* 31, 2016.

Zhao, X., Duan, H., Li, J., "An Evaluation on the Environmental Consequences of Residual CFCs from Obsolute Household Refrigerators in China," *Waste Manag.* 31 (3), 2011.

Zhou, N., Fridley, D., McNeil, M., Zheng, N., Letschert, V., Ke, J., Saheb, Y., "Analysis of Potential Energy Saving and CO_2 Emission Reduction of Home Appliances and Commercial Equipments in China," *Energy Policy* 39, 2011.

Zhou, P., *Copper Mine Resource Strategy Analysis* (Geological Publishing House, 2012).

后　记

　　历时两年的时间，本书得以最终完稿。绿色、低碳和循环发展已成为全球应对气候变化的共识。2021 年 7 月 1 日，国家发改委印发了《"十四五"循环经济发展规划》，循环经济已成为促进中国经济发展的一项重大战略。"十四五"时期，中国进入新的发展阶段，开启了全面建设社会主义现代化国家的新征程。大力发展循环经济，推进资源节约集约利用，构建资源循环利用制度体系、产业体系和市场体系，对保障国家资源安全，推动实现碳达峰、碳中和的目标，促进生态文明建设具有重大意义。

　　本书对生态文明思想、绿色发展理论和资源循环利用的方法进行阐述，对典型金属资源（铁、铜、铝）的循环利用状况、典型金属资源产品（电视机和电冰箱）的循环利用案例和典型行业（建筑行业和机械行业）的金属资源铁的循环利用实践进行系统分析，让读者按照思想、理论、方法、应用的逻辑体系系统了解生态文明指导下的资源循环利用的主要内容，最后揭示生态文明与资源循环利用的耦合关系，为读者深入理解生态文明与资源循环利用的关系提供了科学依据。

　　本书能够顺利出版，离不开各方的大力支持和帮助。感谢成都理工大学管理科学学院的大力支持，感谢成都理工大学管理科学与工程学科建设基金提供的出版资金，感谢中国地质科学院矿产资源研究所提供的项目协作，感谢社会科学文献出版社编辑们对本书的精心审核和编辑。感谢我的博士后合作导师、四川大学商学院徐玖平教授对本书的写作给予的高屋建瓴的指导，其在百忙之中抽出时间为本书作序。感谢成都理工大学李新教授针对本书框架结构和内容提出的有价值的建议。我的学生马宇、张芮、李智等参与了部分章节的编写，陈璐、林靖、罗凡杰、吴俐霖、胡馨怡、马巧莹、康欣宇、刘威、张横等参与了本书部分图表的修改和完善。

　　最后还要诚挚感谢数据资源提供方和该研究领域的专家学者，你们的数据资源和研究成果为本书提供了坚实的基础，尽管本书尽力遵从严谨的内容编写要求、遵循严格规范的学术引用规则，但难免百密一疏，如果书中有不当之处，恳请您的谅解，敬请批评指正。

2021 年 7 月于成都

图书在版编目（CIP）数据

生态文明与资源循环利用/王敏晰著 . －－北京：
社会科学文献出版社，2021.10
ISBN 978 - 7 - 5201 - 9106 - 7

Ⅰ.①生… Ⅱ.①王… Ⅲ.①生态文明 - 建设 - 研究
- 中国 ②资源利用 - 循环使用 - 研究 - 中国 Ⅳ.
①X321.2 ②X37

中国版本图书馆 CIP 数据核字（2021）第 193826 号

生态文明与资源循环利用

著　　者 / 王敏晰

出 版 人 / 王利民
组稿编辑 / 高　雁
责任编辑 / 冯咏梅
文稿编辑 / 王春梅
责任印制 / 王京美

出　　版 / 社会科学文献出版社·经济与管理分社（010）59367226
　　　　　地址：北京市北三环中路甲 29 号院华龙大厦　邮编：100029
　　　　　网址：www. ssap. com. cn
发　　行 / 市场营销中心（010）59367081　59367083
印　　装 / 三河市尚艺印装有限公司

规　　格 / 开　本：787mm × 1092mm　1/16
　　　　　印　张：18.25　字　数：280 千字
版　　次 / 2021 年 10 月第 1 版　2021 年 10 月第 1 次印刷
书　　号 / ISBN 978 - 7 - 5201 - 9106 - 7
定　　价 / 138.00 元

本书如有印装质量问题，请与读者服务中心（010 - 59367028）联系